對本書的讚譽

Python 能為 Excel 做些什麼？如果你曾經遭遇過突如其來的閃退、不尋常的計算錯誤以及細碎煩人的手動程序，這一定也是你有興趣探究的大哉問。這本書去蕪存菁地彙整了一位 Excel 試算表使用者如何從零開始使用 Python，並且結合兩者打造出強大的資料產品的方法。千萬別被寫程式的恐懼嚇跑了！Felix 為讀者提供了學習 Python 的入門知識，就連有經驗的程式開發人員也能因閱讀而獲益匪淺。更有甚者，他以 Excel 使用者能夠迅速掌握並加以應用的方式設計全書內容。翻開書頁，你很快就會發現，這本書的作者擁有相當多年的實務經驗，深刻知道如何教導客戶借助 Python 將 Excel 發揮到淋漓盡致。Felix 正是分享「Python 能為 Excel 做些什麼？」的不二人選，希望你也像我一樣，享受本書所帶來的精彩內容。

—*Stringfest Analytics* 創辦人
George Mount

從 Excel 到 Python，是一種自然而然的技術演進，能夠完全捨棄 Excel 的可能性更是令人難以抗拒的誘惑，然而，這其實不太現實。無論是作為企業或個人的電腦桌面必備軟體，Excel 既然已經存在，絕不可能走入歷史。本書作為一道橋樑，將 Python 和 Excel 兩端的世界連結起來。本書教你如何整合 Excel 和 Python，將你從不可避免的龐大活頁簿、數以千計的公式，以及狼狽不堪的 VBA 程式碼中解放出來。本書是我目前讀過最有助益的 Excel 工具書，也是 Excel 進階使用者必讀的一本佳作。我強烈推薦本書！

—*Acies Asset Management* 資訊長暨
《*Following the Trend*》、《*Stocks on the Move*》和《*Trading Evolved*》作者
Andreas F. Clenow

Excel 作為一項軟體工具，是金融產業不可或缺的基石，但在這些 Excel 應用之中，卻有相當多的部分是不負責任的爛攤子。本書完美展示了如何借助 xlwings，打造出更穩健、更優異的應用。

—衍生性金融商品與去中心化金融實務者暨 *Ubinetic AG* 共同創辦人

Werner Brönnimann

Excel 和 Python 是商務分析領域中最為重要的兩項工具，結合兩者更能創造「1+1>2」的綜合效益。Felix Zumstein 在本書展示了無可比擬的深刻洞察，向我們分享如何使用開源、跨平台的解決方案，將 Python 和 Excel 連結起來。對於商業分析師和資料科學家、以及任何希望在程式碼中解鎖 Excel 功能的 Python 使用者來說，這是一本非常可貴的工具書。

—哥倫比亞大學商學院副教授級技術人員暨

商業分析計畫（*BAI*）主任與《*Python for MBAs*》共同作者

Daniel Guetta

Python for Excel
自動化與資料分析的現代開發環境

Python for Excel
A Modern Environment for Automation
and Data Analysis

Felix Zumstein 著

沈佩誼 譯

O'REILLY®

目錄

第 I 部　　Python 導論

第 II 部　　Pandas 導論

前言

Microsoft 在 UserVoice 平台開闢了一個關於 Excel 的意見回饋論壇（*https://oreil.ly/y1XwU*），使用者可以提出改善 Excel 的點子或提議，其他使用者可以利用投票功能表示支持。受到最多人請求的第一名功能是「讓 Python 作為 Excel 的腳本編寫語言」，其投票數比起第二名還要多上一倍。雖然這個點子早在 2015 年就被提出，然而並沒有受到回應，直到 2020 年，Python 發明者 Guido van Rossum 在 Twitter 上（*https://oreil.ly/N1_7N*）推文表示「退休生活太無聊」，他打算加入 Microsoft，才又為 Excel 使用者燃起一絲新的希望。我不敢斷言他未來是否能在整合 Excel 和 Python 這件事上發揮影響力，但我知道，Excel 和 Python 的組合猶如雙劍合璧，能夠發揮「一加一大於二」的效果。本書的核心宗旨，就是與諸位分享如何結合 Excel 和 Python。

現今，我們生活在一個由資料運轉的世界，這是本書的創作動機。任何人都能存取海量資料集，接收任何事物。通常，這些資料集過於龐大，無法儲存在單單一份試算表中。幾年前，我們還會使用「大數據」（big data）來特別稱呼這類資料，但時至今日，動輒上百萬筆資料的資料集已是司空見慣。為了順應趨勢，Excel 推出了 Power Query 來載入和清理資料集，也提供 Power Pivot 執行資料分析和視覺化呈現。Power Query 使用 Power Query M 公式語言（M）來進行資料轉換，而 Power Pivot 使用資料分析運算式（DAX）來定義公式。如果你也想讓 Excel 檔案自動化處理一些動作，可以使用 Excel 的內建自動化語言 VBA。換句話說，對於一些相對簡單的動作，你可以使用 VBA、M 和 DAX。問題是，這些語言只能存在於 Microsoft 生態系統，主要只能在 Excel 和 Power BI 上執行（我會在第 1 章簡單介紹 Power BI）。

另一方面，Python 是一種通用的程式設計語言，受到許多資料分析師和資料科學家的歡迎。如果使用 Python 處理 Excel 檔案，這表示你選擇了一個面面俱到的程式語言，不僅能自動化 Excel、存取和準備資料集，還能執行資料分析和視覺化工作。更重要的是，你的 Python 能力不只能在 Excel 工作：如果你需要提升運算效能，你可以輕鬆地將量化模型、模擬或機器學習的應用遷移到雲端，取得不受限制的運算資源。

為何撰寫本書

本書第 IV 部將會介紹 xlwings，在開發這個 Excel 自動化套件的過程中，我接觸了許許多多使用 Python 來處理 Excel 需求的使用者，包括在 GitHub 上的 issue tracker（*https:// oreil.ly/ZJQkB*）、StackOverflow（*https://stackoverflow.com*）的提問，或是在交流會議或小型聚會上，我和這些使用者的互動所得到的回饋。

使用者經常請我推薦適合新手的 Python 參考資源。網路上不乏 Python 入門資源，但有些太過籠統（與資料分析無關），有些太過專精（充滿技術詞彙）。Excel 使用者通常介於這兩者，他們的確會經手資料和數據，但充滿技術名詞或理論的 Python 導論顯然超出理解範圍。這些使用者可能有某些特定需求和問題，而現有的參考資源尚無法解答他們心中疑問。這些問題包括：

- 針對哪些工作，我需要哪些 Python-Excel 套件？
- 我要如何將 Power Query 資料庫連線移轉到 Python 上？
- 在 Python 中，對應 Excel 的 AutoFilter 或樞紐表的東西是什麼？

本書的寫作目的是：想幫助對 Python 零概念的使用者，學會自動化 Excel 工作，在 Excel 中，輕鬆借助 Python 的資料分析和科學計算工具。

目標讀者

如果你是一位資深 Excel 使用者，想要借助現代化程式設計語言，一舉突破 Excel 的侷限，那麼本書非常適合你閱讀。通常，這表示你每個月會花上數小時，下載、清理、複製／貼上大量的資料到至關重要的試算表中。當然，還有其他方法可以克服 Excel 限制，本書聚焦在使用 Python 來完成任務。

你對程式設計有基本的認識：如果你寫過函數或 for loop（不管你使用何種程式語言），知道什麼是整數、什麼是字串，對於理解本書內容會有幫助。如果你曾經寫過複雜的儲存格公式，或者曾經調整過歷史 VBA 巨集，想必你更能精通本書內容。你不需要擁有特定的 Python 工作經驗，因為本書將介紹我們會用到的所有工具，包括 Python。

如果你是一位身經百戰的 VBA 開發者，那麼你可以在閱讀時，不時體會 VBA 和 Python 的對比，提醒你注意避開那些常見的陷阱。

如果你是一位 Python 開發者，想要瞭解 Python 如何處理 Excel 應用程式和檔案，如何根據商務使用者的需求與條件選擇適合的套件，本書也能對你有所助益。

內容架構

在內容編排上，本書分為四部分：

第 I 部：*Python* 導論

第 I 部闡述 Python 和 Excel 有如天作之合的幾個理由，並介紹本書會使用到的工具：Anaconda Python 發行版、Visual Studio Code 以及 Jupyter Notebook。我們也會在此學習足夠的 Python 知識，為後續內容的實際演練打好基礎。

第 II 部：*pandas* 導論

pandas 是 Python 的一個資料分析函式庫。我們將會說明如何利用 Jupyter Notebook 和 pandas，取代 Excel 活頁簿。基本上，pandas 程式碼更容易維護，也更有效率，還可以處理無法放入試算表的資料集。有別於 Excel，pandas 允許你在任何地方執行程式碼，包括雲端環境。

第 III 部：在 *Excel* 軟體之外讀取和編寫 *Excel* 檔案

第 III 部是關於 Excel 檔案的處理，這裡會介紹下列 Python 套件：pandas、OpenPyXL、XlsxWriter、pyxlsb、xlrd 和 xlwt。這些套件可以直接讀取和編寫硬碟中的 Excel 檔案，因此也能取代 Excel。因為無須安裝 Excel，這些套件可以在 Python 支援的任何平台上發揮作用，包括 Windows、macOS 和 Linux。reader 套件的常見使用場景包括：讀取每天早上你從外部公司或系統接收的資料，並將內容儲存於資料庫中。而 writer 套件的經典用法就是在幕後為幾乎所有應用都會出現的 [Export to Excel]（匯出至 Excel）按鈕提供功能。

第 *IV* 部：以 *xlwings* 設計 *Excel* 應用程式

學習使用 Python 搭配 xlwings 套件，不再從磁碟上讀取或編寫 Excel 檔案，而是讓 Excel 應用程式自動化。你需要為第 IV 部內容安裝 Excel 軟體。我們會學習如何開啟和處理 Excel 活頁簿。除了透過 Excel 讀取和編寫檔案之外，還會打造互動式 Excel 工具：按下一個按鈕，要求 Python 執行類似 VBA 巨集的動作，例如那些耗用運算資源的計算。我們也會學習以 Python 替代 VBA，編寫使用者定義函式（UDFs）[1]。

請清楚區分讀取和編寫 Excel「檔案」（第 III 部）與設計 Excel「應用程式」（第 IV 部）的根本性差異，請見圖 P-1。

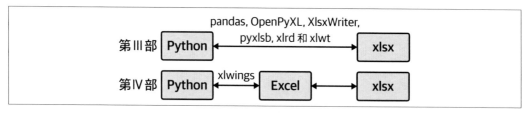

圖 P-1　讀取和編寫 Excel 檔案（第 III 部）vs. 設計 Excel 應用程式（第 IV 部）

第 III 部內容不需要安裝 Excel 軟體，可以在 Python 支援的所有平台上使用，包括 Windows、macOS 和 Linux。第 IV 部內容只能實作於支援 Microsoft Excel 的系統上，也就是 Windows 和 macOS 系統，因為安裝 Microsoft Excel 軟體是編寫程式碼的前提條件。

Python 和 Excel 版本

本書內容基於 Python 3.8，是本書創作之時最新 Anaconda Python 發行版的 Python 版本。如果你想使用更新的 Python 版本，請參考本書官方網站（*https://xlwings.org/book*）的操作指示，確保你沒有下載到舊的版本。如果 Python 3.9 的內容出現變化或更新，我會特別註記。

1　Microsoft 開始採用 *custom functions* 一詞指代 UDFs，本書仍使用 UDF。

本書期待你使用現代版本的 Excel 軟體，至少是 Excel 2007（Windows）或 Excel 2016（macOS）。我更加推薦使用 Microsoft 365 訂閱服務的 Excel 版本，因為它包含了其他版本沒有的新功能，這也是我寫作本書時所使用的 Excel 版本。如果你使用的是其他版本，選單項目的名稱或位置也許會稍有不同。

本書編排慣例

本書使用下列字體編排慣例：

斜體字（*Italic*）

　　表示新名詞、URL、email 地址、檔案名稱和副檔名。（中文使用楷體字）

定寬字（`Constant width`）

　　表示程式碼，在段落中凸顯程式碼要素如變數、函式名稱、資料庫、資料類型、環境變數、陳述式和關鍵字。

定寬粗體字（**`Constant width bold`**）

　　表示指令或是應由使用者輸入的文字。

定寬斜體字（*`Constant width italic`*）

　　顯示應由使用者提供值的文字或是依上下文脈絡決定的資料值。

　　表示提示或建議。

　　表示註記。

　　表示警告或注意事項。

使用範例程式

我在這個網頁（*https://xlwings.org/book*）整理了有助閱讀本書的額外資訊。歡迎你將它當作參考資源，尤其是當你遇到問題的時候。

你可以在下列網址下載補充資料（程式碼範例、練習等）：

https://github.com/fzumstein/python-for-excel

如欲下載這個隨附程式庫，請點選綠色的 [Code] 按鈕，然後選擇 [Download ZIP]。完成下載後，請對檔案按右鍵，選擇 [解壓縮全部]，將所有檔案解壓縮到資料夾中（Windows 系統）。如使用 macOS 系統，請對檔案按兩下進行解壓縮。你也可以用 Git 將整個程式庫複製到你的本機磁碟。你可以將資料夾放在任何地方，我傾向於儲存在本書所用位置：

    C:\Users*username*\python-for-excel

在 Windows 系統中下載和解壓縮檔案，你會得到一個類似以下資料夾的結構（注意重複出現的資料夾名稱）：

    C:\...\Downloads\python-for-excel-1st-edition\python-for-excel-1st-edition

將這個資料夾的內容複製到你所建立的 *C:\Users\<username>\python-for-excel* 之內，有助於遵照本書說明與範例演練。在 macOS 系統上，請將檔案複製到 */Users/<username>/python-for-excel*。

如果遇到技術問題，或是對程式碼範例有所疑惑，歡迎發信到 *bookquestions@oreilly.com*。

本書是要幫助讀者瞭解如何結合 Python 和 Excel。一般來說，讀者可以隨意在自己的程式或文件中使用本書的程式碼，但若是要重製程式碼的重要部分，則需要聯絡我們以取得授權許可。舉例來說，設計一個程式，其中使用數段來自本書的程式碼，並不需要許可；但是販賣或散布 O'Reilly 書中的範例，則需要許可。例如引用本書並引述範例碼來回答問題，並不需要許可；但是把本書中的大量程式碼納入自己的產品文件，則需要許可。

還有，我們很感激各位註明出處，但並非必要舉措。註明出處時，通常包括書名、作者、出版商、ISBN。例如：「*Python for Excel* by Felix Zumstein (O'Reilly). Copyright 2021 Zoomer Analytics LLC, 978-1-492-08100-5」。

如果覺得自己使用程式範例的程度超出上述的許可範圍，歡迎與我們聯絡：
permissions@oreilly.com。

致謝

身為一位新手作家，我無比感激在創作路上，得到許多人的熱情幫助，他們讓這趟旅程更加輕鬆！

我想感謝 O'Reilly 的編輯 Melissa Potter，持續鼓勵我進行寫作，並將本書內容編排成賞心悅目的模樣。我也想感謝 Michelle Smith，她協助我寫出最初的創作提案，謝謝 Daniel Elfanbaum 總是熱情地回答關於技術上的問題。

誠摯感謝所有同事、朋友與客戶，感謝你們願意花時間閱讀最初的草稿。他們的意見回饋讓本書變得更容易閱讀，他們與我分享的實際 Excel 問題，更是啟發了書中一些案例研究。感謝 Adam Rodriguez、Mano Beeslar、Simon Schiegg、Rui Da Costa、Jürg Nager 和 Christophe de Montrichard。

感謝透過 O'Reilly 線上學習平台閱讀了 Early Release 版本的讀者，你們的意見回饋也對我有很大幫助。感謝 Felipe Maion、Ray Doue、Kolyu Minevski、Scott Drummond、Volker Roth 和 David Ruggles！

本書有幸爭取到經驗豐富的技術審閱者協助校閱，我誠摯感謝他們在時間壓力下所付出的 努 力。Jordan Goldmeier、George Mount、Andreas Clenow、Werner Brönnimann 和 Eric Moreira，非常謝謝你們！

特別鳴謝 Björn Stiel，不僅僅提供了技術審閱，在創作本書時，我也從他身上學習到許多寶貴經驗。很高興這幾年能與你共事！

最後，我還想向 Eric Reynolds 表達深刻感激，他在 2016 年將他的 ExcelPython 專案放到 xlwings 函式庫。他還從零開始重新設計整個套件，重新改造我很久之前做的可怕 API。非常謝謝你！

Python 導論

## 第一章

為什麼要用 Python
寫 Excel？

Excel 使用者經常在遇到瓶頸時，不斷質疑試算表工具。最典型的例子是，當活頁簿包含太多的資料和公式，Excel 的運算速度會很慢，最糟的情況是直接閃退。在事情變糟之前質疑 Excel 設置，確實有其道理：假如你正在處理一份至關重要的報表，任何錯誤都可能導致財務上或名譽上的損失，或者你每天花費數小時手動更新 Excel 試算表，你應該學會運用程式語言，將流程自動化。自動化可以將人為錯誤的風險降至最低，讓你可以把時間投注在更有生產力的任務，不再是單純地將資料複製、貼上表單。

本章將告訴你，為何 Python 是在 Excel 上工作的不二選擇，以及 Python 相對於 Excel 內建的自動化語言 VBA 的優勢。先認識 Excel 如何作為一種程式語言，並瞭解其特別之處後，我會點出 Python 相對於 VBA 的強大功能。話不多說，讓我們先來認識本書兩位主角吧！

在電腦科技領域，Excel 和 Python 已經存在多年：Microsoft 公司於 1985 年發表 Excel，令許多人驚豔的是，當時 Excel 只能在 Apple 公司的麥金塔電腦上執行。直到 1987 年，Windows 系統終於取得 Excel 版本：Excel 2.0。Microsoft 並非電子試算表軟體的先行者，VisiCorp 公司早在 1979 年就發布了 VisiCalc 軟體，而後 Lotus Software 公司也發行了 Lotus 1-2-3。Microsoft 公司並沒有憑藉 Excel 取得市場領導地位：1982 年，Microsoft 公司先推出了 Multiplan，這是一款可用於 MS-DOS 系統與其他作業系統的電子試算表軟體，不過它不適用於 Windows 系統。

Excel 問世的六年後，Python 在 1991 年誕生了。Excel 進入市場後很快地得到大眾接納，Python 花了比較久時間才在網頁開發或系統管理等特定領域普及。2005 年，當 *Numpy* 這個基於陣列的運算與線性代數的套件出現後，Python 很快地成為了科學計算的優異選擇。NumPy 結合了兩個先驅節點套件，將科學計算的所有開發流程整合成單一專案。今日，NumPy 更是由無數的科學套件而組成，其中包括 2008 年問世的 *pandas*，促成了 2010 年後 Python 在資料科學與金融運算領域的廣泛採用。Pandas 套件的出現，讓 Python 與 R 成為資料科學領域中最被使用的程式設計語言，廣泛用於如資料分析、統計與機器學習等工作。

Python 和 Excel 出現時間很早，並不是兩者唯一的共通點：Excel 和 Python 都是一種程式語言。儘管 Python 是一種程式語言並不會讓你驚訝，但將 Excel 視為一種程式語言，可能需要一番解釋，且聽我娓娓道來。

Excel 是一種程式語言

本節介紹 Excel 如何作為一種程式語言，幫助你瞭解試算表相關的議題為何經常上新聞。我們將檢視在軟體開發社群中幾個最佳實踐，避免犯下使用 Excel 的常見錯誤。最後介紹 Power Query 和 Power Pivot，這兩個現代 Excel 工具的多數功能都可以 pandas 替代。

假如對你而言 Excel 的用途不只是列購物清單，你一定使用過類似 =SUM(A1:A4) 來加總儲存格範圍。如果你要花幾秒想想這個函數如何運作，你會發現儲存格的值經常仰賴於一個或幾個儲存格，而這些儲存格也可能取決於其他儲存格的值。這類的嵌套函式呼叫和其他程式語言的運作方式相差無幾，差別只在於你將程式碼寫在儲存格裡而不是文字編輯器。假如這一點還無法說服你：在 2020 年底，Microsoft 宣布發布 *lambda* 函式，讓使用者能以 Excel 的自有公式語言編寫可重複使用的函式，也就是說，使用者不再需要仰賴除了 Excel 以外的語言（如 VBA）。根據 Excel 產品長 Brian Jones 所言，這正是讓 Excel 成為一個「真正的」程式語言的最後一塊拼圖[1]。這意味著，Excel 使用者應該被稱呼為「Excel 程式設計師」！

Excel 程式設計師有一個特別之處：他們多數人是商務使用者或領域專家，但不曾接受過正統的電腦科學教育。他們可能是交易員、會計師或工程師。他們所使用的試算表工具被設計來解決商業問題，經常忽略軟體開發的最佳實踐。有鑑於此，這些試算表工具

---

[1] 你可以在 Excel Blog 閱讀 lambda 函式相關聲明（*https://oreil.ly/4-0y2*）。

經常在同一份表單中混雜了輸入值、計算式和輸出值，經常需要拐彎抹角才能讓它們好好運作，甚至可以隨意對表單進行修改，沒有任何防呆機制。換句話說，這些試算表工具缺少了牢固可靠的應用基礎設施，說明文件缺三漏四，系統缺乏測試。有時候，這些問題可能帶來毀滅性災難：假如你在下單前忘記重新計算交易報表，你可能會購買或售出錯誤數量的股票，導致鉅額虧損。假如你不只是用自己的錢進行交易，那麼極有可能上新聞，例如下節所述。

新聞中的 Excel

Excel 是新聞裡的常客，在本書創作之時，就有兩個事件上了頭條。第一則新聞來自人類基因組組織命名委員會（HUGO Gene Nomenclature Committee），該委員會將幾個人類基因組重新命名，好讓 Excel 不再將基因名稱讀取為日期。舉例來說，為了避免 MARCH1 被判別為 1-Mar，該基因組被重新命名為 MARCHF1[2]。第二則新聞則是，Excel 被控耽誤了英國 16,000 例 COVID-19 測試報告。該事件是由於這些測試結果以舊的 Excel 檔案格式（.xls）寫成，此格式最多只能存放約 65,000 筆資料。這意味著，大一點的資料集就會受到這個資料筆數限制的影響[3]。儘管這兩則新聞皆證明了 Excel 對於現代社會舉足輕重的地位，但遠遠無法比得上「倫敦鯨事件」受到矚目的程度。

倫敦鯨事件發生於 2012 年，「倫敦鯨」是摩根大通銀行一位交易員的綽號，他的交易失誤導致該行發布超過 20 億美元交易損失。事件爆發源頭是一份以 Excel 設計的風險估值模型，這個模型大大低估了投資組合的真實虧損風險。事後的檢討報告中[4]指出「以一連串 Excel 試算表運作的模型，完全仰賴人工作業，手動將一份試算表的資料複製貼上到另一份」。除了工作流程問題，該試算表還存在一個邏輯上的謬誤：在某個計算式中，他們除以總和而不是平均值。

假如你對這類故事感興趣，歡迎參閱由 European Spreadsheet Risks Interest Group（EuSpRIG）經營維護的 Horror Stories 網站（*https://oreil.ly/WLO-1*）。

為了避免你的公司陷於類似上述新聞事件的窘境，我們來看看下列最佳實踐，讓你在使用 Excel 時更加安全。

2　James Vincent, "Scientists rename human genes to stop Microsoft Excel from misreading them as dates," TheVerge, August 6, 2020, *https://oreil.ly/0qo-n*.

3　Leo Kelion, "Excel: Why using Microsoft's tool caused COVID-19 results to be lost," BBC News, October 5, 2020, *https://oreil.ly/vvB6o*.

4　維基百科中有關於此事件的參考文獻（*https://oreil.ly/0uUj9*）。

最佳編程實踐

本節內容將介紹數個至關重要的最佳編程實踐，包括關注點分離、DRY 原則、測試和版本控制。遵守這些原則將幫助你在結合 Python 和 Excel 時更容易上手。

關注點分離

關注點分離（separation of concerns）是軟體設計領域最重要的設計原則之一，有時也被稱為「模組化」。這意味著一組相關的功能應該被分隔成軟體程序的獨立部分，在替換特定部分時不會對應用程式的其他部分造成影響。廣義而言，應用程式經常被分為下列幾層[5]：

- 表現層（Presentation layer）
- 業務邏輯層（Business layer）
- 資料訪問層（Data layer）

想理解這些層次架構，請試想如圖 1-1 的貨幣轉換器。你可以在隨附程式庫的 *xl* 檔案夾找到這個 *currency_converter.xlsx* 檔案。

這個程式是這樣運作的：分別在 A4 和 B4 儲存格輸入「數量」和「貨幣」的值，Excel 會將輸入值轉換為 D4 儲存格的美金幣值。許多試算表程序採用此類設計，廣為業界所用。且讓我分解此程序的層次架構：

表現層

> 這一層是展現給使用者並與之互動的層，也就是使用者介面：A4、B4 和 D4 儲存格的值及標籤組成了此貨幣轉換器的表現層。

業務邏輯層

> 此層負責運算特定於此應用程式的業務邏輯：D4 儲存格決定了轉換為美金的值（數量）。`=A4 * VLOOKUP(B4, F4:G11, 2, FALSE)` 這則公式將「數量」乘以「匯率」。

資料層

> 正如其名，此層負責存取資料：D4 儲存格的 VLOOKUP 部分負責此項任務。

5　這些術語名稱來自《*Microsoft Application Architecture Guide, 2nd Edition*》（*https://oreil.ly/8V-GS*）。

資料層負責訪問以 F3 儲存格為始，作為這個小程序資料庫的匯率資料表。仔細看看，你大概會發現這三個資料結構中都出現了 D4 儲存格：這個簡單的程序在同一個儲存格中結合了表現層、業務邏輯層和資料層。

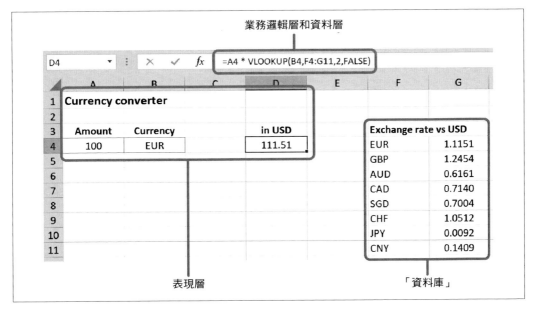

圖 1-1　currency_converter.xlsx

對於這個簡易版貨幣轉換器來說不成問題，但說真的，一個小小的 Excel 檔案經常極快地演變成更大的程序。該如何改善這種情況？許多專業 Excel 開發者參考資源會告訴你，為每一層建立獨立的工作表，以 Excel 語言來說就是輸入值、計算式和輸出值。通常，每一層會有各自專屬的顏色標記，比如以藍底表示輸入值。在第 11 章中，我們會根據這些層，建立一個真正的程序：由 Excel 負責表現層，而業務邏輯層和資料層則移至 Python，因為你將更容易為程式碼建立有序架構。

現在，掌握了關注點分離的意義後，我們來認識 DRY 原則吧！

DRY 原則

Dave Thomas 和 Andy Hunt 所撰寫的經典之作《*The Pragmatic Programmer*》發揚了 DRY 原則：*don't repeat yourself*（**不要重複你自己**）。不重複的程式碼意味著，程式碼變得更簡潔，錯誤變得更少，程式碼也更容易維護。假如你的業務邏輯存在於儲存格公式中，事實上你幾乎無法應用 DRY 原則，因為這並不存在讓你能在另一個活頁簿中重複使用的機制。很遺憾，這意味著開始一份 Excel 新專案的常見方式就是：從上一份專案複製活頁簿，或是從範本中建立。

假如你會寫 VBA，函數是最常見的可重複使用程式碼。函數可幫助你從多個巨集中存取同一個程式碼區塊，如果有幾個函數經常會用到，你大概會希望它們能在活頁簿之間共用。共用 VBA 程式碼的標準操作是使用增益集物件，但 VBA 缺少了分發和更新增益集的妥善方法。儘管 Microsoft 引入了 Excel 內部的增益集商店來解決此問題，但這只適用於使用 JavaScript 開發的增益集，對於 VBA 編寫者的效益不大。這表示，在 VBA 中使用複製／貼上的手段依舊常見：假設你在 Excel 中需要一個 *cubic spline* 函數。此函數是在座標系統中根據幾個給定資料點進行內插的方式，通常被固定收益交易員用以根據已知到期日／利率組合計算出所有到期日的利率曲線。假如你在網路上搜尋「Cubic Spline Excel」，很快就能找到關於此函數的 VBA 程式碼。問題是，通常這些函數背後的編寫者可能擁有良好直覺，但不見得進行測試或撰寫說明文件。也許大部分輸入值可適用於這些函數，但萬一出現罕見的特殊問題（edge case）呢？假如你交易的是動輒數百萬美元的固定收益投資組合，你需要更值得信賴的東西。至少，當公司內部稽核人員問起時，你能夠回答這段程式碼來自何處。

Python 以套件管理工具讓分發程式碼這件事變得更簡單，我們將在本章末尾介紹該工具。在此之前，先來瞭解測試的重要性，這是穩健的軟體開發工作不可或缺的一環。

測試

當你要求 Excel 開發者去測試活頁簿時，他們大概會執行幾個隨機檢查：點選一個按鈕，檢查巨集是否正確執行，或者變更幾個輸入值，檢查輸出值是否合理。然而，說真的，這個策略其實存在高風險：Excel 極有可能引入難以發掘的錯誤。舉例來說，你可以寫死一個值來覆寫公式，或是忘記在一個隱藏欄位調整公式。

當你要求一位專業軟體開發者去測試程式碼，他們會編寫單元測試。正如其名，單元測試是一種測試程序中個別元件的機制。舉例來說，單元測試負責確保某個程序的一個函式正常運作。大多數程式設計語言提供了自動執行單元測試的方式。執行自動化測試可以大幅提昇程式庫的可靠性，並且合理地確保你在編輯程式碼時不會破壞其他正在運作的部分。

回頭看看圖 1-1 的貨幣轉換器工具，你也可以編寫一項測試進行檢查，當輸入值為 100 EUR，歐元兌美元匯率為 1.05 時，D4 儲存格是否正確傳回 USD 105。這麼做有何作用？假如你不小心刪除了 D4 儲存格的換算公式，需要重新編寫一次時：你不是將「數量」乘以「匯率」，反而是錯誤地將「數量」除以「匯率」——畢竟，換算匯率令人頭痛。當你執行上述測試時，你會發現測試失敗，因為 100 EUR / 1.05 並不會得出預想的 105 USD。就像這樣，你可以在將試算表推送給所有使用者之前，先行偵測並修正為正確公式。

基本上所有傳統程式語言都提供了一個或多個測試框架以供使用者輕鬆撰寫單元測試——但不包括 Excel。萬幸的是，單元測試的概念足夠簡單，只要將 Excel 結合 Python，你就能受益於 Python 強大的單元測試框架。雖然關於單元測試的深入介紹超出本書探討範圍，筆者仍邀請你參閱我的部落格文章（*https://oreil.ly/crwTm*），其中涵蓋關於單元測試的實例。

當你將程式碼提交到版本控制系統，通常會自動執行單元測試。下一節介紹版本控制系統，並解釋為什麼 Excel 檔案很難使用版本控制。

版本控制

專業軟體開發人員的另一項良好素養是使用**版本控制系統**或**原始程式碼控制系統**。**版本控制系統**（version control system，VCS）會追蹤原始程式碼的變更狀態，允許使用者查看由誰在何時出於何種原因更改了程式碼，並允許你退回之前的版本。Git 是時下最受歡迎的版本控制系統（*https://git-scm.com*）。Git 一開始是為了管理 Linux 原始程式碼而生，隨後征服了整個軟體設計世界，就連 Microsoft 也在 2017 年採用 Git 來管理 Windows 系統的原始碼。相較之下，在 Excel 的世界中，至今最受歡迎的版本控制系統以資料夾的形式存在，檔案被封存的方式如下所示：

```
currency_converter_v1.xlsx
currency_converter_v2_2020_04_21.xlsx
currency_converter_final_edits_Bob.xlsx
currency_converter_final_final.xlsx
```

假如不是上述形式，就算 Excel 開發者堅守一套自有的檔案命名慣例，這本身也沒有什麼問題。不過，選擇在本機電腦保存一份檔案的版本歷史紀錄，反而將你排除於版本控制的其他重要功能之外：更便捷的協作、同儕審閱、認定流程和審計跟蹤等。如果想讓活頁簿變得更安全、更穩定，你一定不希望與這些功能失之交臂。通常，專業軟體開發者使用 Git 來連接基於網頁的平台，如 GitHub、GitLab、Bitbucket 或是 Azure DevOps。這些平台允許使用者進行 *pull requests* 或 *merge requests*（合併請求），讓開發人員提出正式請求，將程式碼變更合併到程式庫主幹。Pull request 會要求提供以下資訊：

- 變更者

- 變更時間

- 變更目的（記錄於*提交訊息中*）

- 變更的細節（顯示於 *diff view*，以綠色表示新代碼，以紅色表示已刪除代碼，來顯示變更差異的視圖）

這可以幫助協作者或團隊負責人審查變更並偵查異常之處。經常，多一雙眼睛就能發覺一兩個小故障，或者為那位軟體開發者提供有價值的回饋。既然擁有這些優點，為什麼 Excel 開發者還是傾向使用本地檔案系統和自己的命名慣例，而不選擇如 Git 這種專業版本控制系統呢？

- 許多 Excel 使用者純粹對 Git 一無所知，或者因為 Git 相對難上手而早早放棄。

- Git 允許多位使用者平行作業於同一個檔案的本地複本。當所有人都提交工作後，Git 通常會合併所有變更，無須手動介入。Excel 檔案卻行不通：如果檔案在個別複本上平行變更，Git 不知道如何將這些變更合併到同一份 Excel 檔案。

- 即使你設法解決了上一個問題，Git 不能像 Excel 以文本檔案一樣傳遞那麼多值：Git 無法顯示 Excel 檔案之間的變更，限縮了同儕審閱的可行性。

由於這些問題，我的公司開發出 xltrail（*https://xltrail.com*），一個基於 Git 的版本控制系統，知道如何處理 Excel 檔案。它隱藏了 Git 系統的複雜性，讓商務使用者使用起來更加舒適，假如你使用 GitHub 來追蹤檔案，它也允許你連接至外部 Git 系統。xltrail 會追蹤活頁簿中的不同之處，包含儲存格公式、已命名範圍、Power Queries 和 VBA 程式碼，幫助你加以利用包含同儕審閱在內的版本控制系統之經典優點。

讓 Excel 和版本控制系統變得更容易使用的另一個選項是，將業務邏輯從 Excel 遷移至 Python 檔案，我們會在第 10 章多加著墨。由於 Python 檔案更易於 Git 追蹤變更，有益於你將試算表工具的關鍵內容掌握於手中。

雖然本節標題名為「最佳編程實踐」，其核心內容是為了指出 Excel 比起如 Python 這類傳統軟體設計語言更難以遵循。在我們將焦點轉向 Python 之前，我想快速介紹一下 Power Query 和 Power Pivot，這是 Microsoft 為了將 Excel 變得更現代化的嘗試。

現代 Excel

Excel 的現代化時期始於 Excel 2007，該版本引入了功能區（ribbon menu）和新的檔案格式（以 *xlsx* 取代 *xls*）。不過，Excel 社群以*現代 Excel* 指代 Excel 2010 版本加入的工具：也就是 Power Query 和 Power Pivot。這些工具允許使用者連接外部資料來源，分析那些因檔案過大而無法添加至試算表的資料。其功能與第 5 章即將登場的 pandas 有所重疊，我會在本節第一部分先行簡單介紹。第二部分則是關於 Power BI，它可以說是一個獨立版本的商業智慧應用軟體，結合了 Power Query 和 Power Pivot 的功能及視覺化處理，而且還內建支援 Python！

Power Query 和 Power Pivot

Microsoft 在 Excel 2010 版本引入了一個名為 *Power Query* 的增益集。Power Query 可連結大量資料來源，包含 Excel 活頁簿、CSV 檔案和 SQL 資料庫。還能連結如 Salesforce 的客戶關係管理平台，甚至能連結到外部系統。Power Query 的核心功能是處理太大而無法放入試算表的資料集。在載入資料後，你可以執行額外步驟來清理或處理資料，轉換成 Excel 可用的格式。舉例來說，你可以將欄位分割為二、合併兩個資料表、篩選資料，或者對資料進行分組。自 Excel 2016 版本之後，Power Query 不再屬於增益集，但仍舊可以在功能區的【資料】分頁＞【取得資料】按鈕進行存取。在 macOS 系統，Power Query 僅提供部分功能——不過，它正處於積極開發階段，在未來的 Excel 版本應可提供完整支援。

Power Pivot 與 Power Query 相輔相成：從概念上來看，這是用 Power Query 取得並清理資料後的第二步驟。Power Pivot 幫助使用者分析資料，並在 Excel 中以吸引目光的方式呈現資料。可以將它想成一種傳統的樞紐資料表，如同 Power Query 一樣可以處理大型資料集。Power Pivot 允許使用者以關聯和階層定義正式的資料模型，還可以透過 DAX 公式語言新增已計算欄位。Power Pivot 自 Excel 2010 版本引入，至今仍屬於增益集的一種，目前不支援 macOS 系統。

假如你想使用 Power Query 和 Power Pivot，並在這之上建立可供檢視的「儀表板」，那麼 Power BI 值得關注——一起一探究竟！

Power BI

Power BI 是一套 2015 年推出的應用程式，這是 Microsoft 為因應 Tableau 或 Qlik 等商業智慧分析工具而推出的應用軟體。Power BI Desktop 是免費的，如果你想試用看看，可以直接到 Power BI 的官方網站下載（*https://oreil.ly/I1kGj*）—— 請注意，Power BI Desktop 只有 Windows 版本。Power BI 旨在以互動式儀表板將資料進行視覺化處理，呈現大型資料集中的洞見（insight）。和 Excel 一樣，它也仰賴著 Power Query 和 Power Pivot 的強大功能。企業版本可允許使用者在線上協作、共享儀表板，但這和 Desktop 版本並不相同。對於本書內容來說，Power BI 之所以令人躍躍欲試，是因為自 2018 年起它開始支援 Python。Python 可用於查詢，也可以利用 Python 的視覺化函式庫進行資料視覺化。對我來說，在 Power BI 中使用 Python 感覺上有些笨拙，但這件事的象徵意義在於 Microsoft 終於意識到 Python 之於資料分析的重要性。因此，希望 Python 總有一天能夠正式進入 Excel 的世界。

話說回來，究竟 Python 有什麼魅力，能夠被 Microsoft 的 Power BI 所支援？箇中原因請見下節分曉！

Python for Excel

Excel 的功用是存放與分析資料，並對其進行視覺化處理。Python 在科學計算方面體現了其強大功能，因此，使用 Python 程式處理 Excel 檔案可說是絕妙組合。Python 是少數幾個對專業軟體開發人員和甫接觸程式碼的新手使用者來說，都具有極大吸引力的程式語言。一方面來說，專業開發者喜歡使用 Python，是因為這是一個廣泛通用的程式設計語言，讓人無須赴湯蹈火，就能輕鬆完成許多事情。另一方面，新手使用者喜歡 Python，因為它比其他語言更容易上手。因此，Python 常用於臨時的資料分析和小型的自動化任務，也常見於類似 Instagram 後端系統這類超大型生產環境程式庫[6]。這同時意味著以 Python 驅動的 Excel 工具變得越來越受歡迎，你可以輕鬆地新增一位網頁開發者到專案中，讓你的 Excel-Python 原型搖身成為一個成熟的 web 應用。Python 的獨特優勢在於，你基本上無須改寫業務邏輯部分，可以從 Excel 原型原樣移至 web 生產環境。

在本節內容中，我將會介紹 Python 的核心概念，並與 Excel 和 VBA 進行對比。我會稍微提及程式碼可靠性、Python 的標準函式庫和套件管理工具、科學計算堆疊、現代化語言特徵以及跨平台相容性。讓我們先從可靠性開始吧！

6　你可以在 Instagram 的軟體開發部落格瞭解 Instagram 如何使用 Python（*https://oreil.ly/SSnQG*）。

可讀性和可維護性

如果你的程式碼是「可讀的」，這意味著你的程式碼容易參照與理解——特別是對於那些不寫程式的外人來說。在可讀的程式碼中，錯誤容易被發現，也更利於後續維護。這正是〈Python 之禪〉中寫到「可讀性很重要！」的原因。〈Python 之禪〉（Zen of Python）簡潔有力地總結了 Python 的核心設計原則，我們將在下章學習如何「印出」這份摘要內容。先來看看以下以 VBA 編寫的程式碼片段：

```vba
If i < 5 Then
    Debug.Print "i is smaller than 5"
ElseIf i <= 10 Then
    Debug.Print "i is between 5 and 10"
Else
    Debug.Print "i is bigger than 10"
End If
```

在 VBA 中，你可以將此段程式碼排版成如下，內容完全相同：

```vba
If i < 5 Then
    Debug.Print "i is smaller than 5"
    ElseIf i <= 10 Then
    Debug.Print "i is between 5 and 10"
    Else
    Debug.Print "i is bigger than 10"
End If
```

在第一個版本中，縮排與程式碼的運作邏輯相符，便於閱讀與理解程式碼，也更容易發現錯誤。在第二個版本中，新手開發者可能在第一次閱讀程式碼時不會察覺 ElseIf 和 Else 條件式——假如程式碼隸屬於更大程式庫的一部分，更容易如此。

Python 並不接受第二種程式碼排版方式：它強制使用者根據程式碼邏輯架構進行視覺上的縮排，以此避免出現可讀性問題。Python 仰賴縮排來定義程式碼區塊，正如你在 if 陳述式或 for 迴圈所做的那樣。大多數其他程式語言會使用大括號（{ }）來取代縮排，而 VBA 使用諸如 End If 的關鍵字，正如程式碼片段所示。對程式碼區塊進行縮排的原因是，在軟體開發工作中，絕大多數時間都用來維護程式碼，而不是創造新的程式碼。可讀的程式碼能幫助新來乍到的開發人員（或是幾個月後重新閱讀程式碼的你）回溯並搞懂這段程式碼在寫些什麼。

我們將在第 3 章好好搞懂 Python 的縮排規則，現在，我們先來認識標準函式庫：這是隨著 Python 發布的一系列函式功能。

標準函式庫和套件管理工具

Python 自帶一系列由標準函式庫提供的豐富內建功能。Python 使用者社群喜歡將這件事形容為「自帶電池的 Python」。無論你是想解壓縮一個 ZIP 檔案、讀取 CSV 檔案的值,或者想從網路上爬資料,Python 的標準函式庫應有盡有,通常只需要短短幾行程式碼就能搞定。想在 VBA 實現相同功能,你需要編寫相當程度的程式碼,或者必須安裝增益集。而且,通常你在網路上找到的解決方案只適用於 Windows 系統,不見得通用於 macOS 系統。

儘管 Python 的標準函式庫涵蓋了大量令人印象深刻的功能,但純粹依賴函式庫的話,寫起一些任務還是挺麻煩或相當緩慢。這時正是 PyPI(*https://pypi.org*)派上用場的時候。PyPI 是 *Python Package Index* 的簡稱,這是一個任何人(包括你!)都能上傳開源 Python 套件的大型軟體存儲庫,為 Python 新增更多功能性。

PyPI vs. PyPy

PyPI 的發音為 "pie pea eye",以此和 PyPy(發音同 "pie pie")進行區分,這是一種快速的 Python 直譯器。

舉例來說,想要輕鬆地從網路上爬取資料,你可以安裝 Requests 套件,取得一系列強大而易用的指令。你需要使用 Python 的套件管理器 *pip* 進行安裝,在「命令提示字元」或「終端機」上執行。pip 的全稱是 *pip installs packages*,雖然聽來有些抽象,但我會在下一章好好介紹。現在,先來認識套件管理工具的重要性。這是因為任何套件都不會純粹依賴於 Python 的標準函式庫,也可能依賴於託管於 PyPI 的其他開源套件。這些依賴關係(dependency)還可能依賴於其他的依賴關係,依此類推。pip 會遞迴檢查套件中的依賴項和子依賴項,然後下載並安裝。pip 也讓套件的更新作業變得更簡單,讓你的依賴項保持最新狀態。這讓遵守 DRY 原則變得更容易,因為你不需要重新發明或複製貼上 PyPI 上既有的內容。pip 和 PyPI 創造了堅實機制,幫助使用者分發和安裝這些依賴關係,這是 Excel 的傳統增益集所缺乏的能力。

有了 pip，你幾乎可以為任何東西安裝套件，但對於 Excel 使用者而言，最吸引人的當然是科學計算相關套件。在下一節內容中，我們來見識如何使用 Python 進行科學計算！

科學計算

Python 的成功之處在於它是一種通用語言。科學計算的功能性是以第三方套件的形式加入 Python 的世界。這存在著天然優勢，即資料科學家可以像網頁開發者一樣，使用同一種語言進行測試和研究，最終，圍繞運算核心建立一個生產就緒的應用程式。以同一種語言建立科學應用，降低不同語言間的磨合、實作時間與成本。Numpy、SciPy 和 pandas 等科學計算套件，幫助使用者以非常簡潔的方式闡述數學問題。舉個例子，我們來看看一個相當著名的金融公式，用以計算根據現代投資組合理論的投資組合方差：

$$\sigma^2 = w^T C w$$

投資組合方差以 σ^2 表示，w 代表單項資產的權重向量，C 是投資組合的共變異數矩陣。假如 w 和 C 是 Excel 的儲存格範圍（ranges），則你可以 VBA 計算投資組合的方差如下：

```
variance = Application.MMult(Application.MMult(Application.Transpose(w), C), w)
```

將這個公式與幾乎是數學符號的 Python 版本進行對比，假設 w 和 C 是 pandas DataFrames 或 Numpy 陣列（第 II 部將詳盡介紹）：

```
variance = w.T @ C @ w
```

這不僅僅關乎美感與可讀性：NumPy 和 pandas 在底層使用編譯好的 Fortran 和 C 程式碼，相較於 VBA，在處理大型矩陣時更能提升效能。

缺乏對於科學計算的支援是 VBA 的顯著限制。仔細檢視這個語言的核心特徵，你還會發現 VBA 已經落後了，我將在下一節提及。

現代語言特徵

自 Excel 97 版本後，就語言特徵而言，VBA 不再出現重大變化。這並不表示 VBA 不再受支援：Microsoft 仍舊為每一次新的 Excel 版本進行更新，以便自動執行各版本新引入的 Excel 功能。舉例來說，Excel 2016 新增了自動化 Power Query 的支援。在二十年前就停止進化的語言，不免錯過這幾年來所有主流程式設計語言的現代語言概念。舉例來說，VBA 的錯誤處理方式真是太過時了。假如你想在 VBA 中優雅地處理一個錯誤，應該會像下面這樣：

```
Sub PrintReciprocal(number As Variant)
    ' There will be an error if the number is 0 or a string
    On Error GoTo ErrorHandler
        result = 1 / number
    On Error GoTo 0
    Debug.Print "There was no error!"
Finally:
    ' Runs whether or not an error occurs
    If result = "" Then
        result = "N/A"
    End If
    Debug.Print "The reciprocal is: " & result
    Exit Sub
ErrorHandler:
    ' Runs only in case of an error
    Debug.Print "There was an error: " & Err.Description
    Resume Finally
End Sub
```

在本例中，VBA 的錯誤處理牽涉到如 Finally 和 ErrorHandler 等標籤。你使用 GoTo 或 Resume 語句，指示程式碼跳轉到這些標籤。早些年，標籤被許多程式開發者認為是麵條式程式碼（spaghetti code，意指亂成一團，難以理解的程式碼）的罪魁禍首：這是一種善意地形容程式碼流暢度難以理解，因此難以維護的含蓄說法。這正是為什麼許多處於活躍開發狀態的語言引入 try/catch 機制的原因——在 Python 中此機制稱為 try/except——我將在第 11 章深入介紹。假如你精通 VBA，你大概還會喜歡 Python 支援「類別繼承」這個特徵，這是 VBA 語言所缺乏的物件導向程式設計之特色。

除了現代語言特徵之外，現代化的程式設計語言還有另一項基本條件：跨平台相容性。一起來瞭解其重要性！

跨平台相容性

即便你是使用 Windows 或 macOS 在本機電腦上進行程式碼開發，有時，你大概也會希望在雲端或伺服器上執行程序。伺服器允許程式碼在排定時程內執行，允許你從任何地方存取應用程式，具備你所需要的運算能力。下一章我將會介紹託管的 Jupyter Notebook，示範如何在伺服器上執行 Python 程式碼。絕大多數伺服器都是架設於 Linux 作業系統，因其穩定性高、安全性高，且經濟高效。Python 具有優異相容性，同一份程序可在所有主流作業系統執行，因此當你將程式碼從本機電腦過渡至生產環境時，可以避免許多痛苦。

相較之下，儘管 Excel VBA 可以在 Windows 和 macOS 系統上執行，有些功能僅適用於 Windows 版本。在 VBA 的官方說明文件或論壇中，你經常會看到以下程式碼：

```
Set fso = CreateObject("Scripting.FileSystemObject")
```

在 VBA 編輯器中想要新增一個參考資料，無論你準備進行 CreateObject 呼叫，或是被指示前往【工具】>【參考資料】，基本上都是和只能執行於 Windows 系統的程式碼打交道。

假如你想讓 Excel 檔案在 Windows 和 macOS 系統上運行無阻，另一個需要關注的重要環節是 *ActiveX 控制項*。ActiveX 控制項是類似試算表的按鈕和下拉式選單等要素，但它們僅工作於 Windows 系統上。如果想在 macOS 系統上運行你的 Excel 檔案，請記得避免使用它們！

結語

本章介紹 Python 和 Excel，這兩項非常盛行的科技已經存在幾十年了——相對於我們今日使用的其他許多技術而言，它們確實歷史悠久。倫敦鯨事件作為一則警訊，提醒我們在關鍵任務中沒有正確使用 Excel 的話會造成莫大（金錢）損失。這促使我們去研究一套最精實的最佳編程實踐：應用「關注點分離」、遵守「DRY 原則」，使用自動化測試和版本控制。我們瀏覽了 Power Query 和 Power Pivot，這是 Microsoft 為解決資料量處理需求遠超試算表負荷而推出的軟體。不過，我個人認為它們並非正確解決方案，因為這兩個軟體將你困於 Microsoft 的世界中，阻止你去善用基於雲端的現代解決方案所具備的靈活性與強大能力。

Python 擁有 Excel 所缺少的迷人功能性：標準函式庫、套件管理工具、科學計算相關函式庫以及跨平台相容性。學習如何結合 Excel 與 Python，綜效兩者優點，以自動化處理省下寶貴時間，依循最佳編程實踐，提交更少錯誤，你也能讓自己開發的應用程式脫離 Excel 世界，根據需要擴展到其他地方。

現在，意識到 Python 將會是 Excel 的強大同伴之後，是時候設定好開發環境，寫下第一行 Python 程式碼了！

## 第二章

開發環境

你是否等不及想瞭解 Python 入門基礎了呢？在此之前，你需要設置好環境。如果想編寫 VBA 程式碼或 Power Queries，你只需要啟動 Excel，然後開啟 VBA 或 Power Query 編輯器。換成 Python 則需要多花點心思。

本章將從安裝 Anaconda Python 發行版講起。除了安裝 Python 之外，Anaconda 還允許我們存取 Anaconda Prompt 和 Jupyter Notebook，這兩項不可或缺的工具將會貫穿本書內容。*Anaconda Prompt* 可以視為一個特殊的「命令提示字元」（Windows 系統）或「終端機」（macOS 系統）：它允許使用者執行 Python 腳本和其他命令列工具，可見於本書後續內容。*Jupyter Notebook* 允許我們和資料、程式碼與圖表進行互動，此特性使其成為 Excel 的有力競爭對手。稍微碰一下 Jupyter Notebook 後，我們要安裝 *Visual Studio Code*（VS Code），這是一個強大的文字編輯器。VS Code 非常適合 Python 的編寫、執行和偵錯，並且內建整合式終端機。圖 2-1 整理了 Anaconda 和 VS Code 各自包含了哪些內容。

由於本書主題和 Excel 緊密相關，我會在本章聚焦於 Windows 和 macOS 系統。不過，本書包括第 III 部在內的全部內容都可以執行於 Linux 系統。我們從安裝 Anaconda 開始吧！

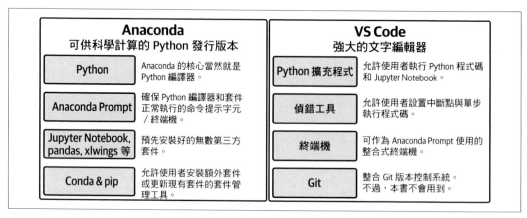

圖 2-1　開發環境

Anaconda（Python 發行版）

Anaconda 可以說是資料科學界最受歡迎的 Python 發行版本，預先安裝好數百種第三方套件：它擁有 Jupyter Notebook 以及本書密集使用的其他套件如 pandas、OpenPyXL 和 xlwings。Anaconda 個人版可以免費下載，所有軟體套件都可兼容。Anaconda 會安裝為一份資料夾，也可以輕鬆解除安裝。在成功安裝之後，我們將在 Anaconda Prompt 上學習幾個常用命令，並執行互動式視窗。接著會介紹 Conda 和 pip 這些軟體套件管理工具，最後以 Conda 虛擬環境收尾。就從下載與安裝 Anaconda 開始吧！

安裝

前往 Anaconda 官方網站（*https://oreil.ly/QV7Na*），下載最新版 Anaconda 安裝程式（個人版）。如使用 Python 3.x 版本，請選擇 64-bit graphical installer[1]。完成下載後，請按兩下安裝程式，啟動安裝程序，同意勾選所有預設設置。關於更詳細的安裝指示，請參考官方說明文件（*https://oreil.ly/r01wn*）。

---

[1]　32-bit 版本只存在於 Windows 作業系統，目前已越來越少見。找出你的 Windows 版本很簡單，請在檔案總管中前往 C 槽。如果你同時看到 *Program Files* 和 *Program Files (x86)* 資料夾，這表示你使用的是 Windows 64-bit 版本。如果你只看到 *Program Files* 資料夾，則你使用的是 Windows 32-bit 系統。

其他 *Python* 發行版本

本書內容的操作指示預設為 Anaconda 個人版，不過程式碼與概念皆適用
於其他 Python 版本。你需要根據程式庫中 *requirements.txt* 的步驟指示，
安裝指定依賴項。

安裝好 Anaconda 後，我們就能使用 Anaconda Prompt 了，一起來瞭解它如何運作。

Anaconda Prompt

Anaconda Prompt 其實等同於 Windows 系統的命令提示字元，或者是 macOS 系統的終端
機，經過前置設定，可正確執行 Python 編譯器和第三方套件。Anaconda Prompt 是執行
Python 程式碼的最基本工具，我們將在本書大量使用它來執行 Python 腳本以及各式套
件所提供的各種命令列工具。

沒有 *Anaconda* 的 *Anaconda Prompt*

假如你不是使用 Anaconda Python 發行版，當本書指示你使用 Anaconda
Prompt 時，你必須使用 Windows 系統的命令提示字元或是 macOS 系
統的終端機。

假如你不曾在使用過 Windows 系統的命令提示字元，或者是 macOS 系統的終端機，別
擔心：你只需要學會幾個指令就能快速上手。當你習慣之後，相較於在圖形化使用者選
單中點選功能，使用 Anaconda Prompt 將會更方便快速，就讓我們開始吧：

Windows

點選「開始」選單按鈕，然後輸入 **Anaconda Prompt**。在跳出的條目中，請選擇
Anaconda Prompt，而不是 Anaconda Powershell Prompt。你可以使用滑鼠點選或以
方向鍵 +Enter 鍵選取。你也可以在「開始」選單的 Anaconda3 找到它。在 Windows
工具列釘選 Anaconda Prompt 是個好主意，因為你接下來會常常用到。Anaconda
Prompt 的輸入列以 base 開頭：

```
(base) C:\Users\felix>
```

macOS

在 macOS 系統中，你找不到名為 Anaconda Prompt 的應用程式。相反地，當我提到 Anaconda Prompt，這指的是被 Anaconda 安裝程序設置好自動啟動 Conda 虛擬環境的「終端機」（我會很快提到 Conda 環境）：按下 Command + 空白鍵，或者開啟「啟動台」，輸入 **Terminal** 並按下 Enter 鍵。或者開啟 Finder，跳至 *Applications > Utilities*，對終端機應用程式按兩下。當終端機啟動後，畫面應如下所示（輸入列以 base 開頭）：

```
(base) felix@MacBook-Pro ~ %
```

如果你使用較舊的 macOS 版本，畫面應顯示如下：

```
(base) MacBook-Pro:~ felix$
```

不同於 Windows 系統的命令提示字元，macOS 系統的終端機並不會顯示目前所在目錄的完整路徑。「～」符號表示本機目錄，通常是 */Users/<username>* 。如欲查看完整路徑，可以輸入 **pwd** 並按下 Enter 鍵。pwd 是 *print working directory* 的縮寫，也就是顯示目前所在目錄的指令。

假如在安裝 Anaconda 後，終端機畫面上的輸入列並非以 (base) 開頭，通常這是因為在安裝 Anaconda 版本時終端機處於執行狀態，請重新啟動終端機。注意，點選終端機視窗左上角的紅色叉叉，只會隱藏而不是完全退出應用。請按右鍵點選 dock 上的終端機圖示，然後選擇「退出」，或者對終端機視窗按下 Command-Q 鍵。再次重新啟動後，當終端機畫面的第一行以 (base) 起始，則一切準備就緒。因為你會經常用到終端機，不妨將它固定在 dock 上。

準備好 Anaconda Prompt 後，試試輸入表 2-1 中的指令。稍後我將分別介紹各個指令用途。

表 2-1　Anaconda Prompt 的指令

指令	Windows	macOS
列出目前所在目錄的檔案	dir	ls -la
切換目錄（相對）	cd path\to\dir	cd path/to/dir
切換目錄（絕對）	cd C:\path\to\dir	cd /path/to/dir
切換到 D 槽	D:	不適用
切換到主目錄	cd ..	cd ..
回顧上一個指令	↑（向上鍵）	↑（向上鍵）

列出目前所在目錄的檔案

在 Windows 系統中，請輸入代表 directory 的 **dir**，列出目前所在目錄的所有內容。

在 macOS 系統中，請輸入 **ls -la** 然後按下 Enter 鍵。ls 是 *list directory content* 的縮寫，而 -la 會以 *long listing* 格式列出 *all* 檔案，包括被隱藏的檔案。

切換目錄

輸入 **cd Down** 並按下 Tab 鍵。cd 是 *change directory* 的縮寫。如果此時你位於家資料夾（home folder），則 Anaconda Prompt 應該會自動補齊為 cd Downloads。如果你在不同的資料夾，或者沒有名為 *Downloads* 的資料夾，請輸入上一個指令（如 dir 或 ls -la）或某個目錄名稱，再按下 Tab 鍵，接著按下 Enter 鍵來切換到這個目錄。如果你使用 Windows 系統，需要切換硬碟，首先需要輸入硬碟名稱，才能再切換到正確目錄：

```
C:\Users\felix> D:
D:\> cd data
D:\data>
```

請注意，當你輸入一個位於目前所在目錄之內的目錄或檔名時，你使用的是相對路徑，例如 cd Downloads。如果你想跳出目前所在目錄，則可以輸入絕對路徑，如在 Windows 上輸入 cd C:\Users 或在 macOS 上輸入 cd /Users（注意區分 / 和 \ 符號）。

切換到上一層目錄

想回到父目錄（parent directory），也就是上一層目錄，請輸入 **cd ..** 然後按下 Enter 鍵（注意，cd 和兩個點點之間要空格）。你可以將這個指令結合特定目錄名稱，舉例來說，如果你想回到上一層，然後切換到 *Desktop*，則可輸入 **cd ..\Desktop**。在 macOS 系統中，請將反斜線（\）替換為斜線（/）。

回顧上一個指令

以向上鍵（↑）來滾動瀏覽之前的指令。假如你需要重複執行同一則指令，這能為你省下許多點擊滑鼠的時間。你也可以使用向下鍵向後滾動。

就是這麼簡單！現在，你可以啟動 Anaconda Prompt，在心儀的目錄上執行指令，並在下一節內容活用，因為我將示範如何開啟一個互動式 Python 視窗。

Python REPL：互動式視窗

在 Anaconda Prompt 執行以下 python 指令，開啟一個互動式視窗：

```
(base) C:\Users\felix>python
Python 3.8.5 (default, Sep 3 2020, 21:29:08) [...] :: Anaconda, Inc. on win32
Type "help", "copyright", "credits" or "license" for more information.
>>>
```

在 macOS 終端機列出的值可能稍有出入，但功能一模一樣。本書使用 Python 3.8 版本——如果你想使用更新版本，歡迎到本書官方網頁（*https://xlwings.org/book*）諮詢具體操作指示。

Anaconda Prompt 註記

本節以降，我會以 (base)> 開頭來編寫程式碼，表示這些程式碼被輸入到 Anaconda Prompt 中。舉例來說，為了啟動一個互動式 Python 編譯器，我會這麼編寫：

```
(base)> python
```

在 Windows 系統上，程式碼如下：

```
(base) C:\Users\felix> python
```

macOS 系 統 則 如 下 （ 記 住，macOS 的 終 端 機 就 是 你 的 Anaconda Prompt）：

```
(base) felix@MacBook-Pro ~ % python
```

我們來多試幾次！請注意，在互動式視窗的 >>> 表示 Python 預期得到你的輸入值；但你不需要特別輸入。接下來，請在以 >>> 開頭的每一行輸入內容，然後按下 Enter 鍵：

```
>>> 3 + 4
7
>>> "python " * 3
'python python python '
```

互動式 Python 視窗又稱為「Python *REPL*」，是 *read-eval-print loop* 的簡稱。Python 會讀取檢視你所輸入的值，然後在等待下一次輸入的同時將結果立刻列印出來。還記得我在第 1 章提過的「Python 之禪」嗎？你現在可以閱讀完整版，領略一下 Python 編寫原則的奧妙。請輸入以下內容，按下 Enter 鍵來執行程式碼：

```
>>> import this
```

如 欲 離 開 Python 視 窗， 請 輸 入 **quit()** 然 後 按 下 Enter 鍵。 也 可 以 點 選 Ctrl+Z （Windows），或在 macOS 系統按下 Ctrl-D，無須按 Enter 鍵。

關閉 Python REPL 後，我們來認識一下 Conda 和 pip，這是 Anaconda 安裝程序隨附的套件管理工具。

套件管理工具：Conda 和 pip

上一章，我曾簡略介紹過 pip，它負責 Python 套件的下載、安裝、更新與解除安裝工作，以及這些套件的依賴項與子依賴項。Anaconda 還有另外一個名為 Conda 的內建套件管理工具。Conda 的優勢在於它不只能安裝 Python 套件，還包括 Python 編譯器的額外版本。快速回顧：套件負責為你的 Python 安裝程序加入標準函式庫之外的功能性。

pandas 就是這麼一種套件，我將在第 5 章好好介紹它。pandas 已預先安裝於 Anaconda Python 發行版中，使用者無須另行手動安裝。

Conda vs. pip

在 Anaconda 中，你應該透過 Conda 安裝任何所需套件，並僅使用 pip 來安裝 Conda 無法找到的其餘套件。否則，Conda 可能會覆寫那些以 pip 安裝的檔案。

表 2-2 整理了一些最常使用到的指令。將這些指令輸入 Anaconda Prompt 中，就能安裝、更新或解除安裝第三方套件。

表 2-2　Conda 和 pip 指令

動作	Conda	pip
列出所有已安裝的套件	conda list	pip freeze
安裝最新套件版本	conda install *package*	pip install *package*
安裝特定套件版本	conda install *package=1.0.0*	pip install *package==1.0.0*
更新套件	conda update *package*	pip install --upgrade *package*
解除安裝套件	conda remove *package*	pip uninstall *package*

舉例來說，如果你想查看 Anaconda 發行版中目前有哪些可用套件，請輸入：

```
(base)> conda list
```

當本書需要使用到 Anaconda 安裝程序未包含的套件時，我會特別註明並示範如何安裝。不過，不妨現在就將一些套件安裝好，以防不時之需。我們先來安裝 plotly 和 xlutils 吧，這兩個套件可在 Conda 上找到：

```
(base)> conda install plotly xlutils
```

執行這則指令後，Conda 將會示範它將進行何種動作，並要求你進行確認，這時請輸入 **y** 然後按下 Enter 鍵。接下來，請透過 pip 安裝 pyxlsb 和 pytrends，這兩個套件在 Conda 上沒有：

```
(base)> pip install pyxlsb pytrends
```

不同於 Conda，pip 會在你按下 Enter 鍵的時候立刻安裝，無須額外確認。

套件版本

許多 Python 套件經常更新，偶爾也會出現無法向後兼容的變更。這有可能使得本書中一些例子變得不適用。我會努力跟上這些變更，並在本書官方網站上發布 fix 版本（*https://xlwings.org/book*），不過，你也可以建立一個 Conda 環境，採用本書的套件版本。我會在下一節內容介紹 Conda 虛擬環境，你還可以在附錄 A 查看更多建立 Conda 虛擬環境的詳細指示步驟與特定套件。

現在，你知道如何使用 Anaconda Prompt 來開啟 Python 編譯器與安裝額外套件了。下一節，我將說明 (base) 所代表的意涵。

Conda 環境

也許這令你感到好奇，為什麼 Anaconda Prompt 會在每一輸入列顯示 (base)。這是處於活躍狀態的 *Conda environment* 的名稱。Conda 環境是一個由特定 Python 版本和一套特定版本的已安裝套件組成的獨立「Python 世界」。這有什麼必要性？當你開始平行處理不同專案，可能需要滿足不同條件：某個專案要求 Python 3.8 和 pandas 0.25.0，另一個專案可能要求 Python 3.9 和 pandas 1.0.0。為 pandas 0.25.0 編寫的程式碼通常要求變更以 pandas 1.0.0 執行，因此你不能單純地升級 Python 和 pandas 版本，而不考慮對程式碼進行變更。為每一個專案使用獨立的 Conda 環境，可以確保專案以正確的依賴項執行。雖然 Conda 環境僅特定於 Anaconda 發行版，所有 Python 安裝程式的「虛擬環境」（*virtual environment*）都體現了其核心概念。Conda 環境更加強大，因為它讓處理不同 Python 版本（不僅僅是套件）這件事變得更加簡單。

綜觀本書，你無須變更 Conda 環境，因為我們從頭到尾都會使用預設的 base 環境。不過，當你開始實際演練，不妨養成這個良好習慣：為每一個專案使用 Conda 或虛擬環境，避免任何潛在的依賴項衝突。附錄 A 記錄了處理複數個 Conda 環境的注意事項。你還能找到如何以本書所用的特定套件版本建立 Conda 環境的操作指示，這麼做能幫助你原樣使用本書範例。或者，你可以前往本書官方網頁（*https://xlwings.org/book*），觀看 Python 及套件更新版本所要求的潛在變更。

解開 Conda 環境之謎後，是時候介紹下一項工具：Jupyter Notebook，我們將在本書大量使用它！

Jupyter Notebook

上一節講到如何在 Anaconda Prompt 中啟動一個 Python 互動式視窗。當你需要一個草稿式的環境來測試簡單內容，這個方式很適合。不過，對於大部分工作來說，你需要一個更容易使用的環境。舉例來說，在 Anaconda Prompt 中執行的 Python REPL 很難回顧上一個指令和顯示圖表。幸好，Anaconda 不僅僅只有 Python 編譯器，還有 *Jupyter Notebook*，它已然成為在資料科學領域中執行 Python 程式碼的最受歡迎選項。Jupyter Notebook 允許使用者看著資料說故事，利用可執行的 Python 程式碼、格式化的文字、圖片和圖表，將資料轉化為執行於瀏覽器上的互動式筆記本。Jupyter Notebook 適合初學者，很容易上手，由於它促進了可再現（reproducible）的研究，也非常受到從事教學、原型設計、研究等工作的人們歡迎。

Jupyter Notebook 已然成為 Excel 的強烈競爭對手，因爲活頁簿是其中一種用例，你可以善用 Jupyter Notebook 快速準備、分析並視覺化處理資料。和 Excel 的不同之處在於，你需要編寫 Python 程式碼來進行所有操作，而不是以滑鼠東點西點。另一項優勢是，Jupyter Notebook 不會搞混資料和業務邏輯：Jupyter Notebook 為你保管程式碼和圖表，而你通常從外部 CSV 檔案或資料庫取用資料。在筆記本中清楚顯示的 Python 程式碼，相對於隱藏於儲存格值背後的 Excel 計算公式，更能讓你清楚看懂一切。Jupyter Notebook 可執行於本機電腦，也能在遠端伺服器上使用。伺服器的運算能力通常比本機電腦更強大，可以在無人照管的情況下執行程式碼，這是 Excel 很難辦到的事。

在本節內容中，我會示範執行和導覽一份 Jupyter Notebook 的基本要領：我們會認識 Notebook 儲存格，瞭解編輯模式和命令模式的差異。接著，我們需要知道為何執行順序很重要，最後學習如何正確關閉 Jupyter Notebook。一起打開第一本筆記本吧！

執行 Jupyter Notebook

在 Anaconda Prompt 上，切換到隨附程式庫的目錄，然後開啟一個 Jupyter Notebook 伺服器：

```
(base)> cd C:\Users\username\python-for-excel
(base)> jupyter notebook
```

這則指令會自動開啟瀏覽器，顯示 Jupyter 儀表板與所在目錄的檔案。在 Jupyter 儀表板的右上方，點選 New，然後在下拉式選單選取 Python 3，如圖 2-2 所示。

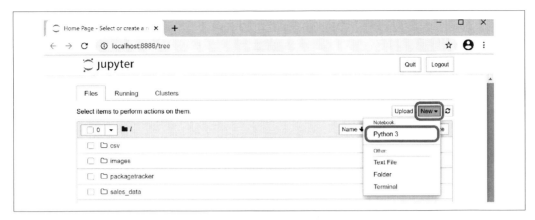

圖 2-2　Jupyter 儀表板

此時會開啟新的瀏覽器分頁，顯示一個空白的 Jupyter Notebook，如圖 2-3 所示。

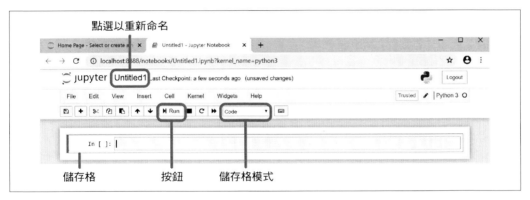

圖 2-3　空白 Jupyter Notebook

不妨點選 Jupyter LOGO 旁邊的 Untitled1，重新命名你的活頁簿，比如 *first_notebook*。圖 2-3 下半部顯示了一條 Notebook 儲存格，快到下一節瞭解它們的用法！

Notebook 儲存格

圖 2-3 中有一個帶著閃動游標的空白儲存格。假如游標沒有閃爍，請用滑鼠點選儲存格，即 In [ ] 的右側。現在，重複上一節的練習，請輸入 **3 + 4**，然後點選上方選單列的 Run 按鈕，或者按下 Shift+Enter 鍵來執行儲存格。如此，將會執行儲存格中的程式碼，將結果列印出來，顯示在該儲存格下方，並跳至下一條儲存格。在這個例子中，由

於我們目前只有一條儲存格，畫面下方將插入一條新的空白儲存格。更具體一點，當儲存格正在被計算時，會顯示為 In [*]，完成後，星星符號會變成數字，如 In [1]。在該儲存格下方，你會得到以相同數字標記的相應輸出：Out [1]。每一次執行儲存格時，次數會跟著加 1，讓你清楚辨別儲存格被執行的順序。接下來，我會以此格式示範程式碼，舉例來說前述 REPL 範例應如下所示：

```
In [1]: 3 + 4

Out[1]: 7
```

這種記法可幫助你清楚將 **3 + 4** 輸入到 Notebook 儲存格中。在按下 Shift+Enter 執行時，你會得到 Out[1] 所顯示的輸出值。如果以支援色彩的電子書形式閱讀本書，你還會發現輸入儲存格以不同顏色顯示字串、數字，提升程式碼的可讀性，此功能叫做「語法突顯」（syntax highlighting）。

儲存格輸出

假如儲存格的最後一行傳回一個值，則會被 Jupyter Notebook 自動列印在 Out [ ]。不過，當你使用 print 函式或出現異常時，輸出值將被直接列印在 In 儲存格下方，而沒有 Out [ ] 標籤。本書所用的程式碼範例被格式化以反映此行為。

儲存格有不同類型，以下兩種是我們的關注焦點：

Code

Code 是在執行 Python 程式碼時使用的預設類型。

Markdown

Markdown 是一種使用標準純文字來調整格式的語法，可用於 Jupyter Notebook 中編寫格式精美的說明或操作。

如欲將儲存格類型切換為 Markdown，請選取該儲存格，然後在儲存格模式下拉式選單（見圖 2-3）中選取 Markdwon。表 2-3 列出切換儲存格模式的鍵盤快捷鍵。將空白儲存格切換為 Markdown 儲存格後，請輸入以下文字，這解釋了一些 Markdown 規則：

```
# This is a first-level heading

## This is a second-level heading
```

```
你可以將文字改成 * 斜體 * 或 ** 粗體 **，或是 ` 等寬字 `。

* This is a bullet point
* This is another bullet point
```

按下 Shift+Enter 後，這些文字將被轉換為格式化的 HTML。此時，你的 Notebook 應
該如圖 2-4 所示。你可以在 Markdown 儲存格加入圖片、影片或公式；請參考 Jupyter
Notebook docs（*https://oreil.ly/elGTF*）。

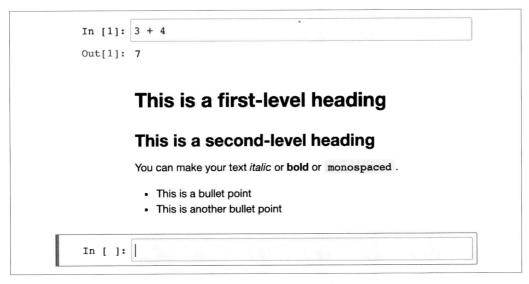

圖 2-4　執行 code 儲存格和 Markdown 儲存格後的 Notebook 畫面

認識了 code 和 Markdown 儲存格類型後，現在來學習如何在儲存格之間快速切換：下
一節介紹編輯和命令模式，以及一些鍵盤快捷鍵。

編輯和命令模式

在 Jupyter Notebook 和儲存格進行互動時，不是使用**編輯模式**就是**命令模式**：

編輯模式

　　點選儲存格，開始編輯模式：被選取的儲存格框線會變成綠色，儲存格內游標會閃
　　動。你也可以在選取儲存格後按下 Enter 鍵。

命令模式

請按下 ESC 鍵，切換至命令模式：被選取的儲存格框線會變成藍色，游標不會閃動。表 2-3 整理了命令模式時可以使用的幾個重要鍵盤快捷鍵。

表 2-3　鍵盤快捷鍵（命令模式）

快捷鍵	動作
Shift+Enter	執行儲存格（也可用於編輯模式）
↑（向上鍵）	向上移動儲存格選取器
↓（向下鍵）	向下移動儲存格選取器
b	在目前儲存格下方插入新儲存格
a	在目前儲存格上方插入新儲存格
dd	刪除目前儲存格（輸入兩次 d）
m	切換為 Markdown 儲存格類型
y	切換為 code 儲存格類型

掌握這些鍵盤快捷鍵，幫助你在 Jupyter Notebook 上高效工作，不再需要在鍵盤和滑鼠之間來回切換。下一節我會介紹使用 Jupyter Notebook 時需要特別注意的陷阱：執行儲存格順序的重要性。

執行順序很重要

Jupyter Notebook 雖說容易上手，對使用者友善，但假如你沒有按照次序執行程式碼，也可能陷入麻煩。假設你將下列儲存格由上至下執行：

```
In [2]: a = 1

In [3]: a

Out[3]: 1

In [4]: a = 2
```

Out[3] 儲存格列印出預期值 1，不過，如果你現在從 In[3] 執行，會得到以下結果：

```
In [2]: a = 1

In [5]: a

Out[5]: 2

In [4]: a = 2
```

Out[5] 現在顯示了 2，這個值和你將 Notebook 由上自下閱讀時預期的結果有所出入，尤其是當 In[4] 在上方而必須退回查看時。為了避免這種情形，我會建議你不要只重新執行單一個儲存格，而是之前所有的儲存格。只要按下 Jupyter Notebook 選單中的「Cell > Run all above」即可。看完這則提醒後，一起來看看如何正確關閉 Notebook 吧！

關閉 Jupyter Notebook

每一本 Notebook 都執行在獨立的 *Jupyter kernel* 上。Kernel（核心）是執行那些 Notebook 儲存格內的 Python 程式碼之「引擎」。每一個 Kernel 皆以 CPU 和 RAM 的形式來使用電腦作業系統的資源。因此，當你關閉一個 Notebook 時，你也應該關閉其 Kernel，以便釋出資源供其他任務使用——避免拖累電腦執行速度。最簡單的做法是透過「File > Close 和 Halt」來關閉 Notebook。如果只關閉瀏覽器分頁，並不會自動關閉 Kernel。或者，你可以在 Jupyter 儀表板上透過 Running 這個分頁來關閉執行中的 Notebook。

想要關閉整個 Jupyter 伺服器，請點選儀表板右上角的 Quit 按鈕。如果你已經關掉瀏覽器，也可以在 Anaconda Prompt 輸入兩次 Ctrl+C 來關閉執行中的 Notebook 伺服器，或者一起關閉 Anaconda Prompt。

雲端上的 Jupyter Notebook

由於 Jupyter Notebook 的使用者介面廣受歡迎，各雲端服務業者紛紛推出了託管式解決方案。在此我會介紹三個免費服務。這些服務的優點是只要連上網路，打開瀏覽器就能立即執行，無須在本機電腦安裝任何東西。舉例來說，在閱讀本書前三部的時候，你可以在平板電腦上執行範例。由於第 IV 部需要安裝電腦版 Excel，因此不適用。

Binder

Binder（*https://mybinder.org*）是 Project Jupyter（Jupyter Notebook 背後的組織）所推出的服務。Binder 旨在透過公開的 Git 程式庫使用 Jupyter Notebook——你不需要在 Binder 上儲存任何東西，因此無須登入或註冊就能使用。

> *Kaggle Notebooks*
>
> > Kaggle（*https://kaggle.com*）是一個資料科學競賽平台，使用者可以在此取得大量資料集。Kaggle 於 2017 年被 Google 收購。
>
> *Google Colab*
>
> > Google Colab（Colaboratory 的簡稱）（*https://oreil.ly/4PLcS*）是 Google 的 Jupyter Notebook 平台。遺憾的是，大部分 Jupyter Notebook 的鍵盤快捷鍵在此不適用，但你可以存取包括 Google 試算表在內的 Google 雲端硬碟的檔案。
>
> 在雲端上執行隨附程式庫的 Jupyter Notebook 的最簡單方法是前往其 Binder URL（*https://oreil.ly/MAjJK*）。你會使用隨附程式庫的副本進行練習，儘管嘗試吧！

現在，瞭解如何使用 Jupyter Notebook 後，我們來學習如何編寫和執行標準的 Python 腳本。我們將使用 Visual Studio Code 這個強大的文字編輯器，它為 Python 語言提供了優異支援。

Visual Studio Code

在本節內容中，我們要安裝並配置 *Visual Studio Code*（VS Code），這是 Microsoft 提供的免費開源文字編輯器。介紹完它最重要的元件後，我們準備寫下第一個 Python 腳本，並以幾個不同方式執行。首先，我想解釋以 Jupyter Notebook 執行 Python 腳本的時機，以及為何我為本書內容選用 VS Code。

雖然 Jupyter Notebook 非常適合互動式工作流的場景（如研究、教學和試驗），但如果你想編寫針對生產環境應用的 Python 腳本，不需要視覺化功能，那麼 Jupyter Notebook 不見得是最佳選擇。再者，很難在 Jupyter Notebook 中管理涉及多個檔案和開發者的複雜專案。在這種情況下，你會希望使用一個更合適的文字編輯器來編寫和執行典型的 Python 檔案。理論上，你可以使用任何文字編輯器（就連 Notepad 也能用），但現實而言，你需要能「讀懂」Python 的編輯器。因此，你需要具備以下功能的文字編輯器：

語法突顯

編輯器能以不同顏色顯示函式、字串或數字，增加程式碼的可讀性。

自動補全

自動補全（Autocomplete）或 Microsoft 的 *IntelliSense* 功能，會自動建議相關文字以便使用者快速輸入。

接著，你需要直接從編輯器中滿足更多需求：

「執行」程式碼

要是得在文字編輯器和外部 Anaconda Prompt（如命令提示字元或終端機）來回切換才能執行程式碼的話，簡直就是自討苦吃。

偵錯工具

偵錯工具（debugger）幫助你一行一行檢查程式碼，查看哪裡出了錯。

版本控制

假如你使用 Git 作為檔案的版本控制系統，直接在編輯器裡處理 Git 相關物件比較合理，讓你不用在兩個應用程式之間來回切換。

市面上有一系列工具能滿足以上需求，況且，每一位開發者都有各自需求與偏好。有些人只需要最陽春的文字編輯器搭配外部命令提示字元。有些人更偏愛整合開發環境（integrated development environment，IDE）：IDE 旨在將任何你需要的東西整合成同一項工具，讓它顯得略為龐大。

我為本書選用 VS Code，它在 2015 年推出後迅速地擄獲開發者的芳心，成為流行的程式碼編輯器之一：在 StackOverflow Developer Survey 2019 調查中（*https://oreil.ly/savHe*），它更是一舉成為最受歡迎的開發環境。為什麼 VS Code 如此受歡迎？簡單來說，它在陽春版文字編輯器和全配版 IDE 之間取得了完美平衡：VS Code 可視為一個迷你版整合開發環境，讓你可以即刻開始程式設計，但不僅於此：

跨平台

VS Code 可執行於 Windows、macOS 和 Linux 作業系統。也有類似 GitHub Codespace 的雲端託管式版本（*https://oreil.ly/bDGWE*）。

整合工具

VS Code 附有偵錯工具，支援 Git 版本控制，還有一個整合式終端可當作 Anaconda Prompt 使用。

擴充元件

其他元件（如 Python 支援）以擴充套件的形式進行安裝，只需一鍵就能搞定。

輕量化

依作業系統而異，VS Code 安裝程式只有 50–100 MB。

 Visual Studio Code vs. Visual Studio

別將 Visual Studio Code 和 Visual Studio（整合開發環境）搞混了！雖說你可以使用 Visual Studio 進行 Python 開發（它隨附 PTVS，*Python Tools for Visual Studio*），但這個安裝程式檔案非常龐大，而且基本上要使用 .NET 語言（如 C#）進行編寫。

趕快安裝 VS Code，試用看看，看你是否同意我的觀點。下一節內容幫助你踏出第一步！

安裝與配置

請從 VS Code 官方網頁（*https://oreil.ly/26Jfa*）下載安裝程式。請參考官方說明文件，瞭解最新的安裝指示步驟。

Windows

按兩下安裝程式，同意所有預設設置。接著打開 Windows【開始】選單中，在 Visual Studio Code 下方開啟 VS Code。

macOS

按兩下以解壓縮應用程式。將 *Visual Studio Code.app* 拖曳到**應用程式**資料夾：你可以從「啟動台」開啟。假如該應用程式未能啟動，請到「系統偏好設定 > 安全與隱私 > 一般」，選擇「仍要開啟」。

第一次開啟 VS Code 的畫面應如圖 2-5 所示。請注意，我將預設的暗色主題更改為淺色主題，以利截圖說明。

圖 2-5　Visual Studio Code

活動列（*Activity Bar*）

畫面左側的活動列的圖示由上自下分別為：

- 檔案總管（Explorer）
- 搜尋（Search）
- 原始檔控制（Source Control）
- 執行與偵錯（Run and Debug）
- 延伸模組（Extensions）

狀態列（*Status Bar*）

在編輯器底部會顯示「狀態列」。完成配置並開始編輯 Python 檔案時，你會看到 Python 編譯器出現在此處。

命令選擇區（*Command Palette*）

可以按 F1 鍵或是 Ctrl+Shift+P（Windows）或 Command-Shift-P（macOS）來顯示「命令選擇區」。如果你感到不確定，請先回到命令選擇區，它能讓你快速瞭解 VS Code 的功能與選項。舉例來說，如果你想找某個鍵盤快捷鍵，那麼請輸入 **keyboard shortcuts**，選擇「說明：鍵盤快捷鍵參考」（Help: Keyboard Shortcuts Reference），然後按下 Enter。

VS Code 是一款擁有豐富支援的文字編輯器，但如果想更方便的使用 Python，可以加裝一些模組。點選活動列的「延伸模組」並搜尋 Python。請安裝作者為 Microsoft 的 Python 官方延伸模組。這需要一點時間，你可能需要按下「重新載入」按鈕以完成安裝——或者，你可以重新啟動 VS Code。根據你所用的作業系統，按以下指示完成配置：

Windows

開啟「命令選擇區」並輸入 **default shell**。選擇「終端機：選取預設殼層」（Terminal: Select Default Shell），按下 Enter 鍵。在下拉式選單中選擇「命令提示字元」並按 Enter 鍵確認。這是必要步驟，否則 VS Code 無法正確啟用 Conda 環境。

macOS

開啟「命令選擇區」並輸入 **shell command**。選擇「殼層命令：在 PATH 中安裝 'code' 命令」，按下 Enter 鍵。這是必要步驟，好讓你快速從 Anaconda Prompt（也就是「終端機」）使用 VS Code。

現在，VS Code 已經完成安裝與配置，我們趕快來編寫和執行第一個 Python 腳本吧！

執行 Python 腳本

雖然可以從「開始」選單（Windows）或「啟動台」（macOS）開啟 VS Code，直接從 Anaconda Prompt 開啟更快，你可以直接以 code 命令啟動 VS Code。所以，請開啟一個新的 Anaconda Prompt 介面，然後使用 cd 命令切換目錄到你想開始作業的地方，接著指示 VS Code 來開啟目前所在目錄（以 . 表示）。

```
(base)> cd C:\Users\username\python-for-excel
(base)> code .
```

以這種方式開啟 VS Code，在你執行 code 命令時，活動列的「檔案總管」會自動顯示所在目錄內容。

或者，你也可以透過「檔案＞開啟資料夾」（macOS 則是：「檔案＞開啟」）來開啟目錄，不過當我們在第 IV 部內容中開始使用 xlwings 時，這個方式可能會在 macOS 系統上出現許可權錯誤。當你將游標移至活動列上「檔案總管」裡的檔案清單，你會看到「新增檔案」按鈕，如圖 2-6 所示。請點選「新增檔案」，將檔案命名為 *hello_world. py*，然後按下 Enter 鍵。在編輯器中打開後，請輸入以下程式碼：

```
print("hello world!")
```

還記得 Jupyter Notebook 會自動列印最後一行的傳回值嗎？當你執行一個典型的 Python 腳本時，你需要明明白白地告訴 Python 要列印什麼，這也是為什麼此處需要用到 print 函式。在狀態列中，你應該能看到 Python 版本，如「Python 3.8.5 64-bit (conda)」。點選後會跳出命令選擇區，假如你有不只一個 Python 編譯器，此時介面會允許你選取不同的 Python 編譯器（這包括 Conda 環境）。此時設置應該如圖 2-6 所示。

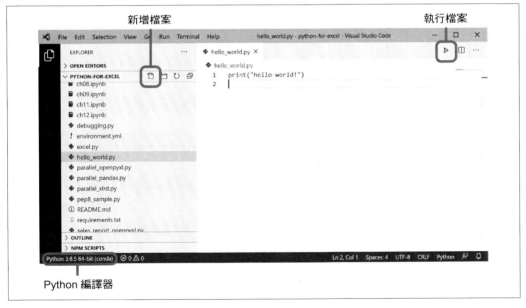

圖 2-6　開啟 *hello_world.py* 的 VS Code 介面

在執行腳本之前，請按下 Ctrl+S（Windows）或 Command-S（macOS）儲存檔案。
在 Jupyter Notebook 中，可以選取任一儲存格然後按下 Shift+Enter 來執行該儲存格。
在 VS Code 中，你可以從 Anaconda Prompt 或按下「執行」按鈕來執行程式碼。從
Anaconda Prompt 執行 Python 程式碼，基本上等同於在伺服器上執行腳本，你需要掌握
其工作原理。

Anaconda Prompt

開啟一個 Anaconda Prompt，以 cd 切換到腳本目錄，然後執行該腳本：

```
(base)> cd C:\Users\username\python-for-excel
(base)> python hello_world.py
hello world!
```

最後一行是由腳本列印出的輸出值。請注意，如果你不處於 Python 檔案的相同目
錄，則必須使用完整目錄導至該 Python 檔案：

```
(base)> python C:\Users\username\python-for-excel\hello_world.py
hello world!
```

Anaconda Prompt 上的長檔案路徑

處理長檔案路徑的便捷方法之一是拖曳該檔案到 Anaconda Prompt 上，
直接寫入檔案的完整路徑。

VS Code 裡的 Anaconda Prompt

你不需要從 VS Code 切換到 Anaconda Prompt 才能展開工作：VS Code 具備整合式
終端，可以使用 Ctrl+` 或透過「檢視＞終端」進行顯示。這會開啟專案資料夾，你
不需要事先切換到目錄：

```
(base)> python hello_world.py
hello world!
```

VS Code 的「執行」按鈕

在 VS code 中，有一個無須使用 Anaconda Prompt 就能執行程式碼的辦法：對一個
Python 檔案進行編輯後，右上角會出現一個綠色「播放鍵」圖示按鈕——這是「執
行檔案」按鈕，如圖 2-6 所示。點選之後視窗底部會自動跳出「終端機」畫面並執
行程式碼。

在 VS Code 開啟檔案

當你按一下活動列「檔案總管」中的檔案時，VS Code 有一個不同於慣例的預設行為：該檔案以預覽模式開啟，表示你按的下一個檔案將會在分頁中取代它，直到你對這個檔案進行變更。如果你想停用這個「按一下預覽」的動作（按一下以選定檔案，按兩下開啟），請到「系統偏好設定 > 設置」（Ctrl+, (Windows) 或 Command-, (macOS)），然後「Workbench >『清單：開啟模式』」的選單中選取「按兩下」。

現在，你已經學會如何在 VS Code 中建立、編輯和執行 Python 腳本。VS Code 的本領很大：在附錄 B 中我會介紹如何使用偵錯工具，以及如何用 VS Code 執行 Jupyter Notebook。

其他的文字編輯器和 IDE

每個人偏好的工具各有不同，本書使用 Jupyter Notebook 和 VS Code 並不代表你不能選擇其他工具。

以下是一些流行的文字編輯器：

Sublime Text
　　Sublime（*https://oreil.ly/9FVLD*）是一套便捷的專有文字編輯器。

Notepad++
　　Notepad++（*https://oreil.ly/7Ksk9*）是問世已久的免費文字編輯器，僅適用於 Windows 系統。

Vim 或 Emacs
　　Vim（*https://vim.org*）或 Emacs（*https://oreil.ly/z__Kz*）可能不是新手程式設計師的最佳選擇，因其學習曲線頗為陡峭，需要時間上手，但在專業人士之間相當流行。這兩個免費文字編輯器各有一批忠實擁護者，堅信自己的選擇最完美，維基百科上將這場對抗衝突稱為「編輯器之戰」。

流行的 IDE 包括：

PyCharm
　　PyCharm（*https://oreil.ly/OrIj-*）社群版為免費版本，功能實用強大，專業版則為專有軟體，額外加入了對科學工具和 web 開發的支援。

Spyder

> Spyder（*https://spyder-ide.org*）類似 MATLAB 的整合開發環境，還擁有變數檢視。Spyder 內附於 Anaconda 發行版，你可以在 Anaconda Prompt 裡輸入 (base)> **spyder** 進行試用。

JupyterLab

> JupyterLab（*https://jupyter.org*）是一個 web 版整合開發環境，由 Jupyter Notebook 背後的營運組織開發，因此，當然可以執行 Jupyter Notebook。除此之外，它致力於將所有針對資料科學任務的工具整合為一。

Wing Python IDE

> Wing Python IDE（*https://wingware.com*）是存在已久的整合開發環境。除了免費簡化版以外，還有一個 Wing Pro 商用版。

Komodo IDE

> Komodo IDE（*https://oreil.ly/Cdtab*）是 ActiveState 的商用版整合開發環境，除了 Python 外還支援許多程式語言。

PyDev

> PyDev（*https://pydev.org*）是根據流行的 Eclipse IDE 開發的 Python 整合開發環境。

結語

本章內容介紹如何安裝和使用這些工具：Anaconda Prompt、Jupyter Notebook 和 VS Code。我們在 Python REPL、Jupyter Notebook 和 VS Code 中分別執行了程式碼或腳本。

我建議你多碰碰 Anaconda Prompt，盡快上手，習慣這個工具後將會獲得許多助力。在雲端環境使用 Jupyter Notebook 非常方便，你可以在瀏覽器中執行本書前三部的程式碼範例。

準備好可用的開發環境後，你已經做好迎接下一章的萬全準備，從零開始學 Python！

## 第三章

從零開始學 Python

安裝完成 Anaconda，開啟 Jupyter Notebook 後，你已經整裝待發，即將踏上 Python 之旅。雖然本章內容無法鉅細靡遺地囊括所有知識，但會探討許多豐富內容。如果你剛步入程式設計的世界，你大概需要細細咀嚼其中內容。不過，許多概念將在後續章節的實用範例中撥雲見日，就算初次接觸感到不熟悉也別心慌。我會清楚點出 Python 和 VBA 的相異處，幫助你順利過渡到 Python，避開一些明顯陷阱。如果你不曾使用過 VBA，請儘管跳過那些部分。

我會從 Python 的基本資料型態開始講起，例如整數和字串。接著，我會介紹索引和切片，這是 Python 的核心概念，可存取序列中的特定要素。再來是資料結構，如可存放複數個物件的串列或字典。我會接著討論 if 陳述式、for 和 while 迴圈，再介紹可整理程式碼架構的函式和模組。最後，我會說明如何適當地編排程式碼格式。可以想見，這章內容相當側重技術性。不妨在 Jupyter Notebook 中跟著我一起執行範例，增加互動性和趣味。你可以自己輸入程式碼範例，或者直接使用隨附程式庫的 Notebook。

資料型態

Python，和所有程式語言一樣，以不同的方式處理數字、文字和布林值，將這些值分派為不同的「資料型態」（data type）。我們會最常使用到整數、浮點數、布林值和字串。本節將搭配幾個例子分別介紹這些資料型態。首先，我要解釋什麼是「物件」。

物件

在 Python 宇宙中，萬物皆是「物件」（object），包括數字、字串、函式以及本章即將介紹的所有東西。物件可以存取一系列變數和函式，讓複雜事物變得簡單而直覺。在開始之前，且聽我說明一下變數和函式吧！

變數

在 Python 中，變數是使用 = 符號，指定給物件的名稱。在以下範例的第一行程式碼，a 被指定給 3 這個物件：

```
In [1]: a = 3
        b = 4
        a + b

Out[1]: 7
```

這適用於所有的物件，比起 VBA 更為簡單直覺，在 VBA 中，你得使用 = 符號表示如數字或字串的資料型態，並以 Set 陳述式表示活頁簿或工作表。在 Python 中，你只需將變數型態指定給物件即可，這被稱為「動態型別」（*dynamic typing*）。

```
In [2]: a = 3
        print(a)
        a = "three"
        print(a)

3
three
```

與 VBA 不同的是，Python 必須區分大小寫，因此 a 和 A 是兩個不一樣的變數。變數名稱必須遵循以下規則：

- 以字元或下底線為始
- 必須包含字元、數字和下底線

簡短介紹過變數後，來學習如何呼叫函式！

函式

我會在本章後續更詳盡介紹函式，現在，你只需要瞭解如何呼叫內建函式，例如前例出現過的 print。想要呼叫函式，你需要為函式名稱新增一對括號，並在括號內輸入引數，這和數學式的寫法非常類似：

```
function_name(argument1, argument2, ...)
```

我們來看看有了物件後，變數和函式如何互動！

屬性與方法

在有了物件的情況下，變數被稱為「屬性」（attribute），函式被稱為「方法」（method）：屬性是物件的資料，而方法可以執行動作。想要存取屬性和方法，需要使用「.」記號，例如：myobject.attribute 和 myobject.method()。

說得更清楚一點：假如你想編寫一個賽車比賽，你會使用到代表車輛的物件。這個 car 物件擁有 speed 屬性，而你可以透過 car.speed 取得目前車速，也可以呼叫 car. accelerate(10) 方法加速，表示為車速加快 10 英里 / 小時。

物件型態與行為由類別（class）定義，在上面的例子中，你需要編寫一個 Car 類別。從 Car 類別取得一個 car 物件的過程稱為「實例化」（*instantiation*），呼叫類別來實例化物件，方法和呼叫函式一樣：car = Car()。本書不會創造專屬的類別，但如果你對此感興趣，歡迎閱讀附錄 C 掌握更多細節。

下一節，我們將使用第一個物件方法，將文字字串變成大寫。接著在本章末尾介紹 datetime 物件，延續關於物件和類別的討論。現在，我們先來看看具有數值形態的物件吧！

數值型態

int 和 float 這兩個資料型態分別表示「整數」和「浮點數」。想知道某給定物件的資料型態，請使用內建的 type 方法：

```
In [3]: type(4)

Out[3]: int

In [4]: type(4.4)

Out[4]: float
```

假如你想強制某個數字從 int 改寫為 float，可以使用小數點後一位或 float 建構子：

```
In [5]: type(4.)
Out[5]: float
In [6]: float(4)
Out[6]: 4.0
```

反過來說，你也可以使用 int 建構子，將 float 改成 int。假如小數點部分不為零，則該值會被無條件捨去：

```
In [7]: int(4.9)
Out[7]: 4
```

Excel 儲存格總是儲存浮點數

從 Excel 儲存格讀取數字時，有時候你需要將其從 float 轉換為 int，並且將其作為引數提供給預期得到整數的函式。必須這麼做的原因是 Excel 儲存格內的數字在系統內總是儲存為浮點數，即便你在 Excel 檔案看到的內容都顯示為整數。

Python 還擁有其他的資料型態，例如 decimal、fraction 和 complex，本書礙於篇幅不會多加贅述。假如浮點數的不準確性（見下欄）是個困擾，請使用 decimal 取得準確結果。經驗法則：假如 Excel 呈現的計算結果堪用，就使用浮點數。

不準確的浮點數

根據預設，Excel 通常會顯示四捨五入的數值：在儲存格裡輸入 =1.125-1.1，你會得到 0.025。即便算式結果如此，Excel 在內部儲存的數值並非如此。當你將數值格式調整為顯示至少到小數點後十六位，結果會得到 0.0249999999999999。這正是「浮點數的不準確性」（floating-point inaccuracy）的效果：電腦使用二進位制來表示資料，只能計算 1 和 0。類似 0.1 這樣的分數無法被儲存為固定的二進制浮點數。Python 也會出現類似情形，但會直接顯示出來：

```
In [8]: 1.125 - 1.1
Out[8]: 0.02499999999999991
```

數學運算子

計算數字需要使用數學運算子，例如加號和減號。除了指數運算以外，熟悉 Excel 的你對以下運算應該都不陌生：

```
In [9]: 3 + 4  # Sum

Out[9]: 7

In [10]: 3 - 4  # Subtraction

Out[10]: -1

In [11]: 3 / 4  # Division

Out[11]: 0.75

In [12]: 3 * 4  # Multiplication

Out[12]: 12

In [13]: 3**4  # The power operator (Excel uses 3^4)

Out[13]: 81

In [14]: 3 * (3 + 4)  # Use of parentheses

Out[14]: 21
```

註解

在上面的例子中，我使用「註解」（*comments*）描述算法，如：# sum。註解可以幫助其他人（包括幾個月後的你）理解程序的具體內容。只對那些不夠顯而易見的部分加上註解比較好：不留註解總好過和程式碼相衝突的過時註解。在 Python 中，以 # 記號開頭的部分都屬於註解，在執行程式碼時會自動略過：

```
In [15]: # This is a sample we've seen before.
         # Every comment line has to start with a #
         3 + 4

Out[15]: 7

In [16]: 3 + 4  # This is an inline comment

Out[16]: 7
```

許多編輯器都有設定「註解／取消註解」的鍵盤快捷鍵。在 Jupyter Notebook 和 VS Code 中，這個快捷鍵是 Ctrl+/（Windows）或 Command-/（macOS）。請注意 Jupyter Notebook 的 Markdown 儲存格不接受註解——如果你輸入 #，Markdown 儲存格會將它解釋為一個標頭。

緊接在整數和浮點數之後的是布林值！

布林值

Python 中的布林值可設定為 True 和 False，和 VBA 如出一轍。布林運算子 and、or 和 not，則全為小寫，在 VBA 中則以大寫顯示。除了等於和不等於運算子之外，Python 的相等運算方法和 Excel 一致：

```
In [17]: 3 == 4  # Equality (Excel uses 3 = 4)

Out[17]: False

In [18]: 3 != 4  # Inequality (Excel uses 3 <> 4)

Out[18]: True

In [19]: 3 < 4  # Smaller than. Use > for bigger than.

Out[19]: True

In [20]: 3 <= 4  # Smaller or equal. Use >= for bigger or equal.

Out[20]: True

In [21]: # You can chain logical expressions
         # In VBA, this would be: 10 < 12 And 12 < 17
         # In Excel formulas, this would be: =AND(10 < 12, 12 < 17)
         10 < 12 < 17

Out[21]: True

In [22]: not True  # "not" operator

Out[22]: False

In [23]: False and True  # "and" operator

Out[23]: False
```

```
In [24]: False or True  # "or" operator

Out[24]: True
```

所有 Python 物件都會評估其為 True 或 False。大部分物件是 True，但有些情況會被判別為 False，包括 None（請見下欄）、False、0 或空的資料型態如空白字串（下一節介紹）。

None

None 是內建常數，據官方說明文件，它表示「值不存在」。舉例來說，假如某個函式沒有直接傳回任何東西，則會傳回 None。這也是在 Excel 中表示空白儲存格的好方法，我們將很快在第 III 部和第 IV 部看到。

想再次檢查某個物件為 True 或 False，請使用 bool 建構子：

```
In [25]: bool(2)

Out[25]: True

In [26]: bool(0)

Out[26]: False

In [27]: bool("some text")  # We'll get to strings in a moment

Out[27]: True

In [28]: bool("")

Out[28]: False

In [29]: bool(None)

Out[29]: False
```

學會布林值後，還剩下一個基本資料型態：表示文字資料的**字串**。

字串

如果你曾在 VBA 中寫過超過一行的字串，包含變數和引號，你大概希望這件事變得更簡單。謝天謝地，這是 Python 的強項。你可以使用雙引號（"）或單引號（'）來表示字串。唯一條件是你必須將字串包在同樣的引號裡，單引號搭配單引號，雙引號搭配雙引號。你可以使用 + 來連接字串，或使用 * 來重複字串。上一章介紹到 Python 互動式視窗時提過重複字串的方法，以下是使用 + 合併字串的例子：

```
In [30]: "A double quote string. " + 'A single quote string.'

Out[30]: 'A double quote string. A single quote string.'
```

你可以交替使用單引號或雙引號來印出字串，無須擔心跳脫字元的問題。假如你仍要跳脫某個字元，請在該字元前加入一個反斜線（\）：

```
In [31]: print("Don't wait! " + 'Learn how to "speak" Python.')

Don't wait! Learn how to "speak" Python.

In [32]: print("It's easy to \"escape\" characters with a leading \\.")

It's easy to "escape" characters with a leading \.
```

當字串和變數混雜在一起時，你通常會用到 *f-strings*，這是 *formatted string literal*（字串格式化）的簡稱。請在字串之前加入一個 f，然後在大括號內放上變數：

```
In [33]: # Note how Python allows you to conveniently assign multiple
         # values to multiple variables in a single line
         first_adjective, second_adjective = "free", "open source"
         f"Python is {first_adjective} and {second_adjective}."

Out[33]: 'Python is free and open source.'
```

如前所述，字串也是一種物件，有幾種方法（函式）可以對字串執行動作。舉例來說，這是切換大小寫字母的方法：

```
In [34]: "PYTHON".lower()

Out[34]: 'python'

In [35]: "python".upper()

Out[35]: 'PYTHON'
```

取得幫助

你要如何知道例如字串等特定物件所擁有的屬性，以及其方法接受哪些引數？答案取決於你所使用的工具：使用 Jupyter Notebook 時，請輸入物件名稱，加上句號（.），然後按下 Tab 鍵，例如："python".**<Tab>**。畫面會出現一個下拉式選單，顯示該物件所提供的所有屬性與方法。當游標位於某個方法之內時，比如說在 "python".upper() 的括號之內，請按下 Shift+Tab，取得該函式的描述。VS Code 會以工具提示的形式自動顯示這則資訊。在 Anaconda Prompt 執行一個 Python 互動式視窗時，請使用 dir("python") 來取得可用的屬性，還可以使用 help("python".upper) 列印 upper 方法的描述。除此之外，參考 Python 的線上說明文件也是個好方法（*https://docs.python.org*）。假如你想知道如 pandas 等第三方套件的說明文件，不妨到 PyPI（Python's package index）（*https://pypi.org*）探索看看，你將會找到相應的官方網站和說明文件。

使用字串的常規工作之一是選取字串的某一部分：舉例來說，你希望從 EURUSD 匯率轉換註記中取得 USD 的部分。下一節內容介紹 Python 強大的索引與切片機制，幫你輕鬆搞定字串工作。

索引與切片

索引（indexing）和切片（slicing）幫助你存取序列的特定要素。由於字串是由一連串字元組成的序列，可以作為示例，瞭解索引和切片的運作機制。下一節，我們會認識其他支援索引與切片的序列，比如串列和元組。

索引

圖 3-1 介紹*索引*原理。Python 的索引數從 0 開始，意思是第一個索引是 0，第二個索引是 1，依此類推。負索引從 -1 開始，讓你從序列末尾開始回推要素。

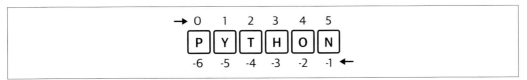

圖 3-1　從頭／尾推算序列索引

VBA 開發者經常犯的錯誤

假如你原先是 VBA 使用者，索引經常會讓你落入陷阱。VBA 中大多數集
合的索引數從 1 開始，例如 Sheets(1)，但陣列的索引數則從 0 開始，如
MyArray(0)，不過此設定可以調整。另一個不同之處是 VBA 使用小括號
（()），而 Python 使用中括號（[]）。

索引的語法如下：

```
sequence[index]
```

因此，你可以像這樣存取字串中的特定要素：

```
In [36]: language = "PYTHON"

In [37]: language[0]

Out[37]: 'P'

In [38]: language[1]

Out[38]: 'Y'

In [39]: language[-1]

Out[39]: 'N'

In [40]: language[-2]

Out[40]: 'O'
```

你經常會碰到必須提取不只一個字元的情況——此時切片（slicing）派上用場了。

切片

如果你想從字串中提取超過一個要素，則需使用切片語法，如下所示：

```
sequence[start:stop:step]
```

Python 使用半開區間：start（索引起始值）被包含，而 stop（索引結束值）不被包含
在區間之內。假如空出 start 或 stop 的引數，則切片語法會分別包含序列的起始或結束
值在內的所有值。step（索引值改變量）決定了改變量的大小和方向：舉例來說，2 會
傳回由左至右算起每個第二位要素，而 -3 則傳回由右至左算起的每個第三位要素。預
設改變量大小是 1：

```
In [41]: language[:3]   # Same as language[0:3]

Out[41]: 'PYT'

In [42]: language[1:3]

Out[42]: 'YT'

In [43]: language[-3:]   # Same as language[-3:6]

Out[43]: 'HON'

In [44]: language[-3:-1]

Out[44]: 'HO'

In [45]: language[::2]   # Every second element

Out[45]: 'PTO'

In [46]: language[-1:-4:-1]   # Negative step goes from right to left

Out[46]: 'NOH'
```

目前為止,我們學習了單一索引或單一切片的操作方式,但 Python 還允許你合併使用多個索引和切片操作。舉例來說,想從最後三個字元中取得第二位字元,你可以這麼做:

```
In [47]: language[-3:][1]

Out[47]: 'O'
```

這和 language[-2] 得到的值一樣,因此在本例中不那麼有效果,不過當我們對下一節即將登場的串列運用索引和切片時,合併方法就能發揮最大效用。

資料結構

Python 擁有強大的資料結構,幫助使用者輕鬆處理大量物件。本節內容將介紹串列、字典、元組和集合。每一種資料結構的特色略有不同,但都能儲存複數個物件。在 VBA 中,你大概會使用集合或陣列來儲存多個值。VBA 甚至提供了名為字典的資料結構,這和 Python 中字典的運作概念相同。不過,該資料結構只提供於 Windows 作業系統的 Excel 版本。現在,我們先來看看串列,這大概會是你最常碰到的資料結構。

串列

串列（lists）可以儲存多種資料型態的複數物件。串列的用法非常多元，你會經常使用到它。以如下方式建立串列：

```
[element1, element2, ...]
```

以下是兩個串列，一個 Excel 檔案的名稱，另一個串列是幾個數字：

```
In [48]: file_names = ["one.xlsx", "two.xlsx", "three.xlsx"]
         numbers = [1, 2, 3]
```

和字串一樣，串列可以使用加號（＋）串連在一起。這顯示了串列可以儲存不同資料型態的物件：

```
In [49]: file_names + numbers

Out[49]: ['one.xlsx', 'two.xlsx', 'three.xlsx', 1, 2, 3]
```

串列同樣也是一種物件，因此串列也可以將其他串列視為要素，我將其稱為「巢狀串列」（nested lists）：

```
In [50]: nested_list = [[1, 2, 3], [4, 5, 6], [7, 8, 9]]
```

如果你重新排列這行程式碼，將其分成多行，你可以把它重新組織成一個矩陣，或者說一個試算表儲存格範圍。請注意，中括號允許你對程式碼進行隱性分行（請參考下欄）。利用索引和切片，你可以取得你需要的要素：

```
In [51]: cells = [[1, 2, 3],
                  [4, 5, 6],
                  [7, 8, 9]]

In [52]: cells[1]  # Second row

Out[52]: [4, 5, 6]

In [53]: cells[1][1:]  # Second row, second and third column

Out[53]: [5, 6]
```

續行字元

有時候，你需要將一行過長的程式碼分割成兩行或更多行，維持程式碼的可讀性。技術上來說，你可以使用小括號或反斜線進行分行：

```
In [54]: a = (1 + 2
              + 3)

In [55]: a = 1 + 2 \
             + 3
```

不過，Python 的風格規範傾向使用者盡可能採用隱性分行：每當你使用到包含小括號、中括號或大括號的運算式，請利用這些符號引入分行，不需要加入額外字元。在本章末尾我會討論關於 Python 風格規範的更多內容。

你可以變更串列中的要素：

```
In [56]: users = ["Linda", "Brian"]

In [57]: users.append("Jennifer")  # Most commonly you add to the end
         users

Out[57]: ['Linda', 'Brian', 'Jennifer']

In [58]: users.insert(0, "Kim")  # Insert "Kim" at index 0
         users

Out[58]: ['Kim', 'Linda', 'Brian', 'Jennifer']
```

如欲刪除一個要素，可以使用 pop 或 del。pop 是一個方法，而 del 在 Python 中被實作為一個陳述式：

```
In [59]: users.pop()  # Removes and returns the last element by default

Out[59]: 'Jennifer'

In [60]: users

Out[60]: ['Kim', 'Linda', 'Brian']

In [61]: del users[0]  # del removes an element at the given index
```

你還可以對串列執行以下動作：

```
In [62]: len(users)  # Length

Out[62]: 2

In [63]: "Linda" in users  # Check if users contains "Linda"

Out[63]: True

In [64]: print(sorted(users))  # Returns a new sorted list
         print(users)  # The original list is unchanged

['Brian', 'Linda']
['Linda', 'Brian']

In [65]: users.sort()  # Sorts the original list
         users

Out[65]: ['Brian', 'Linda']
```

你也可以對字串執行 len 和 in：

```
In [66]: len("Python")

Out[66]: 6

In [67]: "free" in "Python is free and open source."

Out[67]: True
```

如欲取得串列中的要素，你需要借助它們的位置或索引——但這並不總符合實際。下一節介紹的字典可允許你透過 key 值（通常是一個名稱）存取要素。

字典

字典（dictionaries）中每一個元素都由鍵（key）和值（value）構成。你會經常碰到鍵／值對的組合。建立字典的最簡易方法如下：

```
{key1: value1, key2: value2, ...}
```

串列允許你透過索引，也就是字元的位置來存取要素，字典則允許你透過 key 存取要素。和索引一樣，使用者透過中括號來存取 key。下列範例程式碼使用了一組貨幣對（key）來對映匯率（value）：

```
In [68]: exchange_rates = {"EURUSD": 1.1152,
                           "GBPUSD": 1.2454,
                           "AUDUSD": 0.6161}
```

```
In [69]: exchange_rates["EURUSD"]  # Access the EURUSD exchange rate

Out[69]: 1.1152
```

以下範例展示如何變更現有的值，並且加入新的鍵值對（key/value pair）：

```
In [70]: exchange_rates["EURUSD"] = 1.2  # Change an existing value
         exchange_rates

Out[70]: {'EURUSD': 1.2, 'GBPUSD': 1.2454, 'AUDUSD': 0.6161}

In [71]: exchange_rates["CADUSD"] = 0.714  # Add a new key/value pair
         exchange_rates

Out[71]: {'EURUSD': 1.2, 'GBPUSD': 1.2454, 'AUDUSD': 0.6161, 'CADUSD': 0.714}
```

合併兩個或多個字典的最簡單方法是將它們取出來，重新包裝到新的字典中。使用兩個前綴星號來開箱（unpack）字典。假如第二個字典包含來自第一個字典的 key，則來自第一個字典的 value 將被覆寫。以下的 GBPUSD 匯率展示了這個情況：

```
In [72]: {**exchange_rates, **{"SGDUSD": 0.7004, "GBPUSD": 1.2222}}

Out[72]: {'EURUSD': 1.2,
          'GBPUSD': 1.2222,
          'AUDUSD': 0.6161,
          'CADUSD': 0.714,
          'SGDUSD': 0.7004}
```

Python 3.9 引入了 pipe 字元（|）作為字典專用的合併運算子，幫助使用者將上一個運算式簡化成：

```
exchange_rates | {"SGDUSD": 0.7004, "GBPUSD": 1.2222}
```

許多物件都可以當作 key，以下是整數的例子：

```
In [73]: currencies = {1: "EUR", 2: "USD", 3: "AUD"}

In [74]: currencies[1]

Out[74]: 'EUR'
```

使用 get 方法，字典允許你在 key 不存在的情況下使用預設 value：

```
In [75]: # currencies[100] would raise an exception. Instead of 100,
         # you could use any other non-existing key, too.
         currencies.get(100, "N/A")

Out[75]: 'N/A'
```

當你在 VBA 使用 Case 陳述式時，經常會使用到字典。上一個範例也可以用 VBA 語言寫成這樣：

```
Select Case x
Case 1
    Debug.Print "EUR"
Case 2
    Debug.Print "USD"
Case 3
    Debug.Print "AUD"
Case Else
    Debug.Print "N/A"
End Select
```

現在，你知道如何使用字典了，我們來看看下一個資料結構：元組。它和串列非常相似，但有一個顯著差異，下一節見分曉。

元組

元組（tuples）和串列很像，但它們是「不可變的」（immutable）：一旦建立後，元組的要素不可再次更改。儘管元組和串列經常交替使用，元組顯然更適合程序中絕不會變動的那些集合。元組以逗號分隔不同的值：

```
mytuple = element1, element2, ...
```

使用小括號增加可讀性：

```
In [76]: currencies = ("EUR", "GBP", "AUD")
```

元組允許你以和串列相同的方式存取要素，但你無法變更要素。此外，串接元組將會在底層建立新的元組，然後將變數綁定到這個新元組：

```
In [77]: currencies[0]  # Accessing the first element

Out[77]: 'EUR'

In [78]: # Concatenating tuples will return a new tuple.
         currencies + ("SGD",)

Out[78]: ('EUR', 'GBP', 'AUD', 'SGD')
```

附錄 C 更詳細地介紹了可變物件 vs. 不可變物件的差異，不過，我們先來看看最後一個資料結構：集合。

集合

集合（sets）是沒有重複要素的集合。雖然你可以用在集合理論的運算上，在實際應用層面，通常可用以取得串列或元組內的唯一值。請使用大括號建立集合：

```
{element1, element2, ...}
```

想從串列或元組中取得唯一物件，請使用如下 set 建構子：

```
In [79]: set(["USD", "USD", "SGD", "EUR", "USD", "EUR"])

Out[79]: {'EUR', 'SGD', 'USD'}
```

此外，你還可以應用如交集或聯集等集合理論的運算：

```
In [80]: portfolio1 = {"USD", "EUR", "SGD", "CHF"}
         portfolio2 = {"EUR", "SGD", "CAD"}

In [81]: # Same as portfolio2.union(portfolio1)
         portfolio1.union(portfolio2)

Out[81]: {'CAD', 'CHF', 'EUR', 'SGD', 'USD'}

In [82]: # Same as portfolio2.intersection(portfolio1)
         portfolio1.intersection(portfolio2)

Out[82]: {'EUR', 'SGD'}
```

想瞭解更完整的 set 運算總覽，請參考官方說明文件（*https://oreil.ly/ju4ed*）。進入下個主題之前，我們先快速回顧整理在表 3-1 的四個資料結構。這個表格列出了各資料結構的註記例子，也就是所謂的「文字」（literals）。此外，我也一併列出各自的建構子，你也可以此作為 literals 的替代，這些建構子也常用於資料結構的轉換。舉例來說，想將元組轉換成串列，請輸入：

```
In [83]: currencies = "USD", "EUR", "CHF"
         currencies

Out[83]: ('USD', 'EUR', 'CHF')

In [84]: list(currencies)

Out[84]: ['USD', 'EUR', 'CHF']
```

表 3-1　資料結構

資料結構	文字（literals）	建構子（constructor）
List	[1, 2, 3]	list((1, 2, 3))
Dictionary	{"a": 1, "b": 2}	dict(a=1, b=2)
Tuple	(1, 2, 3)	tuple([1, 2, 3])
Set	{1, 2, 3}	set((1, 2, 3))

此刻，你認識了所有重要的資料型態，包括浮點數和字串，以及資料結構如串列和字典。下一節內容，我們來看看控制流。

控制流

在本節內容登場的是 if 陳述式、for 與 while 迴圈。在滿足條件時，if 陳述式可以執行指定程式碼，而 for 和 while 迴圈可以重複執行一個區塊的程式碼。在本節末尾，我會介紹串列推導式，這是建構串列作為迴圈的替代方式。首先，我會先定義程式碼區塊，並介紹 Python 最為人所知的特殊之處：有效空格。

程式碼區塊和 pass 陳述式

「程式碼區塊」（code block）在你的原始碼中界定了一個區塊，表明這個區塊的特定用途。舉例來說，你使用一個程式碼區塊來定義程序要對哪幾行程式碼執行迴圈，或者以該區塊表明某個函式的定義。在 Python 中，程式碼區塊以縮排進行定義，而不是像 VBA 使用關鍵字或者是其他多數程式語言採用的大括號。這被稱為「有效空格」（significant white space）。Python 社群對於縮排的共識是 4 個空格，通常直接以 Tab 鍵輸入：Jupyter Notebook 和 VS Code 會自動將 Tab 鍵轉換為 4 個空格。且看我使用 if 陳述式定義程式碼區塊：

```
if condition:
    pass  # Do nothing
```

在程式碼區塊之前的程式碼永遠以冒號（:）作結。當你不再縮排某一行，表示已經到了程式碼區塊的尾端，如果你想建立一個不做任何動作的虛擬程式碼區塊，則需要使用 pass 陳述式。在 VBA 中，上述程式碼對應以下內容：

```
If condition Then
    ' Do nothing
End If
```

現在，瞭解如何定義程式碼區塊後，試著在下一節活用它，我將仔細介紹 if 陳述式。

if 陳述式和條件運算式

在介紹 if 陳述式之前，我先複製第 1 章第 13 頁的「可讀性和可維護性」內容，這次使用 Python：

```
In [85]: i = 20
         if i < 5:
             print("i is smaller than 5")
         elif i <= 10:
             print("i is between 5 and 10")
         else:
             print("i is bigger than 10")

i is bigger than 10
```

如果你按照我們在第 1 章的操作，對 elif 和 else 陳述式進行縮排，你會得到 SyntaxError（語法錯誤）。你無法以不符合 Python 邏輯的方式縮排程式碼。和 VBA 版本的不同之處是字母需要小寫，而且 Python 使用 elif，而 VBA 使用 ElseIf。if 陳述式是判斷工程師是 Python 新手還是老鳥的簡單線索：在 Python 中，一個簡單的 if 陳述式無須使用到小括號，想要測試一個值是否為 True，你不需要大費周章。說得更具體一點：

```
In [86]: is_important = True
         if is_important:
             print("This is important.")
         else:
             print("This is not important.")

This is important.
```

如果你想檢查某個序列（如串列）是否為空，也可以如法炮製：

```
In [87]: values = []
         if values:
             print(f"The following values were provided: {values}")
         else:
             print("There were no values provided.")

There were no values provided.
```

來自其他程式語言的工程師可能會寫出類似 if (is_important == True) 或 if len(values) > 0 的程式碼。

「條件運算式」（conditional expressions），也叫做「三元運算子」，可幫助使用者以更加簡潔的風格編寫簡單的 if/else 陳述式：

```
In [88]: is_important = False
         print("important") if is_important else print("not important")

not important
```

學會了 if 陳述式和條件運算式之後，我們來看看 for 和 while 迴圈。

for 和 while 迴圈

如果你需要重複執行某些動作，例如列印出十個不同變數的值，除了重複性地複製貼上十次 print 陳述式之外，還有另一個省時省事的好方法：你可以使用 for 迴圈。for 迴圈對序列（如串列、元組或字串）中的內容進行疊代，別忘了，字串是由一系列字元組成的序列。作為一個入門範例，我們來建立一個 for 迴圈，取出 currencies 串列中的每一個要素，然後指定給 currency 變數並列印出來——一個一個列印出來，直到串列中不再有要素存在：

```
In [89]: currencies = ["USD", "HKD", "AUD"]

         for currency in currencies:
             print(currency)

USD
HKD
AUD
```

順帶一提，VBA 的 For Each 陳述式和 Python 的 for 迴圈運作機制相仿。上個例子也可以用 VBA 寫成這樣：

```
Dim currencies As Variant
Dim curr As Variant    'currency is a reserved word in VBA

currencies = Array("USD", "HKD", "AUD")

For Each curr In currencies
    Debug.Print curr
Next
```

在 Python 中，如果在 for 迴圈中需要一個迴圈計數器（迴圈變數），則可以使用 range 或 enumerate 等內建函式。先來看看 range，這個函式提供了包含數字的序列：你可以使用一個 stop 引數或是一組完整的 start 和 stop 引數，也可以視情況加入 step 引數，呼叫 range 函式。和切片一樣，start 引數被兼含，而 stop 引數不兼含，step 定義了改變量的大小，1 是預設值：

```
range(stop)
range(start, stop, step)
```

range 是「惰性求值」（lazy evaluation），意思是在運算中如果沒有明確取值，你不會看到它所產生的序列：

```
In [90]: range(5)

Out[90]: range(0, 5)
```

將範圍轉換為串列就能解決這個問題：

```
In [91]: list(range(5))  # stop argument

Out[91]: [0, 1, 2, 3, 4]

In [92]: list(range(2, 5, 2))  # start, stop, step arguments

Out[92]: [2, 4]
```

許多時候，你不需要將 range 包成 list：

```
In [93]: for i in range(3):
            print(i)

0
1
2
```

假如你在對序列進行迴圈時需要一個計數器變數，請使用 enumerate。它會傳回一個 (index, element) 元組的序列。根據預設，索引值從零開始，並逐一增加。你可以像這樣在迴圈中使用 enumerate：

```
In [94]: for i, currency in enumerate(currencies):
            print(i, currency)

0 USD
1 HKD
2 AUD
```

對元組和集合進行迴圈的方法和串列一樣。當你對字典進行迴圈時，Python 實際上是對字典當中的所有 key 進行迴圈：

```
In [95]: exchange_rates = {"EURUSD": 1.1152,
                           "GBPUSD": 1.2454,
```

```
                        "AUDUSD": 0.6161}
        for currency_pair in exchange_rates:
            print(currency_pair)

EURUSD
GBPUSD
AUDUSD
```

使用 items 方法，可以得到以元組形式表現的 key 和 value：

```
In [96]: for currency_pair, exchange_rate in exchange_rates.items():
            print(currency_pair, exchange_rate)

EURUSD 1.1152
GBPUSD 1.2454
AUDUSD 0.6161
```

如欲脫離迴圈，請使用 break 陳述式：

```
In [97]: for i in range(15):
            if i == 2:
                break
            else:
                print(i)

0
1
```

使用 continue 陳述式略過剩餘的迴圈，從下一個要素開始執行迴圈：

```
In [98]: for i in range(4):
            if i == 2:
                continue
            else:
                print(i)

0
1
3
```

VBA 和 Python 兩者的迴圈有些出入：在 VBA 中，計數器變數在完成迴圈後會增加（超過上限）：

```
For i = 1 To 3
    Debug.Print i
Next i
Debug.Print i
```

輸出結果如下：

```
1
2
3
4
```

在 Python 中，迴圈計數器則如你預期：

```
In [99]: for i in range(1, 4):
             print(i)
         print(i)

1
2
3
3
```

不只是對序列進行迴圈，當特定條件為真時，你還可以使用 *while* 迴圈來執行迴圈：

```
In [100]: n = 0
          while n <= 2:
              print(n)
              n += 1

0
1
2
```

增強賦值

在上個例子中我使用了「增強賦值」（augmented assignment）符號：n
+= 1。這和 n = n + 1 的意思相同。這也可與其他數學運算子搭配使用，
舉例來說，你可以用 n -= 1 表示負號。

經常，你會需要收集串列中的特定要素以利後續工作。在這種情況下，Python 提供了撰
寫迴圈的另一種選項：串列、字典和集合推導式。

串列、字典和集合推導式

基本上，串列、字典和集合推導式是建立各自資料結構的方式，但它們也經常替代 for
迴圈的功能，這正是我在此著墨的原因。假定在下列 currency_pairs 的串列中，你想要
挑選出 USD 被標記為第二貨幣的那些貨幣。你可以使用 for 迴圈寫成這樣：

```
In [101]: currency_pairs = ["USDJPY", "USDGBP", "USDCHF",
                            "USDCAD", "AUDUSD", "NZDUSD"]

In [102]: usd_quote = []
          for pair in currency_pairs:
              if pair[3:] == "USD":
                  usd_quote.append(pair[:3])
          usd_quote

Out[102]: ['AUD', 'NZD']
```

寫成「串列推導式」（list comprehension）會更簡單，這是建立串列的簡潔方式。從以下例子取得這個語法，其功能與 for 迴圈相同：

```
In [103]: [pair[:3] for pair in currency_pairs if pair[3:] == "USD"]

Out[103]: ['AUD', 'NZD']
```

如果不須滿足任何條件，請在 if 部分留白。舉例來說，如果想要將所有 curreny pairs 前後倒置，讓第一個貨幣變成第二個，你需要：

```
In [104]: [pair[3:] + pair[:3] for pair in currency_pairs]

Out[104]: ['JPYUSD', 'GBPUSD', 'CHFUSD', 'CADUSD', 'USDAUD', 'USDNZD']
```

字典推導式如下：

```
In [105]: exchange_rates = {"EURUSD": 1.1152,
                            "GBPUSD": 1.2454,
                            "AUDUSD": 0.6161}
          {k: v * 100 for (k, v) in exchange_rates.items()}

Out[105]: {'EURUSD': 111.52, 'GBPUSD': 124.54, 'AUDUSD': 61.61}
```

集合推導式如下：

```
In [106]: {s + "USD" for s in ["EUR", "GBP", "EUR", "HKD", "HKD"]}

Out[106]: {'EURUSD', 'GBPUSD', 'HKDUSD'}
```

此時，你已經準備好寫下簡單的腳本，因為你已經掌握了 Python 的基本知識。在下一節內容中，你會學習如何編排程式碼，當腳本越來越豐富龐大時，還能維持程式碼的可維護性。

程式碼編排

本節聚焦在如何讓程式碼維持在可維護的架構：我會先詳細介紹日後經常使用的函式，然後說明如何分割程式碼到不同的 Python 模組中。最後，我們會以 datetime 模組作為本節的收尾，這個模組是標準函式庫的一部分。

函式

即便只打算使用 Python 編寫簡單的腳本，你也得規律地編寫函式：函式（functions）是所有程式設計語言的重要元件之一，允許使用者在程序的任何地方重複使用同樣的程式碼。首先，我們先來定義函式，然後學習如何呼叫它。

定義函式

想在 Python 中編寫自己的函式，你需要使用 def 這個關鍵字，表示 *definition* 函式。和 VBA 不同的是，Python 不會區分函式和 Sub 程序（Sub procedure）。在 Python 中，等同於一個 Sub 程序的東西就是一個不會傳回任何值的函式。Python 函式依循程式碼區塊的語法，也就是說，首行程式碼以冒號（:）收尾，在函式主體（body）縮排：

```
def function_name(required_argument, optional_argument=default_value, ...):
    return value1, value2, ...
```

必要引數

> 必要引數沒有預設值。以逗號分隔複數個引數。

可選引數

> 有預設值的引數是可選引數。如果沒有指定的傳回值，None 經常作為可選引數的預設值。

傳回值

> return 陳述式定義函式傳回的值。如果不特別輸入內容，則函式自動傳回 None。Python 允許使用者傳回以逗號分隔的複數個值。

我們來定義一個將華氏溫度或克氏溫度轉換成攝氏溫度的函式：

```
In [107]: def convert_to_celsius(degrees, source="fahrenheit"):
              if source.lower() == "fahrenheit":
                  return (degrees-32) * (5/9)
              elif source.lower() == "kelvin":
```

```
            return degrees - 273.15
        else:
            return f"Don't know how to convert from {source}"
```

我使用了 lower 字串方法，將字串轉換為小寫。這使得我們接受任何拼寫格式的原始字串。定義好 convert_to_celsius 函式之後，趕緊來看看如何呼叫它！

呼叫函式

本章開頭短暫提過，呼叫函式的方法是在函式名稱後加入小括號，在括號內輸入函式引數：

```
value1, value2, ... = function_name(positional_arg, arg_name=value, ...)
```

位置引數

將某個值作為位置引數 (positional_arg)，則傳入的值會對應到函式的相應位置上的引數。

關鍵字引數

以 arg_name=value 的形式提供引數，表示你對函式提供了關鍵字引數。使用關鍵字引數的好處是，你可以以任意順序提供引數，也讓函式呼叫變得更具可讀性，幫助讀者理解。舉例來說，假如函式被定義為 f(a, b)，你可以像這樣呼叫函式：f(b=1, a=2)。這個概念也存在於 VBA，你可以透過呼叫諸如 f(b:=1, a:=1) 的函式來使用關鍵字引數。

我們多試幾次 convert_to_celsius 函式，看看它實際上如何運作：

```
In [108]: convert_to_celsius(100, "fahrenheit")  # Positional arguments

Out[108]: 37.77777777777778

In [109]: convert_to_celsius(50)  # Will use the default source (fahrenheit)

Out[109]: 10.0

In [110]: convert_to_celsius(source="kelvin", degrees=0)  # Keyword arguments

Out[110]: -273.15
```

現在，學會定義和呼叫函式之後，我們來學習如何借助模組編排程式碼。

模組與 import 陳述式

為大型專案開發程式碼時,你需要在某些時間點將程式碼分成多個檔案,維持程式碼架構的可維護性。上一章曾經提到,Python 檔案的副檔名是 *.py*,通常我們將主要檔案稱為「腳本」(script)。如果想讓主要腳本存取其他檔案的功能,首先你需要「匯入」(import)那個功能。在這個情況下,Python 原始檔案被稱為「模組」(modules)。請在 VS Code 裡開啟隨附程式庫裡的 *temperature.py* 檔案(範例 3-1),瞭解模組的運作方式和不同的匯入選項。如果你忘記了如何在 VS Code 裡開啟檔案,歡迎回到第 2 章複習一下。

範例 3-1 temperature.py

```python
TEMPERATURE_SCALES = ("fahrenheit", "kelvin", "celsius")


def convert_to_celsius(degrees, source="fahrenheit"):
    if source.lower() == "fahrenheit":
        return (degrees-32) * (5/9)
    elif source.lower() == "kelvin":
        return degrees - 273.15
    else:
        return f"Don't know how to convert from {source}"


print("This is the temperature module.")
```

想從 Jupyter Notebook 匯入 temperature 模組,你需要讓 Jupyter Notebook 和 temperature 模組處於相同的目錄——在本書的例子中,它們皆位於隨附程式庫。你只需要使用模組名稱即可匯入,不需要在末尾加上 *.py*。執行 import 陳述式之後,你可以利用 . 字符存取該模組內所有物件。舉例來說,使用 temperature.convert_to_celsius() 來執行轉換:

```
In [111]: import temperature

This is the temperature module.

In [112]: temperature.TEMPERATURE_SCALES

Out[112]: ('fahrenheit', 'kelvin', 'celsius')

In [113]: temperature.convert_to_celsius(120, "fahrenheit")

Out[113]: 48.88888888888889
```

請注意，我在 TEMPERATURE_SCALES 使用了大寫字母，表示這是一個常數 —— 在本章末尾我會詳細說明。當你執行 import temperature 儲存格，Python 會將 *temperature.py* 檔案從頭到尾執行一次。匯入模組後這件事會立即發生，你會在 *temperature.py* 底部看到 print 函式。

模組只會被匯入一次

如果再次執行 import temperature 儲存格，你會發現它不再列印任何東西。這是因為 Python 模組在一次交談中只會匯入一次。如果變更了匯入模組中的程式碼，你需要重新啟動 Python 編譯器以獲得所有變更，舉例來說，以 Jupyter Notebook 的例子來說，你需要點選「Kernel > Restart」。

實際情況下，你通常不會列印模組中的任何東西。以上例子只是想說明重複匯入模組的情形。通常，你會將函式和類別放入模組（更多關於「類別」的介紹，請參閱附錄 C）。如果在使用 temperature 模組的物件時不想次次輸入 temperature，你可以將 import 陳述式改成這樣：

```
In [114]: import temperature as tp

In [115]: tp.TEMPERATURE_SCALES

Out[115]: ('fahrenheit', 'kelvin', 'celsius')
```

為模組指定一個短的別名（tp）更加方便使用，你也能清楚物件從何處而來。許多第三方套件會建議特定的別名採用慣例。舉例來說，pandas 以 pd 表示 import pandas。從其他模組匯入物件的額外選項還有：

```
In [116]: from temperature import TEMPERATURE_SCALES, convert_to_celsius

In [117]: TEMPERATURE_SCALES

Out[117]: ('fahrenheit', 'kelvin', 'celsius')
```

The __pycache__ Folder

匯入 temperature 模組之後，你會看到 Python 建立了一個名為 *__pycache__* 的資料夾，裡面有副檔名為 *.pyc* 的檔案。這些是當你匯入模組後 Python 編譯器建立的位元組碼檔案。由於本書主旨不是介紹 Python 執行程式碼的技術細節，可以忽略這個資料夾。

如使用 from x import y 語法，只能匯入特定物件。這個語法將物件直接匯入到主要腳本的命名空間，這意味著，如果不看 import 陳述式，你無法確認物件是在目前的 Python 腳本被定義，還是在 Jupyter Notebook，或者來自其他不同模組。這可能造成衝突：如果你的主腳本有個函式叫做 convert_to_celsius，它可能會覆寫匯自其他 temperature 模組的同名函式。如果你使用了前兩個方法中之一，本地函式和來自匯入模組的函式或可以 convert_to_celsius 和 temperature.convert_to_celsius 的形式並存。

不要將腳本命名為既有套件的名字

將 Python 檔案命名成和既有套件或模組的名字，是一種常見錯誤。如果你建立了一個檔案，想測試 pandas 的功能，請不要將這個檔案命名為 *pandas.py*，因為這樣會造成衝突。

現在，學會了匯入機制後，不妨試著匯入 datetime 模組！這項練習也會帶你認識物件和類別。

datetime 類別

處理日期和時間是 Excel 的常見工作內容，但囿於某些限制：舉例來說，Excel 儲存格的時間格式並不支援小於毫秒的單位，而且並非所有時區都能顯示。在 Excel 中，日期和時間被儲存為「時間序列號」（date serial number）的浮點數。Excel 儲存格則根據格式將其顯示為日期或時間。舉例來說，1900 年 1 月 1 日的日期序列號為 1，表示這是 Excel 中你可以處理的最早日期。時間也被轉換成該浮點數的小數，例如 1900/01/01 10:10:00 被表示為 1.4236111111。

在 Python，想處理日期和時間資料，你需要匯入 datetime 模組，這是標準函式庫的內建模組。datetime 模組包含了一個同名的「類別」（class），用於建立 datetime 物件。由於模組和類別名稱一模一樣，容易造成不必要的誤會，我會在本書全文使用以下匯入慣例：import datetime as dt。如此可以輕鬆區分模組（dt）和類別（datetime）。

截至此時，我們大多時候都是使用「文字」（literals）來建立如串列或字典的物件。文字用來指涉 Python 判斷為特定物件類型的語法——在串列的例子就是類似 [1, 2, 3] 這種物件。不過，大多數物件需要被呼叫類別才能建立：這個過程稱為「實例化」（instantiation），物件也被稱為「類別實例」（class instances）。呼叫類別的方法和呼叫函式一樣，也就是，在類別名稱後面加上小括號，然後在括號內加入引數。想要實例化一個 datetime 物件，你需要像這樣呼叫類別：

```
import datetime as dt
dt.datetime(year, month, day, hour, minute, second, microsecond, timezone)
```

來看幾個例子，學習如何在 Python 中處理 datetime 物件。我們先不討論時區，處理沒有指定時區的 datetime 物件：

```
In [118]: # Import the datetime module as "dt"
          import datetime as dt

In [119]: # Instantiate a datetime object called "timestamp"
          timestamp = dt.datetime(2020, 1, 31, 14, 30)
          timestamp

Out[119]: datetime.datetime(2020, 1, 31, 14, 30)

In [120]: # Datetime objects offer various attributes, e.g., to get the day
          timestamp.day

Out[120]: 31

In [121]: # The difference of two datetime objects returns a timedelta object
          timestamp - dt.datetime(2020, 1, 14, 12, 0)

Out[121]: datetime.timedelta(days=17, seconds=9000)

In [122]: # Accordingly, you can also work with timedelta objects
          timestamp + dt.timedelta(days=1, hours=4, minutes=11)

Out[122]: datetime.datetime(2020, 2, 1, 18, 41)
```

想將 datetime 物件「格式化」（format）為字串，請使用 strftime 方法，如需「解析」（parse）字串並轉換為 datetime 物件，請使用 strptime 函式（你可以在「日期／時間類型」說明文件找到關於格式代碼的詳細介紹（*https://oreil.ly/gXOts*））：

```
In [123]: # Format a datetime object in a specific way
          # You could also use an f-string: f"{timestamp:%d/%m/%Y %H:%M}"
          timestamp.strftime("%d/%m/%Y %H:%M")

Out[123]: '31/01/2020 14:30'

In [124]: # Parse a string into a datetime object
          dt.datetime.strptime("12.1.2020", "%d.%m.%Y")

Out[124]: datetime.datetime(2020, 1, 12, 0, 0)
```

簡短介紹過 datetime 模組後，我們來看看本章最後一個主題：如何妥當編排程式碼。

PEP 8：Python 程式碼風格規範

你也許會好奇，有時候我對變數名稱使用下底線，有時候則全大寫表示。本節內容將會透過 Python 的官方風格規範，解釋我的撰碼風格。Python 使用所謂的 Python Enhancement Proposals（PEP）來討論新的語言功能。其中，「Python 程式碼風格規範」（Style Guide for Python Code），通常以 PEP 8 指代，是 Python 社群共通的風格指南，旨在幫助開發者寫出可讀性高且風格一致的程式。可讀性和風格一致性對於開源計畫至關重要，因為許多開發者共同工作於同一個專案，但彼此不見得私下認識。範例 3-2 的 Python 檔案介紹了一些最重要的風格規範。

範例 3-2　*pep8_sample.py*

```
"""This script shows a few PEP 8 rules. ❶
"""

import datetime as dt ❷


TEMPERATURE_SCALES = ("fahrenheit", "kelvin",
                      "celsius") ❸
❹

class TemperatureConverter: ❺
    pass  # Doesn't do anything at the moment ❻


def convert_to_celsius(degrees, source="fahrenheit"): ❼
    """This function converts degrees Fahrenheit or Kelvin
    into degrees Celsius. ❽
    """
    if source.lower() == "fahrenheit": ❾
        return (degrees-32) * (5/9) ❿
    elif source.lower() == "kelvin":
        return degrees - 273.15
    else:
        return f"Don't know how to convert from {source}"


celsius = convert_to_celsius(44, source="fahrenheit") ⓫
non_celsius_scales = TEMPERATURE_SCALES[:-1] ⓬

print("Current time: " + dt.datetime.now().isoformat())
print(f"The temperature in Celsius is: {celsius}")
```

❶ 以「文件字串」（docstring）解釋腳本 / 模組的用途。文件字串是一種特殊字串，以前後三個引號（"""）將文字包覆起來。除了記錄程式碼用途之外，文件字串還能讓你輕鬆撰寫多行程式碼，在文字包含雙引號或單引號的時候特別有用，因為你不需要額外輸入跳脫字符。文件字串在撰寫多行 SQL 查詢時也很好用，我們將在第 11 章瞭解更多細節。

❷ 所有匯入內容都記錄在檔案頂部，一個匯入項目佔用一行程式碼。先列出標準函式庫的匯入項目，然後是第三方套件，最後是你自己的模組。本例僅使用了標準函式庫。

❸ 使用大寫字母和下底線描述常數。一行最長不超過 79 字元。可善用小括號、中括號或大括號間接分行。

❹ 以兩個空行區隔類別和函式。

❺ 儘管許多類別名稱（如 datetime）都是小寫字元，你自己設計的類別必須使用如 CapitalizedWords 的命名形式。更多關於類別的介紹，請參閱附錄 C。

❻ 行內註解（inline comments）至少用兩個空格分開。程式碼區塊以四個空白縮排。

❼ 函式和函式引數應該使用小寫字元和下底線，增加可讀性。不要在引數名稱和預設值之間留空格。

❽ 函式的文件字串也應列出並解釋函式引數。此例為求簡潔故未列出，但你可以在隨附程式庫 *excel.py* 檔案找到完整的文件字串，我們在第 8 章會再度回顧。

❾ 不要在冒號前後留空格。

❿ 在數學運算子前後留空格。如果有運算的優先順序，你可以考慮只在順序最低的運算子前後加上空格。因為本例中優先順序最低的是乘法，所以我加上了空格。

⓫ 變數名稱使用小寫。可善用下底線來提高可讀性。指定變數名稱時，在等號（=）前後加入空格。不過，在呼叫函式時，關鍵字引數的等號前後不要加上空格。

⓬ 在索引和切片時，不要在中括號前後加上空格。

這個範例僅僅簡略呈現了 PEP 8 的風格要點，當你更熟悉 Python 之後，不妨好好閱讀一下 PEP 8 的完整內容（*https://oreil.ly/3fTTZ*）。PEP 8 明確表示它可作為一種風格建議，使用者仍可以個人撰碼風格為主。畢竟，程式碼的一致性才是重中之重。如果你有意瞭解其他公開可用的風格規範，也可以參考和 PEP 8 相仿的 Google 的 Python 風格指南（*https://oreil.ly/6sYSa*）。實際應用上，許多 Python 開發者會遵循 PEP 8 風格，而忽略每行最多 79 字元的限制，大概是最常見的「罪惡」。

在開發程式碼的同時一心二用，思考妥當編排方式或許不是易事，你可以採取自動檢查程式碼風格。下一節內容教你如何在 VS Code 自動檢查。

PEP 8 和 VS Code

使用 VS Code 開發程式碼時，有一個確保程式碼符合 PEP 8 規範的簡單方法：使用 *linter*（程式碼規範檢查工具）。Linter 會檢查原始碼的語法和風格錯誤。開啟命令列面板（Ctrl+Shift+P 或 Command-Shift-P），然後搜尋「Python：選擇 Linter」。常見選項有 *flake8*，這是 Anaconda 預裝的套件。啟用後，VS Code 會在每次儲存檔案時，以底線標記錯誤處。將游標拖曳至底線處，畫面會跳出提示，解釋該錯誤。你可以在命令列面板搜尋「Python：啟用 Linting」，並選取「停用 Linting」來停用 linter。你也可以在 Anaconda Prompt 上執行 flake8 並列出報告（命令列只會列出違反 PEP 8 風格的錯誤，所以執行這個 *pep8_sample.py* 檔案將無法列出任何東西，除非你自行引入一些錯誤）：

```
(base)> cd C:\Users\username\python-for-excel
(base)> flake8 pep8_sample.py
```

Python 最近開始支援型態提示（type hint），進一步升級將靜態程式碼分析。且看下節內容娓娓道來。

型態提示

在 VBA 中，你經常看到以資料型態的縮寫作為變數前綴的代碼，例如 strEmployeeName 或 wbWorkbookName。雖說沒有人能阻止你在 Python 依樣畫葫蘆，但這實非常見。你無法在 Python 中找到對應 VBA 的 Option Explicit 或 Dim 陳述式來宣告變數型態。Python 3.5 導入了一個名為「型態提示」（type hint）的新功能。它也被稱為「型態註解」（type annotations），允許使用者宣告變數的資料型態。它們是完完全全的選用項，對於 Python 編譯器如何執行程式碼毫無影響（不過，像是 pydantic 的第三方套件（*https://oreil.ly/J9W8h*）可以在執行時期強制型態提示）。型態提示的主要目的是允許類似 VS Code 的文字編輯器在執行程式碼之前盡可能捕捉錯誤，它也有助於加強編輯器的自動補全功能。型態註解型程式碼最流行的檢查工具是 mypy，在 VS Code 中以 linter 的形式提供支援。如欲暸解 Python 中型態註解如何運作，以下是缺少型態提示的小例子：

```
    x = 1

    def hello(name):
        return f"Hello {name}!"
```

有了型態提示輔助後：

```
    x: int = 1

    def hello(name: str) -> str:
        return f"Hello {name}!"
```

由於型態提示通常在大型函式庫（codebase）中更能發揮作用，本書將不會特意使用。

結語

本章是一堂精實版 Python 入門課。我們認識了這個程式語言的重點，包括資料結構、函式和模組。我們也介紹了 Python 的獨特之處如「有效空格」和程式碼編排規範，也就是廣為人知的 PEP 8。在本書討論範圍內，你不需要精通所有細節：作為一位 Python 新手，知道串列和字典、索引和切片，以及如何使用函式、模組、for 迴圈和 if 陳述式，就足夠了。

與 VBA 相比，我認為 Python 功能更加強大、程式碼一致性更高，同時也更容易上手。如果你是 VBA 的死忠粉絲，而這個章節無法說服你，那麼，敬請期待本書下一部：我將介紹基於陣列的運算，然後開啟我們和 pandas 函式庫的資料分析之旅。趕快翻開第 II 部，認識 Numpy 的基礎知識吧！

Pandas 導論

## 第四章

NumPy 基礎

我們在第 1 章提過，NumPy 是 Python 語言中支援科學計算的核心套件，針對陣列運算和線性代數提供一系列功能。NumPy 是 pandas 函式庫的主心骨幹，本章將首先介紹 NumPy 的基礎知識：在瞭解什麼是 NumPy 陣列後，我們會學習向量化（vectorization）和廣播（broadcasting）機制，這兩個關鍵概念將幫助你撰寫簡潔的數學運算式，而你也將在 pandas 再次遇上它們。接著，瞭解為什麼 NumPy 提供了名為「通用函式」的特殊函數，最後我們會實際練習如何取得與設定陣列的值，並且解釋 NumPy 陣列的檢視表和副本模式差異。儘管我們很少在本書內容直接使用 NumPy，掌握基本原理有助於我們在下一章學習 pandas 函式庫。

開始使用 NumPy

在本節內容中，我們會學習一維和二維 NumPy 陣列，以及「向量化」（vectorization）、「廣播」（broadcasting）和「通用函式」（universal function）等技術名詞背後的意涵。

NumPy 陣列

想以巢狀串列執行陣列運算，如同上一章的例子，你需要編寫一些迴圈。舉例來說，想對一個巢狀串列的所有要素新增一個數值，你可以使用下列巢狀串列運算式：

```
In [1]: matrix = [[1, 2, 3],
                  [4, 5, 6],
                  [7, 8, 9]]

In [2]: [[i + 1 for i in row] for row in matrix]

Out[2]: [[2, 3, 4], [5, 6, 7], [8, 9, 10]]
```

然而這樣的程式碼可讀性並不高，況且，如果是大型陣列的情況，循環查看每個要素會大幅降低運算速度。根據用例和陣列大小，以 NumPy 陣列取代 Python 串列可以讓運算效率大幅提高。NumPy 以 C 或 Fortan 寫成的程式碼締造高效運算——這是比 Python 運算速度更快的編譯語言。NumPy 陣列是一種「同質性資料」（homogenous data）的 N 維陣列。同質性指陣列中的所有要素都必須屬於同一種資料型態。大多數時候，你會處理以浮點數組成的一維或二維陣列，如圖 4-1 所示的結構。

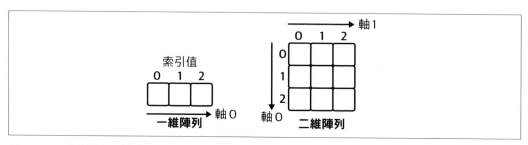

圖 4-1　一維陣列和二維陣列

我們分別建立一維陣列和二維陣列：

```
In [3]: # First, let's import NumPy
        import numpy as np
```

```
In [4]: # Constructing an array with a simple list results in a 1d array
        array1 = np.array([10, 100, 1000.])
```

```
In [5]: # Constructing an array with a nested list results in a 2d array
        array2 = np.array([[1., 2., 3.],
                           [4., 5., 6.]])
```

陣列維度

注意一維陣列和二維陣列的差異：一維陣列只有一個軸，因此不存在外顯的列（row）或行（column）。雖然這和 VBA 陣列的情況相同，但如果你以前使用的是 MATLAB，大概需要重新適應，因為 MATLAB 語言的一維陣列永遠都會有行或列的方向性。

即使 array1 除了最後一個要素（它是浮點數）以外都由整數組成，NumPy 陣列的同質性特點會強制指定該陣列的資料型態為 float64，此資料型態可接納所有要素。想瞭解陣列資料型態的更多資訊，請查找 dtype 屬性：

```
In [6]: array1.dtype
```

```
Out[6]: dtype('float64')
```

dtype 回傳了 float64 而不是上一章見過的 float，你大概能猜想到 NumPy 使用了專有的數值型資料型態，比 Python 的資料型態區分更精細。這通常不會造成什麼問題，因為大多數時候，Python 和 NumPy 之間不同資料型態的轉換會自動完成。如果你需要將某個 NumPy 資料型態直接轉換為 Python 的基本資料型態，只需使用相應的建構子（我會在存取陣列元素的例子順帶說明）：

```
In [7]: float(array1[0])
```

```
Out[7]: 10.0
```

請參考 NumPy 說明文件，瀏覽完整的 NumPy 資料型態清單（*https://oreil.ly/irDyH*）。透過 NumPy 陣列，你可以編寫簡單的程式碼來執行陣列運算，且聽下文分曉。

向量化和廣播

如果你想建構一個純量和一個 NumPy 陣列的總和，NumPy 會對其中要素執行運算，這意味著你不需要自己對所有要素進行迴圈。NumPy 社群將這個動作稱之為「向量化」（vectorization）。這能幫助你撰寫簡潔的程式碼，以數學符號表示：

```
In [8]: array2 + 1
```

```
Out[8]: array([[2., 3., 4.],
               [5., 6., 7.]])
```

純量

「純量」（Scalar）指如浮點數或字串等基本的 Python 資料型態。這是為了和擁有複數要素的資料結構（比如串列和字典、一維和二維 NumPy 陣列）進行區分。

在處理兩個陣列時，也應用了相同運算原則——NumPy 對所有元素執行運算：

```
In [9]: array2 * array2
```

```
Out[9]: array([[ 1.,  4.,  9.],
               [16., 25., 36.]])
```

如果你對兩個不同形狀的陣列進行數值計算，NumPy 會在可能的情況下將小的陣列自動擴展到大的陣列上，讓兩個形狀的陣列變得可以相容。這被稱為「廣播」（broadcasting）機制：

```
In [10]: array2 * array1

Out[10]: array([[  10.,  200., 3000.],
                [  40.,  500., 6000.]])
```

如欲執行矩陣相乘或內積時，請使用 @ 運算子[1]：

```
In [11]: array2 @ array2.T  # array2.T is a shortcut for array2.transpose()

Out[11]: array([[14., 32.],
                [32., 77.]])
```

別被突然出現的術語如純量、向量化或廣播給嚇到了！如果你曾經在 Excel 中處理過陣列，圖 4-2 應該對你而言並不陌生。這個擷取畫面來自 *array_calculations.xlsx*，可以在隨附程式庫的 *xl* 目錄中找到。

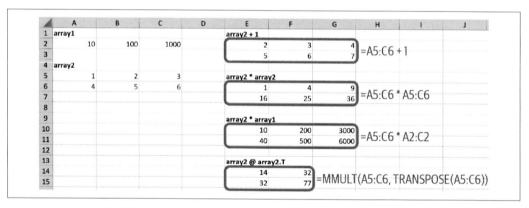

圖 4-2　Excel 中的陣列運算

陣列遍歷所有要素來執行數值計算，但你要如何對陣列中的每一個要素套用函式？此時是「通用函式」的登場時刻。

1　如果線性代數對你來說已經是陳年回憶，不妨直接跳過這個範例——矩陣相乘並非本書焦點。

通用函式（ufunc）

「通用函式（ufunc）」（universal functions）對 NumPy 陣列中的每一個要素發揮作用。舉例來說，如果你對一個 NumPy 陣列套用 math 模組的平方根函式，你會得到一個錯誤訊息：

```
In [12]: import math

In [13]: math.sqrt(array2)  # This will raise en Error

--------------------------------------------------------------------------
TypeError                                 Traceback (most recent call last)
<ipython-input-13-5c37e8f41094> in <module>
----> 1 math.sqrt(array2)  # This will raise en Error

TypeError: only size-1 arrays can be converted to Python scalars
```

當然，你可以編寫一個巢狀迴圈來取得每個要素的平方根，接著再拿運算結果建立一個 NumPy 陣列：

```
In [14]: np.array([[math.sqrt(i) for i in row] for row in array2])

Out[14]: array([[1.        , 1.41421356, 1.73205081],
                [2.        , 2.23606798, 2.44948974]])
```

這個作法適用於當 NumPy 不提供通用函式，且陣列規模足夠小的情況。不過，如果 NumPy 支援通用函式，請盡量使用它，因為這能提升大陣列的運算速度——而且更容易編寫和閱讀：

```
In [15]: np.sqrt(array2)

Out[15]: array([[1.        , 1.41421356, 1.73205081],
                [2.        , 2.23606798, 2.44948974]])
```

有些 Numpy 的 ufunc，比如 sum，可能以陣列方法的形式存在：如果你想取得所有行（column）的總和，請參考：

```
In [16]: array2.sum(axis=0)  # Returns a 1d array

Out[16]: array([5., 7., 9.])
```

axis=0 引數表示列的軸，axis=1 表示行的軸，如圖 4-1 所示。在 axis 引數留空的話，則會加總整個陣列：

```
In [17]: array2.sum()

Out[17]: 21.0
```

你會在本書認識更多 NumPy ufunc，它們可以和 pandas DataFrame 一起使用。

截至目前，我們處理的是陣列整體。下一節會說明如何處理陣列的一部分，並介紹一些實用的陣列建構子。

建立和處理陣列

我想先討論如何取得和設定陣列中的特定要素，然後介紹實用的陣列建構子，包括如何產生適用蒙地卡羅方法的偽隨機數。最後，我會解釋陣列的檢視表模式和副本模式的差異。

取得與設定陣列要素

上一章，我們學會了如何對串列進行索引和切片，來取得特定要素。在執行本章第一個範例如 matrix 的巢狀串列時，你可以使用「連鎖索引」（chained indexing）：matrix[0][0] 會取得第一列的第一個要素。在 NumPy 陣列中，請在一對中括號中對兩個維度提供索引和切片引數：

    numpy_array[row_selection, column_selection]

在一維陣列的情況下，程式碼可簡化為 numpy_array[selection]。選取單一要素時，你會得到一個純量；否則，你會得到一維陣列或二維陣列。請注意切片符號使用了一個索引起始值（包含）和一個索引結束值（不包含），中間還有一個冒號，以 start:end 表示。在索引起始值和結束值留空，只留下一個冒號時，表示二維陣列的所有列或所有行。我在圖 4-3 畫出幾個例子，你也可以再看一次標示了索引和軸的圖 4-1。注意，對二維陣列的行或列進行切片時，你會得到一維陣列，而不是一個二維的行或列向量！

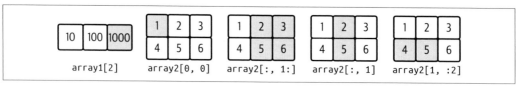

圖 4-3　選取 NumPy 陣列的要素

可以使用以下程式碼執行圖 4-3 的幾個例子：

```
In [18]: array1[2]  # Returns a scalar

Out[18]: 1000.0

In [19]: array2[0, 0]  # Returns a scalar

Out[19]: 1.0

In [20]: array2[:, 1:]  # Returns a 2d array

Out[20]: array([[2., 3.],
                [5., 6.]])

In [21]: array2[:, 1]  # Returns a 1d array

Out[21]: array([2., 5.])

In [22]: array2[1, :2]  # Returns a 1d array

Out[22]: array([4., 5.])
```

在目前的例子裡，我都是徒手建立的，也就是提供數值給串列。NumPy 提供了一些實用函式，幫助你建構陣列。

實用的陣列建構子

NumPy 提供了一些建構陣列的方法，也可用於建立 pandas DataFrame，我們將在第 5 章見到。使用 arange 函式是建立陣列的最簡單方法。這個函式的意思是**陣列範圍**（*array range*），和上一章提過的內建函式 range 相似——唯一差別在於 arange 會傳回 NumPy 陣列。結合 reshape，我們可以輸入指定維度，快速產生一個陣列：

```
In [23]: np.arange(2 * 5).reshape(2, 5)  # 2 rows, 5 columns

Out[23]: array([[0, 1, 2, 3, 4],
                [5, 6, 7, 8, 9]])
```

蒙地卡羅方法（或稱類比統計法）也是一種常見的需求，需要產生常態分佈的偽隨機數。使用 NumPy 可以輕鬆產生：

```
In [24]: np.random.randn(2, 3)  # 2 rows, 3 columns

Out[24]: array([[-0.30047275, -1.19614685, -0.13652283],
                [ 1.05769357,  0.03347978, -1.2153504 ]])
```

其他值得認識的實用建構子還包括 np.ones 和 np.zeros，分別建立由 1 組成的陣列和由 0 組成的陣列，此外，np.eye 可以建立單位矩陣。下一章會繼續探索這些建構子，現在，我們先來學習 NumPy 陣列裡檢視表模式和副本模式的差異。

檢視表 vs. 副本

對 NumPy 陣列切片時會傳回「檢視表」（views）。這意味著你處理的是原始陣列的子集，原有資料不會產生拷貝。在檢視表模式設定陣列的值，會改變原始陣列：

```
In [25]: array2

Out[25]: array([[1., 2., 3.],
                [4., 5., 6.]])

In [26]: subset = array2[:, :2]
         subset

Out[26]: array([[1., 2.],
                [4., 5.]])

In [27]: subset[0, 0] = 1000

In [28]: subset

Out[28]: array([[1000.,    2.],
                [   4.,    5.]])

In [29]: array2

Out[29]: array([[1000.,    2.,    3.],
                [   4.,    5.,    6.]])
```

如果你不想影響原始資料，那麼請將 In [26] 更改為以下程式碼：

```
subset = array2[:, :2].copy()
```

在副本（一份資料的完整拷貝）上工作，就不會影響到原本的陣列。

結語

本章說明如何使用 NumPy 陣列，以及「向量化」和「廣播」等術語的意思。暫且不論這些技術名詞，處理陣列應該是一件相當直覺的事，因為這很大程度上遵循數學符號的表達方式。雖然 NumPy 是一個極為強大的函式庫，在資料分析的應用上，仍有兩件事情需要留意：

- 整個 NumPy 陣列必須是同一個資料型態。這意味著當陣列包含了文字和數字時，你無法像本章一樣執行數值計算。只要涉及了文字，陣列就會擁有 object 資料型態，不允許進行數學運算。

- 在資料分析工作使用 NumPy 陣列，會讓人很難判斷哪一行或列引用或參考了哪些東西，因為你通常會利用位置來選取特定的行，例如 array2[:, 1]。

pandas 提供了更加聰明的資料結構來解決這兩個問題，下一章內容介紹它們及其運作機制。

## 第五章

以 pandas 執行資料分析

本章介紹 pandas，也就是 Python Data Analysis Library（Python 資料分析函式庫），我將它稱之為「擁有超能力的 Python 版試算表」。pandas 功能之強大，令一些我曾服務過的公司考慮完全拋下 Excel，投入 Jupyter Notebook 和 pandas 的懷抱。作為本書的讀者，我設想你應該不會和 Excel 說再見，但 pandas 可以作為將資料取出／放入試算表的介面。pandas 讓令人頭痛的 Excel 作業變得更簡單、更快速，更不容易出錯。這類作業包括從外部資源取得大型資料集，並執行統計、時間序列和互動式圖表等。pandas 最令人嘆服的超能力是向量化和資料對齊（data alignment）。上一章介紹 NumPy 陣列時提過，向量化可以幫助你撰寫符合陣列格式的簡潔程式碼，資料對齊則是確保多個資料集之間不會有資料不符的情況。

本章涵蓋了整個資料分析的旅程：從清理、準備資料開始，透過匯總、敘述分析和視覺化來理解大型資料集。接著，學習如何借助 pandas 匯入和匯出資料。首先，我們先來認識 pandas 的主要資料結構：DataFrame 和 Series！

DataFrame 和 Series

DataFrame 和 Series 是 pandas 的核心資料結構。在本節內容中，我會著重介紹 DataFrame 的主要組成要角：索引、欄位和資料。*DataFrame* 是類似 NumPy 二維陣列的資料結構，具有行與列的標籤（label），而且每一個欄位（行）都能置入不同的資料類型。從 DataFrame 提取單一個行或列，你會得到一個一維的 Series。同樣地，*Series* 類似於 NumPy 的一維陣列，具有標籤。仔細觀察圖 5-1 的 DataFrame 結構，不難想見，DataFrame 將會成為你的「Python 版試算表」。

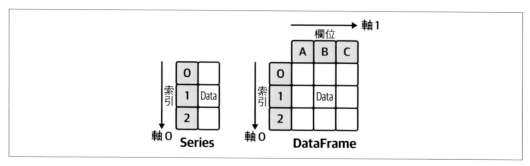

圖 5-1　pandas Series 和 DataFrame

為了向你證明從試算表轉移到 DataFrame 有多麼簡單，請參考圖 5-2 的 Excel 資料表，這份表格記錄了某堂線上課程的學生成績。你可以在隨附程式庫的 *xl* 資料夾找到這份 *course_participants.xlsx* 檔案。

	A	B	C	D	E	F
1	user_id	name	age	country	score	continent
2	1001	Mark		55 Italy		4.5 Europe
3	1000	John		33 USA		6.7 America
4	1002	Tim		41 USA		3.9 America
5	1003	Jenny		12 Germany		9 Europe

圖 5-2　course_participants.xlsx

想在 Python 中使用這份 Excel 資料表，請從匯入 pandas 開始，然後使用 read_excel 函式，這會傳回一個 DataFrame：

```
In [1]: import pandas as pd

In [2]: pd.read_excel("xl/course_participants.xlsx")

Out[2]:    user_id   name  age  country  score continent
        0     1001   Mark   55    Italy    4.5    Europe
        1     1000   John   33      USA    6.7   America
        2     1002    Tim   41      USA    3.9   America
        3     1003  Jenny   12  Germany    9.0    Europe
```

Python 3.9 的 `read_excel` *函式*

如果你在 Python 3.9 或更新版本中執行 `pd.read_excel`，請確認你使用的版本至少為 pandas 1.2，否則則在讀取 *xlsx* 檔案格式時會出現錯誤。

如果你是在 Jupyter Notebook 執行這個程式碼，則此 DataFrame 的格式會是一個 HTML 表格，視覺上更像是 Excel 資料表。我會用第 7 章全部篇幅講述如何使用 pandas 讀取和編寫 Excel 檔案，以上這個範例是為了向你證明，試算表和 DataFrame 其實真的非常相似。現在，不要從 Excel 檔案讀取資料表，試著跟我們一起從零開始建立一個 DataFrame：方法之一是以巢狀串列的形式提供資料，並提供 `columns` 和 `index` 的值：

```
In [3]: data=[["Mark", 55, "Italy", 4.5, "Europe"],
              ["John", 33, "USA", 6.7, "America"],
              ["Tim", 41, "USA", 3.9, "America"],
              ["Jenny", 12, "Germany", 9.0, "Europe"]]
        df = pd.DataFrame(data=data,
                        columns=["name", "age", "country",
                                 "score", "continent"],
                        index=[1001, 1000, 1002, 1003])
        df

Out[3]:       name  age  country  score continent
        1001  Mark   55    Italy    4.5    Europe
        1000  John   33      USA    6.7   America
        1002   Tim   41      USA    3.9   America
        1003 Jenny   12  Germany    9.0    Europe
```

呼叫 `info` 方法，可以取得關於資料的基本資訊，其中最重要的是每一個欄位的資料點數量和資料型態：

```
In [4]: df.info()

<class 'pandas.core.frame.DataFrame'>
Int64Index: 4 entries, 1001 to 1003
Data columns (total 5 columns):
 #   Column     Non-Null Count  Dtype
---  ------     --------------  -----
 0   name       4 non-null      object
 1   age        4 non-null      int64
 2   country    4 non-null      object
 3   score      4 non-null      float64
 4   continent  4 non-null      object
dtypes: float64(1), int64(1), object(3)
memory usage: 192.0+ bytes
```

如果只想知道欄位的資料型態，可以改為執行 **df.dtypes**。包含字串或混合型資料型態的欄位會顯示為 **object** 這個資料型態 [1]。接下來，我們來仔細認識 DataFrame 中的索引和欄位。

索引

「索引」（index）是 DataFrame 的列標籤。如果你沒有具有意義的 index，請在建構 DataFrame 時留空。pandas 會自動建立一個以 0 為始的整數 index。在上文將 Excel 檔案讀取為 DataFrame 的例子中我們曾經見過這個特點。Index 讓 pandas 能夠更快查找資料，對許多常見運算來說不可或缺，比如合併兩個 DataFrame。請透過以下程式碼存取 index 物件：

```
In [5]: df.index

Out[5]: Int64Index([1001, 1000, 1002, 1003], dtype='int64')
```

如符合用例，可以為 index 命名。參照 Excel 資料表，我們將它命名為 user_id：

```
In [6]: df.index.name = "user_id"
        df

Out[6]:           name  age  country  score continent
        user_id
        1001      Mark   55    Italy    4.5    Europe
        1000      John   33      USA    6.7   America
        1002       Tim   41      USA    3.9   America
        1003     Jenny   12  Germany    9.0    Europe
```

不同於資料庫的主鍵（primary key），DataFrame 的 index 名稱可以重複，但這樣一來，查找資料值的速度會減慢。可以使用 reset_index，將橫的 index 變成直的 column，使用 set_index 設定新的 index。如果在設定新 index 後不想失去現有 index，請記得要先重設它：

```
In [7]: # "reset_index" turns the index into a column, replacing the
        # index with the default index. This corresponds to the DataFrame
        # from the beginning that we loaded from Excel.
        df.reset_index()

Out[7]:    user_id  name  age  country  score continent
        0     1001  Mark   55    Italy    4.5    Europe
        1     1000  John   33      USA    6.7   America
```

---

[1] pandas 1.0.0 引入了字串專用的 string 資料型態，讓一些運算變得更簡單，並讓文字資料更一致。由於這個新功能還處於實驗階段，本書內容暫不使用。

```
         2     1002    Tim   41     USA     3.9     America
         3     1003  Jenny   12  Germany    9.0      Europe

In [8]:  # "reset_index" turns "user_id" into a regular column and
         # "set_index" turns the column "name" into the index
         df.reset_index().set_index("name")

Out[8]:        user_id  age  country  score continent
         name
         Mark     1001   55    Italy    4.5    Europe
         John     1000   33      USA    6.7   America
         Tim      1002   41      USA    3.9   America
         Jenny    1003   12  Germany    9.0    Europe
```

df.reset_index().set_index("name") 這則程式碼運用到了「方法鍊式呼叫」（method chaining）：因為 reset_index() 會傳回一個 DataFrame，你可以直接呼叫另一個 DataFrame 方法，不需要將中間結果額外寫出來。

DataFrame 方法傳回副本

以 df.method_name() 的形式在 DataFrame 中呼叫某個方法，你會得到套用了該方法的 DataFrame 副本，而不會影響到原始的 DataFrame。我們在上例呼叫 df.reset_index() 也是這樣子。如欲對原始 DataFrame 進行變更，你需要將傳回值指派給原始的變數，比如下列程式碼：

    df = df.reset_index()

由於我們沒打算這麼做，這表示 df 變數始終置放了原始資料。下一個範例也呼叫了 DataFrame 方法，即：不要變更原始 DataFrame。

如欲變更 index，請使用 reindex 方法：

```
In [9]:  df.reindex([999, 1000, 1001, 1004])

Out[9]:           name   age country  score continent
         user_id
         999        NaN   NaN     NaN    NaN       NaN
         1000      John  33.0     USA    6.7   America
         1001      Mark  55.0   Italy    4.5    Europe
         1004       NaN   NaN     NaN    NaN       NaN
```

這是資料對齊的具體例子：reindex 會接收所有符合新 index 的資料列，並引入缺少資料值（NaN）的列，這些資料列裡不存在資訊。留空的 Index 要素會被捨棄。我會在本章後面更正式地介紹 NaN。最後，如果想對 index 進行排序，請使用 sort_index 方法：

```
In [10]: df.sort_index()

Out[10]:          name  age  country  score  continent
         user_id
         1000      John   33      USA    6.7    America
         1001      Mark   55    Italy    4.5     Europe
         1002       Tim   41      USA    3.9    America
         1003     Jenny   12  Germany    9.0     Europe
```

如果你想以一或多個 column 對資料列進行排序，請使用 sort_values：

```
In [11]: df.sort_values(["continent", "age"])

Out[11]:          name  age  country  score  continent
         user_id
         1000      John   33      USA    6.7    America
         1002       Tim   41      USA    3.9    America
         1003     Jenny   12  Germany    9.0     Europe
         1001      Mark   55    Italy    4.5     Europe
```

這個例子先以 continent 排序，然後再以 age 對資料進行排序。如果你只想以單一個 column 排序，也可以以字串形式提供 column 名稱：

```
df.sort_values("continent")
```

以上內容大略介紹了 index 的運作原理。我們將注意力轉往 DataFrame 中 index 的夥伴：column 吧！

欄位

想取得 DataFrame 中關於欄位（column）的資訊，請執行以下程式碼：

```
In [12]: df.columns

Out[12]: Index(['name', 'age', 'country', 'score', 'continent'], dtype='object')
```

在建構 DataFrame 時，如果你不曾提供任何 column 名稱，pandas 將從 0 開始以整數依序為 column 命名。不過，在有 column 的情況下，這不是一個好點子，因為 column 代表了變數，因此很容易命名。你可以在 column 標頭上指定名稱，就如我們對 index 所做的一樣：

```
In [13]: df.columns.name = "properties"
         df

Out[13]: properties   name  age  country  score continent
         user_id
         1001          Mark   55    Italy    4.5    Europe
         1000          John   33      USA    6.7   America
         1002           Tim   41      USA    3.9   America
         1003         Jenny   12  Germany    9.0    Europe
```

假如你不喜歡現在的 column 名稱，不妨重新命名：

```
In [14]: df.rename(columns={"name": "First Name", "age": "Age"})

Out[14]: properties First Name  Age  country  score continent
         user_id
         1001             Mark   55    Italy    4.5    Europe
         1000             John   33      USA    6.7   America
         1002              Tim   41      USA    3.9   America
         1003            Jenny   12  Germany    9.0    Europe
```

如欲刪除 column，請使用以下語法（此範例說明如何同時捨棄 column 和 index）：

```
In [15]: df.drop(columns=["name", "country"],
                 index=[1000, 1003])

Out[15]: properties  age  score continent
         user_id
         1001          55    4.5    Europe
         1002          41    3.9   America
```

DataFrame 的 column 和 index 都以 Index 物件表示，因此你可以轉置 DataFrame，將 columns（資料欄位）改為資料列，反之亦然：

```
In [16]: df.T  # Shortcut for df.transpose()

Out[16]: user_id        1001     1000     1002     1003
         properties
         name           Mark     John      Tim    Jenny
         age              55       33       41       12
         country       Italy      USA      USA  Germany
         score           4.5      6.7      3.9        9
         continent    Europe  America  America   Europe
```

請注意，df 這個 DataFrame 本身沒有被更改，因為我們不曾對原始的 df 變數進行呼叫，不曾將傳回值重新指定給 df。如果你想重新排序 DataFrame 的 column 順序，可以使用 reindex 方法，而以心儀順序選取 column 這件事通常更加直覺：

```
In [17]: df.loc[:, ["continent", "country", "name", "age", "score"]]

Out[17]: properties continent  country  name  age  score
         user_id
         1001          Europe    Italy   Mark   55    4.5
         1000         America      USA   John   33    6.7
         1002         America      USA    Tim   41    3.9
         1003          Europe  Germany  Jenny   12    9.0
```

我想對上個例子多加著墨：下一節主題是 loc 方法和資料選取的運作方式。

資料處理

在現實世界裡，很難碰到完美無瑕的資料，在執行資料分析之前，你需要動手清理一下，讓它們變得易於分析。本節內容從如何在 DataFrame 選取資料開始，認識如何變更資料，以及如何處理缺漏或重複資料。接著，對 DataFrame 執行幾則運算，並學習如何處理文字資料。最後，我們要探索 pandas 在何時會傳回資料檢視表或資料副本。本節欲闡述的幾個重要概念，和上一章 NumPy 陣列有所關聯。

選擇資料

我們先以標籤和位置來存取資料，再學習其他方法，包括布林索引取值（boolean indexing）以及使用 MultiIndex 選取資料。

以標籤選取

存取 DataFrame 中資料的最簡易方法就是參考資料的標籤（label）。請使用 loc 屬性，意思是 *location*，來指定你想要擷取的 row 和 column：

```
df.loc[row_selection, column_selection]
```

loc 支援切片符號，因此可使用冒號來選取所有列或行。此外，你可以提供串列與其標籤，或是單獨的 column 或 row 名稱。請參考表 5-1 的幾個例子，瞭解如何在 df 範例 DataFrame 中選取不同部分的資料。

表 5-1 以 label 選取資料

選取範圍	回傳值的資料型態	範例
單一值	Scalar	df.loc[1000, "country"]
一個 column (1d)	Series	df.loc[:, "country"]
一個 column (2d)	DataFrame	df.loc[:, ["country"]]
多個 column	DataFrame	df.loc[:, ["country", "age"]]
column 範圍	DataFrame	df.loc[:, "name":"country"]
一個 row (1d)	Series	df.loc[1000, :]
一個 row (2d)	DataFrame	df.loc[[1000], :]
多個 row	DataFrame	df.loc[[1003, 1000], :]
row 範圍	DataFrame	df.loc[1000:1002, :]

標籤切片是閉區間

和 Python 和 pandas 的其他所有運算不同,對標籤使用切片是個例外:它們「包含」了上限。

活用從表 5-1 學到的知識,請使用 loc 分別選取 scalars、Series 和 DataFrame:

```
In [18]: # Using scalars for both row and column selection returns a scalar
         df.loc[1001, "name"]

Out[18]: 'Mark'

In [19]: # Using a scalar on either the row or column selection returns a Series
         df.loc[[1001, 1002], "age"]

Out[19]: user_id
         1001    55
         1002    41
         Name: age, dtype: int64

In [20]: # Selecting multiple rows and columns returns a DataFrame
         df.loc[:1002, ["name", "country"]]

Out[20]: properties  name country
         user_id
         1001        Mark    Italy
         1000        John     USA
         1002         Tim     USA
```

請意識到由一或多個 column 組成的 DataFrame 和 Series 的差異：即使只有一個 column，DataFrame 是二維陣列；而 Series 是一維陣列。DataFrame 和 Series 都具有 index，但只有 DataFrame 會有 column 標頭。當你選取一個 column 作為 Series，則該 column 的標頭會變成 Series 的名稱。許多函式或方法可同時適用於 Series 和 DataFrame，但在執行數值計算時，兩者的運算行為不盡相同：在 DataFrame 的情況下，pandas 會根據 column 標頭對齊資料——本章後頭會著重介紹。

選取 *column* 的捷徑

選取 column 的動作非常常見，pandas 提供了捷徑來取代：

```
df.loc[:, column_selection]
```

你可以選擇寫成這樣：

```
df[column_selection]
```

舉例來說，`df["country"]` 在範例 DataFrame 中傳回了一個 Series，而 `df[["name", "country"]]` 則傳回一個有著兩個 column 的 DataFrame。

以位置選取

依照位置（position）來選取 DataFrame 的子集，對應了我們在本章開頭對 NumPy 陣列的操作。在 DataFrame 的情況下，你需要使用 iloc 屬性，意思是 *integer location*：

```
df.iloc[row_selection, column_selection]
```

進行切片時，你處理的資料屬於半開區間。表 5-2 呈現了我們在表 5-1 見過的同一個範例。

表 5-2　以 position 選取資料

選取範圍	回傳值的資料型態	範例
單一值	Scalar	`df.iloc[1, 2]`
一個 column (1d)	Series	`df.iloc[:, 2]`
一個 column (2d)	DataFrame	`df.iloc[:, [2]]`
多個 column	DataFrame	`df.iloc[:, [2, 1]]`
column 範圍	DataFrame	`df.iloc[:, :3]`
一個 row (1d)	Series	`df.iloc[1, :]`
一個 row (2d)	DataFrame	`df.iloc[[1], :]`
多個 row	DataFrame	`df.iloc[[3, 1], :]`
row 範圍	DataFrame	`df.iloc[1:3, :]`

以下是使用 iloc 的方法——這和我們學習 loc 所見的例子是同一個：

```
In [21]: df.iloc[0, 0]  # Returns a Scalar

Out[21]: 'Mark'

In [22]: df.iloc[[0, 2], 1]  # Returns a Series

Out[22]: user_id
         1001    55
         1002    41
         Name: age, dtype: int64

In [23]: df.iloc[:3, [0, 2]]  # Returns a DataFrame

Out[23]: properties  name country
         user_id
         1001        Mark   Italy
         1000        John     USA
         1002         Tim     USA
```

按照標籤或位置選取資料並不是在 DataFrame 中存取子集的唯一方法。布林索引取值是另一個重要方法，我們來看看它如何運作！

以布林索引取值選取

布林索引取值（Boolean indexing）的意思是借助只包含 True 和 False 兩種資料值的 Series 或 DataFrame，來選取 DataFrame 的子集。boolean Series 參數被用來選取 DataFrame 中的特定 column 或 row，而 boolean DataFrames 參數被用於在整個 DataFrame 中選取特定的資料值。通常，你會使用 boolean indexing 篩選 DataFrame 的資料列（row）。你可以將它想成是 Excel 的「自動篩選」（AutoFilter）功能。舉例來說，以下例子是對 DataFrame 進行篩選，只顯示居住於美國並且年齡為四十歲以上的資料：

```
In [24]: tf = (df["age"] > 40) & (df["country"] == "USA")
         tf  # This is a Series with only True/False

Out[24]: user_id
         1001    False
         1000    False
         1002     True
         1003    False
         dtype: bool

In [25]: df.loc[tf, :]
```

```
Out[25]: properties name  age country  score continent
         user_id
         1002           Tim   41    USA    3.9   America
```

有兩個重點需要注意。首先,由於技術限制,你不能將第 3 章學到的 Python 的 boolean 運算子用在 DataFrame 上,你需要使用表 5-3 的符號。

表 5-3　Boolean 運算子

基本 Python 資料型態	DataFrame 和 Series
and	&
or	|
not	~

其次,如果條件不只一項,請確保將所有 boolean 運算式放在小括號裡,運算子優先順序(operator precedence)才不會讓你陷入麻煩;舉例來說,& 的優先順序高於 ==。因此,假如沒有加上小括號,上一個範例的運算式會被解讀為:

```
df["age"] > (40 & df["country"]) == "USA"
```

如果想依照 index 作為篩選條件,可以用 df.index 去參照它:

```
In [26]: df.loc[df.index > 1001, :]
```

```
Out[26]: properties name  age country  score continent
         user_id
         1002           Tim   41      USA    3.9   America
         1003         Jenny   12  Germany    9.0    Europe
```

請將你會放在串列等 Python 資料結構的 in 運算子裡的內容,放到 Series 的 isin 中。下例示範了對 DataFrame 進行篩選,選出來自義大利和德國的參與者:

```
In [27]: df.loc[df["country"].isin(["Italy", "Germany"]), :]
```

```
Out[27]: properties name  age country  score continent
         user_id
         1001          Mark   55    Italy    4.5    Europe
         1003         Jenny   12  Germany    9.0    Europe
```

我們使用 loc 來得到一個 boolean Series 參數,而 DataFrame 也提供了一個不需要 loc 的特殊語法,依照 boolean DataFrame 參數進行取值:

```
df[boolean_df]
```

這則語法在只包含數字的 DataFrame 特別有用。對 DataFrame 進行布林取值，會在 boolean DataFrame 參數為 False 時傳回 NaN。別急，我們馬上會認識什麼是 NaN。請先建立一個名為 rainfall 的範例，這個 DataFrame 裡只包含數字：

```
In [28]: # This could be the yearly rainfall in millimeters
         rainfall = pd.DataFrame(data={"City 1": [300.1, 100.2],
                                       "City 2": [400.3, 300.4],
                                       "City 3": [1000.5, 1100.6]})
         rainfall

Out[28]:    City 1  City 2  City 3
         0   300.1   400.3  1000.5
         1   100.2   300.4  1100.6

In [29]: rainfall < 400

Out[29]:    City 1  City 2  City 3
         0    True   False   False
         1    True    True   False

In [30]: rainfall[rainfall < 400]

Out[30]:    City 1  City 2  City 3
         0   300.1     NaN     NaN
         1   100.2   300.4     NaN
```

請注意，在這個例子中，我使用了字典來建構這個新 DataFrame——如果資料原有形式即是字典時特別方便。布林取值經常被用來篩掉如離群值（outliers）等特殊的資料值。

最後，我要介紹一個特別的 index 型態：MultiIndex。

以 MultiIndex 選取

MultiIndex 是不只一層的 index，可以按階層對資料進行分組，並幫助你更容易存取子集。舉例來說，如果將範例 DataFrame 的 index 設定為 continent 和 country，那麼你可以輕鬆地選取出包含特定「洲」的所有資料列：

```
In [31]: # A MultiIndex needs to be sorted
         df_multi = df.reset_index().set_index(["continent", "country"])
         df_multi = df_multi.sort_index()
         df_multi

Out[31]: properties          user_id  name  age  score
         continent country
         America   USA          1000  John   33    6.7
                   USA          1002   Tim   41    3.9
```

```
Europe     Germany      1003  Jenny    12    9.0
           Italy        1001  Mark     55    4.5

In [32]: df_multi.loc["Europe", :]

Out[32]: properties  user_id    name   age   score
         country
         Germany       1003     Jenny  12    9.0
         Italy         1001     Mark   55    4.5
```

請注意，pandas 會「美化」MultiIndex 的輸出結果，不會在每一筆資料列中重複顯示最左側的 index 層級（洲），只會在「洲」發生變化的時候顯示不同的洲際大陸。請提供元組來選取多個 index 層級：

```
In [33]: df_multi.loc[("Europe", "Italy"), :]

Out[33]: properties          user_id   name   age   score
         continent country
         Europe    Italy      1001     Mark   55    4.5
```

如果想選擇性地重新設定 MultiIndex 的其中一部分，請將層級以參數形式提供。從左邊算起的第一個 column 層級是 0：

```
In [34]: df_multi.reset_index(level=0)

Out[34]: properties  continent  user_id   name   age   score
         country
         USA         America    1000     John   33    6.7
         USA         America    1002     Tim    41    3.9
         Germany     Europe     1003     Jenny  12    9.0
         Italy       Europe     1001     Mark   55    4.5
```

雖然本書不會建立 MultiIndex，仍有一些運算值得你認識，例如 groupby，會讓 pandas 傳回一個有 MultiIndex 的 DataFrame。我們會在本章後續內容再度見到 groupby 方法。

目前，你學會了多種選取資料的方法，是時候學習如何變更資料了。

設定資料

變更 DataFrame 中資料的最簡單方法是使用 loc 或 iloc 屬性，指定值（value）給特定要素。本節內容從這個方法開始講起，然後介紹處理 DataFrame 的其他方式：替換 value 和新增 column。

以標籤或位置設定資料

在呼叫如 df.reset_index() 等 DataFrame 方法時，方法會套用在一個副本上，不會影響到原有的 DataFrame。不過，如果透過 loc 和 iloc 屬性來指定 value 時，就會改變原始 DataFrame。因為我不想影響到 df DataFrame，所以會使用副本 df2。如果你想變更一個值，請參考以下程式碼：

```
In [35]: # Copy the DataFrame first to leave the original untouched
         df2 = df.copy()

In [36]: df2.loc[1000, "name"] = "JOHN"
         df2

Out[36]: properties   name  age  country  score continent
         user_id
         1001         Mark   55    Italy    4.5    Europe
         1000         JOHN   33      USA    6.7   America
         1002         Tim    41      USA    3.9   America
         1003         Jenny  12  Germany    9.0    Europe
```

你也可以同時變更多個值。可以使用串列，來變更使用者 ID 為 1000 和 1001 的分數：

```
In [37]: df2.loc[[1000, 1001], "score"] = [3, 4]
         df2

Out[37]: properties   name  age  country  score continent
         user_id
         1001         Mark   55    Italy    4.0    Europe
         1000         JOHN   33      USA    3.0   America
         1002         Tim    41      USA    3.9   America
         1003         Jenny  12  Germany    9.0    Europe
```

藉由 iloc 利用位置來變更資料的方法也是同樣道理。現在，我們來看看如何以 boolean indexing 變更資料。

以布林索引設定資料

布林索引（Boolean indexing），可以用於篩選資料列，也可以用在 DataFrame 中指定資料值。想像一下，你現在要將年齡低於 20 歲，且來自美國的人匿名化處理：

```
In [38]: tf = (df2["age"] < 20) | (df2["country"] == "USA")
         df2.loc[tf, "name"] = "xxx"
         df2

Out[38]: properties   name  age  country  score continent
         user_id
```

```
1001        Mark   55    Italy    4.0    Europe
1000        xxx    33      USA    3.0   America
1002        xxx    41      USA    3.9   America
1003        xxx    12  Germany    9.0    Europe
```

有時候,你需要對整個資料集的特定值進行替換(不是對特定 column),在這種情況下,請使用這個特殊語法,對整個 DataFrame 提供 boolean(下列範例再次使用了 rainfall DataFrame):

```
In [39]: # Copy the DataFrame first to leave the original untouched
         rainfall2 = rainfall.copy()
         rainfall2

Out[39]:    City 1  City 2  City 3
         0   300.1   400.3  1000.5
         1   100.2   300.4  1100.6

In [40]: # Set the values to 0 wherever they are below 400
         rainfall2[rainfall2 < 400] = 0
         rainfall2

Out[40]:    City 1  City 2  City 3
         0     0.0   400.3  1000.5
         1     0.0     0.0  1100.6
```

如果你只想替換為另一個值,還有一個更簡單的方法。

以替換值來設定資料

如果你想為整個 DataFrame 或選定的 column 替換特定值,請使用 replace 方法:

```
In [41]: df2.replace("USA", "U.S.")

Out[41]: properties  name  age  country  score continent
         user_id
         1001         Mark   55    Italy    4.0    Europe
         1000         xxx    33     U.S.    3.0   America
         1002         xxx    41     U.S.    3.9   America
         1003         xxx    12  Germany    9.0    Europe
```

如果你只想對 country 欄位進行替換,則可以使用以下語法:

```
df2.replace({"country": {"USA": "U.S."}})
```

在這種情況下,由於 USA 只出現在 country 欄位,因此會得出和上例相同的結果。接著,我們來看看如何為 DataFrame 新增 column。

新增欄位來設定資料

想要為 DataFrame 增加新的 column，請指定 value 給新的 column 名稱。舉例來說，你可以使用純量或串列：

```
In [42]: df2.loc[:, "discount"] = 0
         df2.loc[:, "price"] = [49.9, 49.9, 99.9, 99.9]
         df2

Out[42]: properties  name  age  country  score continent  discount  price
         user_id
         1001         Mark   55    Italy    4.0    Europe          0   49.9
         1000          xxx   33      USA    3.0   America          0   49.9
         1002          xxx   41      USA    3.9   America          0   99.9
         1003          xxx   12  Germany    9.0    Europe          0   99.9
```

新增 column 通常涉及向量化運算：

```
In [43]: df2 = df.copy()  # Let's start with a fresh copy
         df2.loc[:, "birth year"] = 2021 - df2["age"]
         df2

Out[43]: properties  name  age  country  score continent  birth year
         user_id
         1001         Mark   55    Italy    4.5    Europe        1966
         1000         John   33      USA    6.7   America        1988
         1002          Tim   41      USA    3.9   America        1980
         1003        Jenny   12  Germany    9.0    Europe        2009
```

很快，我們會瞭解如何以 DataFrame 進行運算，在那之前，還記得我曾提過 NaN 嗎？下一節告訴你如何處理缺漏資料。

缺漏資料

資料有所缺漏，經常造成工作上的困難，因為這可能會影響到資料分析的準確性，讓分析結果變得不那麼令人信服。然而，資料集中缺東漏西的情況在所難免，你的工作之一就是處理這件事。在 Excel，通常需要處理空白的儲存格或 #N/A 錯誤，但 pandas 則使用 NumPy 的 np.nan 來表示缺漏資料，顯示為 NaN。NaN 是表示 *Not-a-Number* 的浮點數指標。遺漏的 timestamp 改以 pd.NaT 表示；而在文字的情況下，pandas 則使用 None 表示。運用 None 或 np.nan，就能引入遺漏的值：

```
In [44]: df2 = df.copy()  # Let's start with a fresh copy
         df2.loc[1000, "score"] = None
         df2.loc[1003, :] = None
```

```
          df2
Out[44]: properties   name    age country   score continent
          user_id
          1001         Mark   55.0   Italy     4.5    Europe
          1000         John   33.0     USA     NaN   America
          1002          Tim   41.0     USA     3.9   America
          1003         None    NaN    None     NaN      None
```

想對 DataFrame 進行清理，你通常希望移除缺少值的資料列。這件事很容易辦到：

```
In [45]: df2.dropna()

Out[45]: properties   name    age country   score continent
          user_id
          1001         Mark   55.0   Italy     4.5    Europe
          1002          Tim   41.0     USA     3.9   America
```

不過，如果你只想要移除缺少了全部值的資料列，請使用以下參數：

```
In [46]: df2.dropna(how="all")

Out[46]: properties   name    age country   score continent
          user_id
          1001         Mark   55.0   Italy     4.5    Europe
          1000         John   33.0     USA     NaN   America
          1002          Tim   41.0     USA     3.9   America
```

想根據 NaN 存在與否，取得 boolean DataFrame 或 boolean Series 時，請使用 isna：

```
In [47]: df2.isna()

Out[47]: properties   name    age country   score continent
          user_id
          1001        False  False    False  False     False
          1000        False  False    False   True     False
          1002        False  False    False  False     False
          1003         True   True     True   True      True
```

如欲填補遺漏的值，請使用 fillna。舉例來說，如果想將 score 欄位的 NaN 替換為該欄位的平均值（我會在之後隨即介紹包含 mean 在內的敘述統計）：

```
In [48]: df2.fillna({"score": df2["score"].mean()})

Out[48]: properties   name    age country   score continent
          user_id
          1001         Mark   55.0   Italy     4.5    Europe
          1000         John   33.0     USA     4.2   America
```

```
1002         Tim  41.0    USA   3.9  America
1003        None   NaN   None   4.2    None
```

缺東漏西不是迫使我們必須清理資料集的唯一原因。當資料重複時，我們也得動手清乾淨，趕快來看看有哪些方法！

重複資料

和缺漏資料一樣，重複的資料也會影響到分析的可信度。想排除重複的資料列，請使用 drop_duplicates 方法。你可以將 column 裡的子集作為參數：

```
In [49]: df.drop_duplicates(["country", "continent"])

Out[49]: properties   name  age  country  score continent
         user_id
         1001         Mark   55    Italy    4.5    Europe
         1000         John   33      USA    6.7   America
         1003        Jenny   12  Germany    9.0    Europe
```

根據預設，這會留下第一個出現的值。想找出某特定 column 是否包含重複資料或取得特定 value，請使用以下兩個指令（如果你想要在 index 上執行，請使用 df.index 而不是 df["country"]）：

```
In [50]: df["country"].is_unique

Out[50]: False

In [51]: df["country"].unique()

Out[51]: array(['Italy', 'USA', 'Germany'], dtype=object)
```

最後，想知道哪些資料列是重複的資料，請使用 duplicated 方法，這會傳回一個 boolean Series：根據預設，它會使用 keep="first" 參數，將第一個出現的值留下，並以 True 標記重複的值。將參數設定為 keep=False，則傳回的結果裡所有資料列都會顯示為 True，包括第一個出現的值，幫助你輕鬆取得一個有著所有重複資料列的 DataFrame。在以下範例中，我們要檢視 country 欄位裡的重複資料，但在實際應用中，你通常會檢視 index 或整個 row。在這種情況中，你需要改為使用 df.index.duplicated() 或 df.duplicated()：

```
In [52]: # By default, it marks only duplicates as True, i.e.
         # without the first occurrence
         df["country"].duplicated()

Out[52]: user_id
```

```
         1001      False
         1000      False
         1002       True
         1003      False
         Name: country, dtype: bool

In [53]: # To get all rows where "country" is duplicated, use
         # keep=False
         df.loc[df["country"].duplicated(keep=False), :]

Out[53]: properties   name   age country   score continent
         user_id
         1000         John   33     USA     6.7    America
         1002          Tim   41     USA     3.9    America
```

一旦你移除了缺漏值和重複值,完成 DataFrame 的清理工作後,你可能會想對它執行數值計算——下一節介紹帶你認識數值計算。

數值計算

和 NumPy 陣列一樣,DataFrame 和 Series 也運用了「向量化」機制。舉例來說,如果想對 rainfall DataFrame 的所有值新增一個數值,你只需要:

```
In [54]: rainfall

Out[54]:    City 1  City 2  City 3
         0   300.1   400.3  1000.5
         1   100.2   300.4  1100.6

In [55]: rainfall + 100

Out[55]:    City 1  City 2  City 3
         0   400.1   500.3  1100.5
         1   200.2   400.4  1200.6
```

不過,pandas 真正的超能力是自動「資料對齊」(data alignment)機制:當你對一個以上的 DataFrame 使用算數運算子,pandas 會依照 column 和 row 的 index 自動對齊這些 DataFrame。我們來建立第二個 DataFrame,其中包含一些相同的 row 和 column 標籤。然後把兩個 DataFrame 加總起來:

```
In [56]: more_rainfall = pd.DataFrame(data=[[100, 200], [300, 400]],
                                       index=[1, 2],
                                       columns=["City 1", "City 4"])
         more_rainfall

Out[56]:    City 1  City 4
```

```
                1    100    200
                2    300    400

In [57]: rainfall + more_rainfall

Out[57]:      City 1  City 2  City 3  City 4
          0      NaN     NaN     NaN     NaN
          1    200.2     NaN     NaN     NaN
          2      NaN     NaN     NaN     NaN
```

這個新 DataFrame 的 index 和 column 是原先兩個 DataFrame 的集合：在兩個 DataFrame 都存在的欄位（field）會顯示加總的值（sum），而其他欄位則顯示 NaN。如果你習慣了 Excel 在執行數值計算時空白的儲存格自動顯示為 0，那麼你大概需要重新適應一下。如果想要重現 Excel 的操作，你可以使用 add 方法和 fill_value 參數，將 NaN 替換為 0：

```
In [58]: rainfall.add(more_rainfall, fill_value=0)

Out[58]:      City 1  City 2   City 3  City 4
          0    300.1   400.3   1000.5     NaN
          1    200.2   300.4   1100.6   200.0
          2    300.0     NaN      NaN   400.0
```

這也同樣適用於表 5-4 的其他算術運算子。

表 5-4　算數運算子

運算子	方法
*	mul
+	add
-	sub
/	div
**	pow

如果在你的運算中，同時出現了 DataFrame 和 Series，根據預設，該 Series 會沿著 index 的方向被廣播：

```
In [59]: # A Series taken from a row
         rainfall.loc[1, :]

Out[59]: City 1     100.2
         City 2     300.4
         City 3    1100.6
         Name: 1, dtype: float64

In [60]: rainfall + rainfall.loc[1, :]
```

```
Out[60]:     City 1  City 2  City 3
         0   400.3   700.7  2101.1
         1   200.4   600.8  2201.2
```

因此，如果想以 column 的方向加上一個 Series，你需要使用 add 方法和 axis 參數：

```
In [61]: # A Series taken from a column
         rainfall.loc[:, "City 2"]

Out[61]: 0    400.3
         1    300.4
         Name: City 2, dtype: float64

In [62]: rainfall.add(rainfall.loc[:, "City 2"], axis=0)

Out[62]:     City 1  City 2  City 3
         0   700.4   800.6  1400.8
         1   400.6   600.8  1401.0
```

本節內容討論了包含數字的 DataFrame 以及在數值計算時的行為，下一節內容帶你認識處理 DataFrame 裡的文字資料的方法。

處理文字欄位

如本章前文所示，如果欄位裡含有文字或混合的資料型態，則其資料型態為 object。想對包含文字字串的欄位執行運算，請使用 str 屬性存取 Python 的字串方法。我們在第 3 章曾見過好幾個字串方法，也建議你參考 Python 說明文件瞭解更多（*https://oreil.ly/-e7SC*）。舉例來說，想移除文字前後的空格，可以使用 strip 方法；想讓所有字元變成大寫，可以套用 capitalize 方法。你可以靈活運用這些方法來清理混雜的文字欄位（通常是人工輸入的結果）：

```
In [63]: # Let's create a new DataFrame
         users = pd.DataFrame(data=[" mArk ", "JOHN   ", "Tim", " jenny"],
                              columns=["name"])
         users

Out[63]:      name
         0    mArk
         1    JOHN
         2     Tim
         3   jenny

In [64]: users_cleaned = users.loc[:, "name"].str.strip().str.capitalize()
         users_cleaned

Out[64]: 0    Mark
```

```
1      John
2       Tim
3     Jenny
Name: name, dtype: object
```

或者，找出所有名字是 J 開頭的：

```
In [65]: users_cleaned.str.startswith("J")

Out[65]: 0     False
         1      True
         2     False
         3      True
Name: name, dtype: bool
```

字串方法很實用，但有時候，你會需要處理非內建版本的 DataFrame。在這種情況下，請建立專屬的函式，並將其套用到 DataFrame 上，請見下節內容分曉。

套用函式

DataFrame 提供了一個 applemap 方法，它會將函式套用到所有獨立要素上，在沒有可用的 NumPy 通用函式時相當實用。舉例來說，由於沒有一個可調整字串格式的通用函式，我們可以藉由下列程式碼來調整 DataFrame 的所有要素格式：

```
In [66]: rainfall

Out[66]:    City 1  City 2  City 3
         0   300.1   400.3  1000.5
         1   100.2   300.4  1100.6

In [67]: def format_string(x):
             return f"{x:,.2f}"

In [68]: # Note that we pass in the function without calling it,
         # i.e., format_string and not format_string()!
         rainfall.applymap(format_string)

Out[68]:    City 1  City 2    City 3
         0  300.10  400.30  1,000.50
         1  100.20  300.40  1,100.60
```

詳細分解一下：f-string 傳回了作為字串的 x：f"{x}"。想增加格式調整條件，在 formant_string 後添加冒號，並加入變數 ,.2f。此處的逗號表示千位分隔符，而 .2f 表示二位數再加上十分位的定點數。如欲深入瞭解如何調整字串格式，請參考 Format Specification Mini-Language（*https://oreil.ly/NgsG8*），收錄於 Python 官方說明文件。

在上述例子的情況中，經常使用到 *lambda* 運算式（請見下欄內容），因其允許使用者無須額外定義函式，只需編寫一行程式碼即可。運用 lambda 運算式，我們可以將上一個例子重新改寫成：

```
In [69]: rainfall.applymap(lambda x: f"{x:,.2f}")

Out[69]:    City 1  City 2   City 3
         0  300.10  400.30  1,000.50
         1  100.20  300.40  1,100.60
```

Lambda 運算式

Python 使用者可以運用 *lambda* 運算式，僅用同一行程式碼就能定義函式。Lambda 運算式是匿名函式，這表示它是一個沒有名稱的函式。請閱讀以下函式：

```
def function_name(arg1, arg2, ...):
    return return_value
```

這個函式可以被重新寫成一條 lambda 運算式，如下：

```
lambda arg1, arg2, ...: return_value
```

簡單來說，將 def 替換成 lambda，保留 return 關鍵字與函式名稱，並將所有要素放在同一行裡。如同之前的 applymap 方法，lambda 運算式的方便性在於，我們不需要為只被使用一次的東西特別定義函式。

介紹完最重要的資料處理方法後，我們還得認識 pandas 會在何時使用 DataFrame 的檢視表模式，又會在何時使用副本模式。

檢視表 vs. 副本

你應該還記得，對 NumPy 陣列切片會傳回一個檢視表。在 DataFrame 的情況中，很遺憾，事情比較複雜：你無法預測 loc 和 iloc 究竟會傳回檢視表還是副本，這是最令人困惑的主題之一。由於對 DataFrame 的檢視表和副本模式進行變更的差異甚大，pandas 會在認為使用者以不合情況的方式設定資料時，定期跳出以下警示訊息：SettingWithCopyWarning。如果想杜絕這種曖昧不清的警告，以下是我的建議：

• 在原始 DataFrame 上設定值，而不是在已被切片的 DataFrame 設定。

- 如果想在切片後還能有一個獨立的 DataFrame，請直接宣告一個 copy：

  ```
  selection = df.loc[:, ["country", "continent"]].copy()
  ```

雖然 loc 和 iloc 方法傳回何種模式不好預測，但 DataFrame 的其他方法如 df.dropna() 或 df.sort_values("column_name") 則「永遠都會」傳回副本。

截至目前，我們都是對單一個 DataFrame 執行資料處理。下一節說明如何將多個 DataFrame 合併為同一個，這是一個非常常見的任務，而 pandas 提供了許多強大工具。

合併 DataFrame

在 Excel 中合併不同的資料集是一項棘手又繁重的任務，通常還會涉及 VLOOKUP 公式。幸好，合併 DataFrame 算是 pandas 最厲害的殺手鐧，在資料對齊方面的強大功能可以大幅減少引入錯誤的可能性，讓生活和工作更輕鬆。合併 DataFrame 的方式有很多種，本節內容介紹最常見的 concat、join 和 merge。雖然這幾個函式有一些共通點，但它們能分別讓特定任務變得更加簡單。我會先從 concat 介紹起，再來是 join，最後以 merge 收尾，這是三者之中最泛用的函式。

concat

如果想將多個 DataFrame 直接「連」起來，concat 函式是你的不二選擇。正如其名，將東西「連」起來這件事的技術名詞叫做「序連」（concatenation）。根據預設，concat 會將 DataFrame 的 row 連起來，並自動對齊 column。在下面這個例子中，我建立了另一個 DataFrame：more_users，並將它連到範例 DataFrame df 之後：

```
In [70]: data=[[15, "France", 4.1, "Becky"],
               [44, "Canada", 6.1, "Leanne"]]
         more_users = pd.DataFrame(data=data,
                                   columns=["age", "country", "score", "name"],
                                   index=[1000, 1011])
         more_users

Out[70]:       age country  score    name
         1000   15  France    4.1   Becky
         1011   44  Canada    6.1  Leanne

In [71]: pd.concat([df, more_users], axis=0)

Out[71]:       name age  country  score continent
         1001   Mark  55    Italy    4.5    Europe
```

```
1000    John    33      USA      6.7    America
1002    Tim     41      USA      3.9    America
1003    Jenny   12   Germany     9.0    Europe
1000    Becky   15    France     4.1      NaN
1011   Leanne   44    Canada     6.1      NaN
```

請注意，現在 index 要素重複了，因為 concat 只會按照指示的軸（row）將資料連在一起，並只按 column 將資料對齊，自動配對 column 名稱——即使在兩個 DataFrame 中資料次序並不相同！如果你想按照 column 來序連兩個 DataFrame，請設定 axis=1：

```
In [72]: data=[[3, 4],
               [5, 6]]
         more_categories = pd.DataFrame(data=data,
                                        columns=["quizzes", "logins"],
                                        index=[1000, 2000])

         more_categories

Out[72]:        quizzes  logins
         1000         3       4
         2000         5       6

In [73]: pd.concat([df, more_categories], axis=1)

Out[73]:        name   age  country  score continent  quizzes  logins
         1000   John  33.0      USA    6.7   America      3.0     4.0
         1001   Mark  55.0    Italy    4.5    Europe      NaN     NaN
         1002    Tim  41.0      USA    3.9   America      NaN     NaN
         1003  Jenny  12.0  Germany    9.0    Europe      NaN     NaN
         2000    NaN   NaN      NaN    NaN       NaN      5.0     6.0
```

concat 函式這個特殊又實用的功能在於，它可以不只合併兩個 DataFrame。我們會在下一章使用此函式，將多個 CSV 檔案連起來，建立一個 DataFrame：

```
pd.concat([df1, df2, df3, ...])
```

另一方面，join 和 merge 只能處理兩個 DataFrame，詳情請見下文。

join 和 merge

當你 join 兩個 DataFrame，表示你將兩個 DataFrame 的 column 合併在一起，變成一個新的 DataFrame，並根據集合論決定 row 會發生什麼行為。如果你曾經處理過關聯式資料庫，這和 SQL 的 JOIN 語句的概念相同。圖 5-3 以相同的兩個 DataFrame：df1、df2 做運算，介紹四種 join 類型，分別是 inner（交集）、left（左）、right（右）和 outer（連集）。

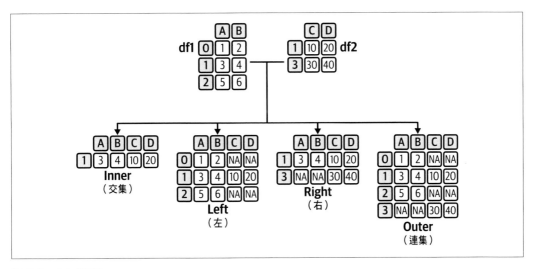

圖 5-3 Join 類型

在 join 的情況下，pandas 使用兩個 DataFrame 的 index 來對齊資料列。*inner join* 傳回的 DataFrame 是 index 重疊的資料列。*left join* 會取用左側 DataFrame df1 的所有 row，並按 index 配對右側 DataFrame df2。當 df2 的 row 不一致時，pandas 會填入 NaN。left join 對應的是 Excel 的 VLOOKUP 函數。*right join* 取用右側表格 df2 的所有 row，並按 index 配對左側 DataFrame df1。最後，*outer join*，這是 *full outer join*，這個函數會取用兩個 DataFrame 中 index 的集合，並盡可能配對值。表 5-5 是圖 5-3 的文字形式。

表 5-5 Join 類型

類型	描述
inner	同時存在於兩個 DataFrame 的 row index
left	左側 DataFrame 的所有 row，配對右側 DataFrame 的 row
right	右側 DataFrame 的所有 row，配對左側 DataFrame 的 row
outer	兩個 DataFrame 的 row index 交集

我們用實際例子來看看這些函數如何運作，以程式碼呈現圖 5-3 的範例：

```
In [74]: df1 = pd.DataFrame(data=[[1, 2], [3, 4], [5, 6]],
                    columns=["A", "B"])

         df1

Out[74]:    A  B
         0  1  2
         1  3  4
```

```
          2  5  6
In [75]: df2 = pd.DataFrame(data=[[10, 20], [30, 40]],
                            columns=["C", "D"], index=[1, 3])
         df2

Out[75]:    C   D
         1  10  20
         3  30  40

In [76]: df1.join(df2, how="inner")

Out[76]:    A  B  C   D
         1  3  4  10  20

In [77]: df1.join(df2, how="left")

Out[77]:    A  B  C     D
         0  1  2  NaN   NaN
         1  3  4  10.0  20.0
         2  5  6  NaN   NaN

In [78]: df1.join(df2, how="right")

Out[78]:    A    B    C   D
         1  3.0  4.0  10  20
         3  NaN  NaN  30  40

In [79]: df1.join(df2, how="outer")

Out[79]:    A    B    C     D
         0  1.0  2.0  NaN   NaN
         1  3.0  4.0  10.0  20.0
         2  5.0  6.0  NaN   NaN
         3  NaN  NaN  30.0  40.0
```

如果你不想按照 index 來 join 一個或多個 DataFrame column，可以用 merge 方法取代 join。merge 接受 on 引數，提供一或多個 column 作為 *join condition*：這些 column 在滿足同時存在於兩個 DataFrame 裡的條件下，會被用來配對 row：

```
In [80]: # Add a column called "category" to both DataFrames
         df1["category"] = ["a", "b", "c"]
         df2["category"] = ["c", "b"]

In [81]: df1

Out[81]:    A  B  category
         0  1  2     a
         1  3  4     b
         2  5  6     c
```

```
In [82]: df2

Out[82]:    C   D category
        1  10  20       c
        3  30  40       b

In [83]: df1.merge(df2, how="inner", on=["category"])

Out[83]:    A  B category   C   D
        0   3  4       b  30  40
        1   5  6       c  10  20

In [84]: df1.merge(df2, how="left", on=["category"])

Out[84]:    A  B category    C     D
        0   1  2       a  NaN   NaN
        1   3  4       b  30.0  40.0
        2   5  6       c  10.0  20.0
```

由於 join 和 merge 能接受不少選用引數，應對複雜的使用情境，衷心建議你參考官方說明文件瞭解更多細節。

現在，你知道了如何處理一個或多個 DataFrame 之後，我們可以邁向資料分析之旅的下一站：讀懂資料。

敘述統計和資料匯總

讀懂大型資料集的一種方法是，對整個資料集或有意義的子集上，運用總和（sum）或平均值（mean）等敘述統計方法。本節以如何運用 pandas 執行敘述統計為始，介紹兩種將資料匯總為子集的方法：groupby 方法和 pivot_table 函數。

敘述統計

「敘述統計」（Descriptive statistics）幫助使用者利用量化指標對資料集進行總結。舉例來說，資料點的數量就是一種最簡單的敘述統計。諸如算數平均數、中位數或眾數等平均值也是常見的敘述統計例子。DataFrame 和 Series 允許使用者透過諸如 sum、mean 和 count 等方法輕鬆取得資料集的敘述統計。你將在本書認識許多統計方法，還可以到 pandas 官方說明文件取得完整清單（*https://oreil.ly/t2q9Q*）。根據預設，這些方法會傳回 axis=0 的 Series，這表示你得到的是每個 column 的統計資料。

```
In [85]: rainfall

Out[85]:    City 1  City 2  City 3
```

```
        0    300.1   400.3  1000.5
        1    100.2   300.4  1100.6

In [86]: rainfall.mean()

Out[86]: City 1     200.15
         City 2     350.35
         City 3    1050.55
         dtype: float64
```

如果你想要依照 row 顯示統計資料，請提供 axis 引數：

```
In [87]: rainfall.mean(axis=1)

Out[87]: 0    566.966667
         1    500.400000
         dtype: float64
```

根據預設，缺漏值將不會被包含在諸如 sum 或 mean 等敘述統計的計算中。這和 Excel 處理空白的儲存格的方式是一樣的，所以，在 Excel 儲存格範圍或 Series 中，當資料值和缺漏值（顯示為空白儲存格或 NaN）都相同時，不管是套用 Excel 的 AVERAGE 公式，還是套用 pandas mean 方法，都會傳回同樣的結果。

對 DataFrame 所有 row 進行統計的做法有時還不夠到位，你可能需要更精確的資訊——舉例來說，你需要每個類別的平均數。一起來看看吧！

分組

再次以範例 DataFrame df 為例子，試著找出每個洲別的平均分數。首先，你要按照洲對 row 進行分組，然後套用 mean 方法，計算出每一組的平均數。所有非數值的 column 會被自動排除：

```
In [88]: df.groupby(["continent"]).mean()

Out[88]: properties    age  score
         continent
         America      37.0   5.30
         Europe       33.5   6.75
```

如果涵括了不只一個 column，則傳回的 DataFrame 會顯示階層式的 index——也就是我們曾經見過的 MultiIndex：

```
In [89]: df.groupby(["continent", "country"]).mean()

Out[89]: properties          age  score
```

```
       continent country
       America    USA        37    5.3
       Europe     Germany    12    9.0
                  Italy      55    4.5
```

除了 mean 以外，你還可以善用 pandas 支援的眾多敘述統計方法，如果你想使用自定義函式，則可以使用 agg 方法。舉例來說，這個例子示範如何取得各組別最大值與最小值之間的差：

```
In [90]: df.groupby(["continent"]).agg(lambda x: x.max() - x.min())

Out[90]: properties  age   score
         continent
         America       8    2.8
         Europe       43    4.5
```

在 Excel 中常使用樞紐分析表來取得各組的統計資料。這項功能提供人們以不同視角去閱讀、分析資料。在 pandas 中，也有一個樞紐分析表功能，請見下文分曉。

Pivoting 和 Melting

如果你曾經在 Excel 使用過樞紐分析表，那麼你完全不用擔心如何套用 pandas 的 pivot_table 函式，因為兩者的運作方式大致相同。下列 DataFrame 的資料組織方式近似於資料庫的記錄方式，每一列（每一筆資料）表示某區域裡某特定水果的交易紀錄：

```
In [91]: data = [["Oranges", "North", 12.30],
                 ["Apples", "South", 10.55],
                 ["Oranges", "South", 22.00],
                 ["Bananas", "South", 5.90],
                 ["Bananas", "North", 31.30],
                 ["Oranges", "North", 13.10]]

         sales = pd.DataFrame(data=data,
                              columns=["Fruit", "Region", "Revenue"])
         sales

Out[91]:      Fruit  Region  Revenue
         0  Oranges   North    12.30
         1   Apples   South    10.55
         2  Oranges   South    22.00
         3  Bananas   South     5.90
         4  Bananas   North    31.30
         5  Oranges   North    13.10
```

如欲建立一個樞紐分析表，你需要將 DataFrame 作為第一個引數，提供給 pivot_table 函式。index 和 columns 定義 DataFrame 的哪一個 column 會分別成為該樞紐分析表的 row 和 column 的標籤。values 會透過 aggfunc 匯總成 DataFrame 的資料部分，函式可以字串或 NumPy ufunc 的形式提供。最後，margins 對應的是 Excel 的 Grand Total，也就是說，如果你在 margins 和 margins_name 留空，則不會顯示 Total 的 column 和 row：

```
In [92]: pivot = pd.pivot_table(sales,
                                 index="Fruit", columns="Region",
                                 values="Revenue", aggfunc="sum",
                                 margins=True, margins_name="Total")
         pivot

Out[92]: Region    North  South   Total
         Fruit
         Apples      NaN  10.55   10.55
         Bananas    31.3   5.90   37.20
         Oranges    25.4  22.00   47.40
         Total      56.7  38.45   95.15
```

總的來說，對資料進行樞紐分析，意味著取出某個 column（本例為 Region）的值，並將這些值變成樞紐分析表的欄位標頭，然後匯總來自其他 column 的值。這種做法有利於人們從感興趣的面向去解讀資訊。在我們的樞紐分析表中，你可以立即發現，在 north region（北部區域）裡沒有蘋果的銷售紀錄，而在 south region（南部區域），大多數銷售紀錄來自橘子。如果你想換個角度解讀資料，將欄位標頭變成某個 column 的值，請使用 melt 函式。按照這個思路，melt 所做的行為和 pivot_table 恰好相反：

```
In [93]: pd.melt(pivot.iloc[:-1,:-1].reset_index(),
                 id_vars="Fruit",
                 value_vars=["North", "South"], value_name="Revenue")

Out[93]:     Fruit Region  Revenue
         0   Apples  North      NaN
         1  Bananas  North    31.30
         2  Oranges  North    25.40
         3   Apples  South    10.55
         4  Bananas  South     5.90
         5  Oranges  South    22.00
```

在這裡，我將樞紐分析表作為輸入值（input），但使用 iloc 屏棄 Total 列和 Total 欄。我也重新設定了 index，讓所有資訊變成普通的 column。接著，我提供 id_vars 指定辨識符（identifier）和 value_vars 定義我希望「取消樞紐」的 column。Melting（熔解）的適用情境是，你希望讓資料以相同格式重新儲存回資料庫中。

匯總統計可以幫助使用者理解資料，但想必沒人喜歡閱讀通篇數字。想讓資訊變得更加容易理解，將資料以視覺化呈現是最佳方法，這也是我們即將討論的主題。Excel 使用 *chart* 指代視覺化呈現的「圖表」，而 pandas 則稱為 *plot*，我會在本書交替使用這兩個術語。

Plot 繪圖

圖表（plot）可以幫助使用者將資料分析結果視覺化呈現，這可以說是整個分析流程中最重要的環節。如果想以 pandas 進行繪圖，我們會使用到兩個函式庫：我們先從 pandas 的預設繪圖函式庫 Matplotlib 開始講起，然後介紹 Plotly，這是一個更加現代的繪圖函式庫，可以在 Jupyter Notebook 帶來更具互動性的體驗。

Matplotlib

Matplotlib 是一個問世已久的繪圖套件，隨附於 Anaconda 發行版。你可以產製各式各樣的圖表，包括支援高品質印刷的向量圖。當你呼叫 DataFrame 的 plot 方法，pandas 在預設情況下會產出一個 Matplotlib 圖表。

如果想在 Jupyter Notebook 中使用 Matplotlib，首先要擇一執行這兩個神奇指令（請參考第 122 頁「神奇指令」）：%matplotlib inline 或是 %matplotlib notebook。這些指令對 Notebook 進行配置，好讓圖表顯示於 Notebook 中。%matplotlib notebook 指令更增加了一些互動性，允許使用者變更圖表大小或縮放量。我們先來使用 pandas 和 Matplotlib 建立第一個圖表吧（見圖 5-4）：

```
In [94]: import numpy as np
         %matplotlib inline
         # Or %matplotlib notebook

In [95]: data = pd.DataFrame(data=np.random.rand(4, 4) * 100000,
                             index=["Q1", "Q2", "Q3", "Q4"],
                             columns=["East", "West", "North", "South"])
         data.index.name = "Quarters"
         data.columns.name = "Region"
         data

Out[95]: Region           East          West          North          South
         Quarters
         Q1         23254.220271  96398.309860  16845.951895   41671.684909
         Q2         87316.022433  45183.397951  15460.819455   50951.465770
         Q3         51458.760432   3821.139360  77793.393899   98915.952421
```

```
        Q4        64933.848496    7600.277035    55001.831706    86248.512650
In [96]: data.plot()  # Shortcut for data.plot.line()

Out[96]: <AxesSubplot:xlabel='Quarters'>
```

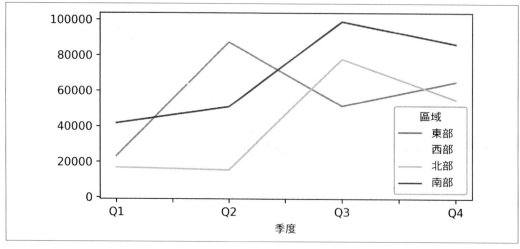

圖 5-4　Matplotlib 圖表

在這個例子中,我使用了 NumPy 陣列來建構一個 pandas DataFrame。使用 NumPy 陣列的好處是可以借助上一章提到的 NumPy 建構子;此處,我們使用了 NumPy 來產生一個基於偽隨機數的 pandas DataFrame。因此,當你以本例進行實際演練時,你會得到不同的值。

神奇指令

讓 Matplotlib 可執行於 Juptyer Notebook 的 %matplotlib inline 指令是一個「神奇指令」(magic command)。神奇指令是一套簡單指令,可以讓 Jupyter Notebook 的儲存格以特定方式執行動作,或是讓一些麻煩的任務變得更容易處理,讓人感覺像是施展了魔法一樣。這些神奇指令看起來和寫在儲存格裡的 Python 程式碼一樣,不過它們以 %% 或 % 開頭。影響整個儲存格的指令以 %% 開頭,而以 % 開頭的指令只會影響儲存格裡的單行程式碼。

我們會在下一章認識更多神奇指令,如果你想搶先看看可用的神奇指令,不妨執行 %lsmagic,如果想取得更詳細的指令描述,請執行 %magic。

即便使用了 `%matplotlib notebook` 這個神奇指令，你大概會發現 Matplotlib 的設計初衷是靜態圖表，而不是為了在網頁上呈現互動式體驗。為此，我們接下來要認識 Plotly，這是一個專為網頁設計的函式庫。

Plotly

Plotly 是一個基於 JavaScript 的函式庫，自 4.8.0 以後的版本可作為 pandas 繪圖後端使用，提供優秀的互動性：使用者可以輕鬆縮放、在 legend（圖示說明）上選取或取消選取特定類別，還能取得關於資料點的提示說明。Plotly 沒有內建於 Anaconda 發行版中，如果你尚未安裝 Plotly，可以執行以下指令：

```
(base)> conda install plotly
```

執行以下儲存格，將 Plotly 設定為整個 Notebook 的繪圖後端，如果你重新執行一次該儲存格，它也會被輸出為一個 Plotly 圖表。在 Plotly 的情況下，你不需要執行神奇指令，只需要將它設定為後端，就能輕鬆繪製出像圖 5-5 和圖 5-6 的圖表：

```
In [97]: # Set the plotting backend to Plotly
         pd.options.plotting.backend = "plotly"

In [98]: data.plot()

In [99]: # Display the same data as bar plot
         data.plot.bar(barmode="group")
```

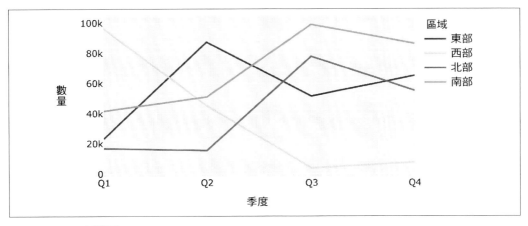

圖 5-5　Plotly 折線圖

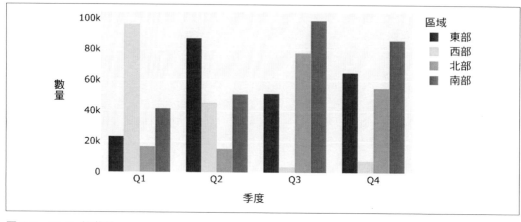

圖 5-6　Plotly 柱狀圖

繪圖後端的差異

如果將 Plotly 設定為繪圖後端，你需要參考 Plotly 說明文件，檢查一下
plot 方法接受哪些引數。舉例來說，你可以到 Plotly 柱狀圖說明文件閱讀
barmode=group 引數的相關說明（*https://oreil.ly/Ekurd*）。

pandas 與繪圖函式庫提供了多樣化的圖表類型和格式化選項，幫助使用者以心儀的方式
呈現資料。你也可以將多個圖表排列成一系列子圖表。表 5-6 列示了可用的圖表類型以
供參考。

表 5-6　pandas 圖表類型

類型	描述
line	折線圖，執行 df.plot 的預設圖表
bar	柱狀圖
barh	橫向柱狀圖
hist	直方圖
box	箱形圖
kde	KDE 圖（核密度估計），也可以透過 density 取用
area	面積圖
scatter	散布圖
hexbin	六角形箱形圖
pie	圓餅圖

除此之外，pandas 提供了一些更廣泛的繪圖工具和技法，這些工具由數個獨立元件組成。關於更多內容，請參考 pandas 視覺化處理說明文件（*https://oreil.ly/FxYg9*）。

其他繪圖函式庫

Python 在科學運算領域的應用相當活躍廣泛，除了 Matplotlib 和 Plotly 以外，還有許多優秀選項可供不同情境使用：

Seaborn

Seaborn（*https://oreil.ly/a3U1t*）是基於 Matplotlib 的繪圖套件。它對預設樣式進行改進，並額外增加了圖表如 heatmap，有助於簡化你的工作：編寫少少幾行程式碼就能建立進階統計圖表。

Bokeh

Bokeh（*https://docs.bokeh.org*）在技術和功能方面和 Plotly 相似：這是基於 JavaScript 的繪圖套件，因此能夠在 Jupyter Notebook 中創造優秀的互動式圖表。Bokeh 隨附於 Anaconda 發行版中。

Altair

Altair（*https://oreil.ly/t06t7*）是基於 Vega 專案的統計視覺化函式庫（*https://oreil.ly/RN6A7*）。Altair 也是基於 JavaScript 的套件，支援如縮放圖表等互動式功能。

HoloViews

HoloViews（*https://holoviews.org*）是另一個基於 JavaScript 的套件，旨在簡化資料分析和視覺化處理。只需簡單幾行程式碼，使用者就能創造出複雜的統計圖表。

我們會在下一章建立更多圖表，對時間序列（time series）進行分析。在此之前，先來學習如何用 pandas 匯入和匯出我們的資料吧！

匯入和匯出 DataFrame

在此前篇幅中，我們運用了巢狀串列、字典和 NumPy 陣列，從零開始建構了數個 DataFrame。這些技法值得學習，不過，在通常情況下，資料已經就緒，你只需要將其轉化為 DataFrame。pandas 提供數種讀取函式來提取資料。即使 pandas 並不支援你需要存取的某個專有系統，你也可以透過 Python 套件來連接該系統，一旦取得資料，將其置入 DataFrame 輕而易舉。在 Excel 中，資料的匯入作業通常會用到 Power Query。

在經過一連串分析和變更資料集後，你可能希望將結果送回資料庫，或是匯出成 CSV 檔案，或者以 Excel 活頁簿的形式呈現給老闆看。如欲匯出 pandas DataFrame，你可以在 DataFrame 提供的選項中擇一選用。表 5-7 列出了最常見的匯入 / 匯出方法。

表 5-7　匯入和匯出 DataFrame

資料格式 / 系統	匯入：pandas(pd) 函式	匯出：DataFrame(df) 方法
CSV 檔案	pd.read_csv	df.to_csv
JSON	pd.read_json	df.to_json
HTML	pd.read_html	df.to_html
Clipboard	pd.read_clipboard	df.to_clipboard
Excel 檔案	pd.read_excel	df.to_excel
SQL Database	pd.read_sql	df.to_sql

我們將在第 11 章的案例研究練習中使用 pd.read_sql 和 pd.to_sql。由於第 7 章所有篇幅將闡述如何以 pandas 讀取和編寫 Excel 檔案，在本節內容我想聚焦在如何匯入和匯出 CSV 檔案。先從匯出 DataFrame 開始！

匯出 CSV 檔案

如果你需要將某個 DataFrame 傳給同事，而他 / 她不見得使用 Python 或 pandas，那麼以 CSV 格式傳送是個好主意，因為大多數軟體程序都能匯入這種格式。想將範例 DataFrame df 匯出成 CSV 檔案，請使用 to_csv 方法：

```
In [100]: df.to_csv("course_participants.csv")
```

如果想將檔案儲存於另一個目錄中，請提供完整路徑的原始字串，比如：r"C:\path\to\desired\location\msft.csv"。

在 Windows 系統上使用檔案路徑的原始字串

字串中的反斜線（\）用來跳脫字元。在 Windows 系統中，你需要使用兩個反斜線表示檔案路徑（如 C:\\path\\to\\file.csv），或者在字串前加上 r，將其變為「原始字串」（raw string），對字元進行直譯。在 macOS 或 Linux 系統則不會遇到這類問題，因為這些系統的檔案路徑使用斜線（/）。

如果像我這樣只提供檔案名稱，則會在 Notebook 所在目錄中產生一個 *course_participants.csv* 檔案，而檔案內容如下：

```
user_id,name,age,country,score,continent
1001,Mark,55,Italy,4.5,Europe
1000,John,33,USA,6.7,America
1002,Tim,41,USA,3.9,America
1003,Jenny,12,Germany,9.0,Europe
```

知道如何使用 df.to_csv 方法後，我們來看看如何匯入 CSV 檔案。

匯入 CSV 檔案

匯入本地位置的 CSV 檔案非常簡單，只需將檔案路徑提供給 read_csv 函數即可。*MSFT.csv* 是我從 Yahoo! Finance 下載的 CSV 檔案，記錄了 Microsoft 的歷史股價——你可以在本書隨附程式庫的 *csv* 資料夾找到這份檔案：

```
In [101]: msft = pd.read_csv("csv/MSFT.csv")
```

通常，除了檔案名稱以外，你還需要補充幾個參數給 read_csv 函數。舉例來說，sep 參數可以告訴 pandas，倘若這份 CSV 檔案不是以預設的逗號作為分隔符，而是使用了哪些分隔符或定界符。我們會在下一章使用更多參數，如果你想先掌握基本認識，可以閱讀 pandas 官方說明文件（*https://oreil.ly/2GMhW*）。

現在，我們要處理的是動輒數千筆的資料列，通常第一件事是執行 info 方法，取得 DataFrame 的摘要。接著，你可能會使用 head 和 tail 方法，看看開頭幾行和最後幾行的資料。這兩個方法在預設情況下會傳回前五個和後五個 row，你也可以按照期望顯示的資料列數量作為參數提供給函數。你還可以執行 describe 方法，取得一些基本統計資料：

```
In [102]: msft.info()

<class 'pandas.core.frame.DataFrame'>
RangeIndex: 8622 entries, 0 to 8621
Data columns (total 7 columns):
 #   Column     Non-Null Count  Dtype
---  ------     --------------  -----
 0   Date       8622 non-null   object
 1   Open       8622 non-null   float64
 2   High       8622 non-null   float64
 3   Low        8622 non-null   float64
 4   Close      8622 non-null   float64
 5   Adj Close  8622 non-null   float64
 6   Volume     8622 non-null   int64
dtypes: float64(5), int64(1), object(1)
memory usage: 471.6+ KB

In [103]: # I am selecting a few columns because of space issues
          # You can also just run: msft.head()
          msft.loc[:, ["Date", "Adj Close", "Volume"]].head()

Out[103]:          Date  Adj Close      Volume
          0  1986-03-13   0.062205  1031788800
          1  1986-03-14   0.064427   308160000
          2  1986-03-17   0.065537   133171200
          3  1986-03-18   0.063871    67766400
          4  1986-03-19   0.062760    47894400

In [104]: msft.loc[:, ["Date", "Adj Close", "Volume"]].tail(2)

Out[104]:             Date   Adj Close    Volume
          8620  2020-05-26  181.570007  36073600
          8621  2020-05-27  181.809998  39492600

In [105]: msft.loc[:, ["Adj Close", "Volume"]].describe()

Out[105]:          Adj Close        Volume
          count  8622.000000  8.622000e+03
          mean     24.921952  6.030722e+07
          std      31.838096  3.877805e+07
          min       0.057762  2.304000e+06
          25%       2.247503  3.651632e+07
          50%      18.454313  5.350380e+07
          75%      25.699224  7.397560e+07
          max     167.663330  1.031789e+09
```

Adj Close 表示 *adjusted close price*（調整後收盤價），修正如股票分割等企業動作造成的股價變動。Volume 是市場內被交易的股票數量。我將本章出現的幾個探索 DataFrame 的方法整理在表 5-8。

表 5-8　DataFrame 探索方法和屬性

DataFrame (df) 方法 / 屬性	描述
df.info()	提供資料點數量、索引類型、dtype 和記憶體使用量
df.describe()	提供基本統計資料，包括總數、平均值、標準差、最小值、最大值和百分位數
df.head(n=5)	傳回 DataFrame 的前 *n* 行
df.tail(n=5)	傳回 DataFrame 的後 *n* 行
df.dtypes	傳回每個 column 的 dtype（資料類型）

除了提供本地檔案路徑外，read_csv 函數也可接受 URL。這是直接從隨附程式庫讀取 CSV 檔案的方法：

```
In [106]: # The line break in the URL is only to make it fit on the page
          url = ("https://raw.githubusercontent.com/fzumstein/"
                 "python-for-excel/1st-edition/csv/MSFT.csv")
          msft = pd.read_csv(url)

In [107]: msft.loc[:, ["Date", "Adj Close", "Volume"]].head(2)

Out[107]:          Date  Adj Close       Volume
          0  1986-03-13   0.062205   1031788800
          1  1986-03-14   0.064427    308160000
```

我們會繼續以這份資料集為範例，在下一章使用 read_csv 函數探討時間序列，將 Date 欄位轉換成 DatetimeIndex。

結語

本章介紹了不少新的概念和工具，幫助使用者運用 pandas 分析資料集。我們學習了如何載入 CSV 檔案、處理遺漏值或重複的資料，並且掌握如何使用敘述統計。我們也學會了如何輕鬆將 DataFrame 轉換為具有互動性的圖表。雖然將這些新知識融會貫通需要花上一些時間，但學會功能強大的 pandas 工具後，你在工作上將如虎添翼。在本章內容中，我們曾提過 pandas 具備以下 Excel 功能性：

自動篩選

請參閱「以布林索引取值選取」（p.99）

VLOOKUP 公式

請參閱「join 和 merge」（p.114）

樞紐分析表

請參閱「Pivoting 和 Melting」（p.119）

Power Query

請共同參閱「匯入和匯出 DataFrame」（p.126）、「資料處理」（p.96）和「合併 DataFrame」（p.113）。

下一章主題是時間序列分析，這項功能是促成金融產業廣泛採用 pandas 工具的濫觴。我們快來瞭解為什麼 pandas 在時間序列分析的優勢大幅超越 Excel 吧！

## 第六章

以 pandas 執行
時間序列分析

「時間序列」（time series）是一組按照時間發生先後順序進行排列的資料點序列，在各式各樣的情境中扮演著重要角色：交易員使用歷史股價計算風險係數，根據測量氣溫、濕度與氣壓的感測器所產生的時間序列資料來進行天氣預報。數位行銷部門仰賴網頁所產生的時間序列資料如「每小時網頁訪問次數／來源」判斷行銷企劃的成效。

時間序列分析是驅使資料科學家和資料分析師開始尋求 Excel 以外更優異選項的主要原動力。以下幾點總結了他們尋求更好選項的原因：

大型資料集

時間序列資料極為龐大，很容易超出 Excel 的大小限制（每份試算表最多一百萬筆資料）。舉例來說，如果你要處理的是每一支股票的當日股價變動，這表示你每一天通常都要面對同一個股票代號的數百萬、數千萬筆紀錄！

日期與時間

第 3 章曾經提過 Excel 在處理日期和時間有所侷限，而這些正是時間序列資料的主體。缺乏對時區的支援、只支援到毫秒的數值格式是其中兩個缺點。另一方面，pandas 支援時區設置，使用 NumPy `datetime64[ns]` 資料型態，可計算到毫微秒（nanosecond）。

缺少的功能性

Excel 缺少了一些處理時間序列的最基本工具。舉例來說,如果想將一份日時間序列資料轉換為月時間序列,雖然這是很常見的工作任務,但卻不能利用 Excel 輕鬆完成。

DataFrame 允許使用者處理各式各樣基於時間的索引:DatetimeIndex 最被廣泛使用,代表具有時間戳記(timestamp)的索引。其他索引類型,如 PeriodIndex,則可能基於「小時」或「月」等時間區間。本章內容聚焦在 DatetimeIndex,我會在下文仔細介紹。

DatetimeIndex

在本節內容中,我們要學習如何建構一個 DatetimeIndex、以索引篩選特定時間範圍,以及處理不同時區。

建立 DatetimeIndex

想要建構一個 DatetimeIndex,請使用 pandas 的 date_range 函式。此函式接受的引數包括起始日期、頻率、時期或結束日期:

```
In [1]: # Let's start by importing the packages we use in this chapter
        # and by setting the plotting backend to Plotly
        import pandas as pd
        import numpy as np
        pd.options.plotting.backend = "plotly"
```

```
In [2]: # This creates a DatetimeIndex based on a start timestamp,
        # number of periods and frequency ("D" = daily).
        daily_index = pd.date_range("2020-02-28", periods=4, freq="D")
        daily_index
```

```
Out[2]: DatetimeIndex(['2020-02-28', '2020-02-29', '2020-03-01', '2020-03-02'],
              dtype='datetime64[ns]', freq='D')
```

```
In [3]: # This creates a DatetimeIndex based on start/end timestamp.
        # The frequency is set to "weekly on Sundays" ("W-SUN").
        weekly_index = pd.date_range("2020-01-01", "2020-01-31", freq="W-SUN")
        weekly_index
```

```
Out[3]: DatetimeIndex(['2020-01-05', '2020-01-12', '2020-01-19', '2020-01-26'],
              dtype='datetime64[ns]', freq='W-SUN')
```

```
In [4]: # Construct a DataFrame based on the weekly_index. This could be
        # the visitor count of a museum that only opens on Sundays.
```

```
          pd.DataFrame(data=[21, 15, 33, 34],
                       columns=["visitors"], index=weekly_index)

Out[4]:              visitors
          2020-01-05       21
          2020-01-12       15
          2020-01-19       33
          2020-01-26       34
```

現在，我們來看看上一章曾出現過的微軟股價資料。仔細觀察各欄位的資料型態，你會發現 Date 欄位的資料型態顯示為 object，表示 pandas 將 timestamp 判讀為字串：

```
In [5]: msft = pd.read_csv("csv/MSFT.csv")

In [6]: msft.info()

<class 'pandas.core.frame.DataFrame'>
RangeIndex: 8622 entries, 0 to 8621
Data columns (total 7 columns):
 #   Column     Non-Null Count   Dtype
---  ------     --------------   -----
 0   Date       8622 non-null    object
 1   Open       8622 non-null    float64
 2   High       8622 non-null    float64
 3   Low        8622 non-null    float64
 4   Close      8622 non-null    float64
 5   Adj Close  8622 non-null    float64
 6   Volume     8622 non-null    int64
dtypes: float64(5), int64(1), object(1)
memory usage: 471.6+ KB
```

有兩種修改方式可以將資料轉換為 datetime 型態。第一種方法是對該欄位執行 to_datetime 函式。如果你想對原始資料來源進行改動，請確保將轉換後的欄位指定給原始 DataFrame：

```
In [7]: msft.loc[:, "Date"] = pd.to_datetime(msft["Date"])

In [8]: msft.dtypes

Out[8]: Date         datetime64[ns]
        Open                float64
        High                float64
        Low                 float64
        Close               float64
        Adj Close           float64
        Volume                int64
        dtype: object
```

另一個方法是以 parse_dates 引數告訴 read_csv 函式，欄位中包含 timestamp 資料。parse_dates 預期一份欄位名稱或索引的清單。此外，通常我們都會選擇將 column 裡的 timestamp 轉換為 DataFrame 的 index，讓資料篩選變得更加容易（請參考下文）。如果不想額外使用 set_index 呼叫，你可以透過 index_col 引數提供一個想轉換為 index 的 column 的欄位名稱或索引：

```
In [9]: msft = pd.read_csv("csv/MSFT.csv",
                           index_col="Date", parse_dates=["Date"])

In [10]: msft.info()

<class 'pandas.core.frame.DataFrame'>
DatetimeIndex: 8622 entries, 1986-03-13 to 2020-05-27
Data columns (total 6 columns):
 #   Column     Non-Null Count  Dtype
---  ------     --------------  -----
 0   Open       8622 non-null   float64
 1   High       8622 non-null   float64
 2   Low        8622 non-null   float64
 3   Close      8622 non-null   float64
 4   Adj Close  8622 non-null   float64
 5   Volume     8622 non-null   int64
dtypes: float64(5), int64(1)
memory usage: 471.5 KB
```

正如 info 所揭示的內容，你現在處理的 DataFrame 裡有了 DatetimeIndex。如果想變更其他的資料型態（例如將 volume 的型態從 int 改為 float），同樣有兩種方式可供選擇：將 dtype={"Volume": float} 作為 read_csv 函式的引數，或者依照下列程式碼套用 astype 方法：

```
In [11]: msft.loc[:, "Volume"] = msft["Volume"].astype("float")
         msft["Volume"].dtype

Out[11]: dtype('float64')
```

在處理時間序列資料時，在開始進行資料分析任務前，請先確認 index 已正確排序：

```
In [12]: msft = msft.sort_index()
```

最後，如果你只想存取 DatetimeIndex 的其中一部分，例如只存取「日期」部分，請存取 date 屬性，如下所示：

```
In [13]: msft.index.date
```

```
Out[13]: array([datetime.date(1986, 3, 13), datetime.date(1986, 3, 14),
                 datetime.date(1986, 3, 17), ..., datetime.date(2020, 5, 22),
                 datetime.date(2020, 5, 26), datetime.date(2020, 5, 27)],
                dtype=object)
```

除了 date 之外，你還可以取用日期資料中的 year、month、day 等部分。如果想在 datetime 型態的一般欄位中取用相同功能，則需要使用 dt 屬性，例如 df["column_name"].dt.date。

正確排序好 DatetimeIndex 後，來看看如何對 DataFrame 進行篩選，選定特定的時間範圍！

篩選 DatetimeIndex

如果 DataFrame 具有 DatetimeIndex 的資料，有一個簡單的方法可以在指定時期內選取資料列，那就是使用 loc 函式以及格式為 YYYY-MM-DD HH:MM:SS 的字串。pandas 會將這個字串轉換成切片，以便涵蓋整個時期。舉例來說，如果想選取 2019 年的全部資料列，請將該年份以**字串**形式提供給函式，而不是單純的數值：

```
In [14]: msft.loc["2019", "Adj Close"]
```

```
Out[14]: Date
         2019-01-02     99.099190
         2019-01-03     95.453529
         2019-01-04     99.893005
         2019-01-07    100.020401
         2019-01-08    100.745613
                          ...
         2019-12-24    156.515396
         2019-12-26    157.798309
         2019-12-27    158.086731
         2019-12-30    156.724243
         2019-12-31    156.833633
         Name: Adj Close, Length: 252, dtype: float64
```

更進一步，將 2019 年 6 月至 2020 年 5 月這個範圍內的資料繪製成圖表（見圖 6-1）：

```
In [15]: msft.loc["2019-06":"2020-05", "Adj Close"].plot()
```

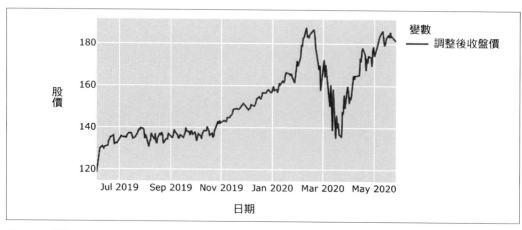

圖 6-1 微軟公司（MSFT）的調整後收盤價

在圖表上拖曳游標，顯示各時間段的股價，也可利用滑鼠框出長方形來放大圖表。對圖表按兩下即可回到預設檢視畫面。

下一節內容利用這個調整後收盤價資料，學習如何處理不同時區問題。

處理時區問題

微軟公司於納斯達克股票交易所上市。位於紐約的納斯達克交易所於下午四點整收盤。如果想將這個額外資訊加入 DataFrame 的 index，首先請透過 DateOffset 新增收盤時間（小時）到日期上，然後透過 tz_localize 添加正確的時區到 timestamp 上。由於收盤時間只適用於收盤價，我們先來建立一個新的 DataFrame：

```
In [16]: # Add the time information to the date
         msft_close = msft.loc[:, ["Adj Close"]].copy()
         msft_close.index = msft_close.index + pd.DateOffset(hours=16)
         msft_close.head(2)

Out[16]:                          Adj Close
         Date
         1986-03-13 16:00:00      0.062205
         1986-03-14 16:00:00      0.064427

In [17]: # Make the timestamps time-zone-aware
         msft_close = msft_close.tz_localize("America/New_York")
         msft_close.head(2)

Out[17]:                          Adj Close
```

```
Date
1986-03-13 16:00:00-05:00    0.062205
1986-03-14 16:00:00-05:00    0.064427
```

如果想將 timestamp 轉換為 UTC 時區，請使用 DataFrame 的 `tz_convert` 方法。UTC 的全稱是 Coordinated Universal Time（世界協調時間），是 GMT 時制（格林威治平均時間）的後繼者。請注意，收盤時間會根據紐約地區是否進入「日光節約時間」而有所變化：

```
In [18]: msft_close = msft_close.tz_convert("UTC")
         msft_close.loc["2020-01-02", "Adj Close"]  # 21:00 without DST

Out[18]: Date
         2020-01-02 21:00:00+00:00    159.737595
         Name: Adj Close, dtype: float64

In [19]: msft_close.loc["2020-05-01", "Adj Close"]  # 20:00 with DST

Out[19]: Date
         2020-05-01 20:00:00+00:00    174.085175
         Name: Adj Close, dtype: float64
```

像這樣對時間序列資料做好事前處理，即使缺了時間資訊或記錄為當地時區，使用者也能比對不同時區的證交所收盤價。

現在，知道什麼是 `DatetimeIndex` 之後，我們來試試幾道時間序列的常見處理作業，練習計算和比較股價表現。

時間序列的常見處理

在本節內容中，我會說明如何執行常見的時間序列分析任務。例如，計算股票的報酬率、繪製多檔股票的績效表現，以及在熱圖上視覺化呈現股票報酬率的相關性。我們也會瞭解如何變更時間序列的頻率，以及如何計算移動平均線。

移動與百分數變化

在金融領域中，股票的「對數報酬率」（log returns）通常會假定為常態分佈。這裡的「對數報酬率」指的是目前股價除以過去股價的自然對數。我們先繪製一個柱狀圖，感受一下每日對數報酬率的分佈情形。首先，我們需要計算對數報酬率。在 Excel 中，通常會對兩個資料列的儲存格套用公式，如圖 6-2 所示。

	A	B	C
1	Date	Adj Close	
2	3/13/1986	0.062205	
3	3/14/1986	0.064427	=LN(B3/B2)
4	3/17/1986	0.065537	0.017082

圖 6-2　在 Excel 中計算對數報酬率

Excel 和 *Python* 的對數

Excel 使用 LN 表示自然對數，LOG 表示以 10 為底的對數。Python 的數學模組和 NumPy 則使用 log 表示自然對數，以 log10 表示以 10 為底的對數。

在 pandas 的情境中，使用者不再對兩筆資料套用公式，而是使用 shift 方法，將值向下移動一列。這樣一來，使用者可在同一列執行運算，加以善用向量化。shift 接受正整數或負整數，根據指定的資料列數量來前移或後移時間序列資料。我們先來看看 shift 如何運作：

```
In [20]: msft_close.head()

Out[20]:                          Adj Close
         Date
         1986-03-13 21:00:00+00:00   0.062205
         1986-03-14 21:00:00+00:00   0.064427
         1986-03-17 21:00:00+00:00   0.065537
         1986-03-18 21:00:00+00:00   0.063871
         1986-03-19 21:00:00+00:00   0.062760

In [21]: msft_close.shift(1).head()

Out[21]:                          Adj Close
         Date
         1986-03-13 21:00:00+00:00        NaN
         1986-03-14 21:00:00+00:00   0.062205
         1986-03-17 21:00:00+00:00   0.064427
         1986-03-18 21:00:00+00:00   0.065537
         1986-03-19 21:00:00+00:00   0.063871
```

你現在可以編寫一行基於向量的公式，便於閱讀和理解。想取得自然對數，請使用
NumPy 的 log ufunc 套用到所有要素。然後我們可以繪製出一個柱狀圖（見圖 6-3）：

```
In [22]: returns = np.log(msft_close / msft_close.shift(1))
         returns = returns.rename(columns={"Adj Close": "returns"})
         returns.head()

Out[22]:                            returns
         Date
         1986-03-13 21:00:00+00:00      NaN
         1986-03-14 21:00:00+00:00  0.035097
         1986-03-17 21:00:00+00:00  0.017082
         1986-03-18 21:00:00+00:00 -0.025749
         1986-03-19 21:00:00+00:00 -0.017547

In [23]: # Plot a histogram with the daily log returns
         returns.plot.hist()
```

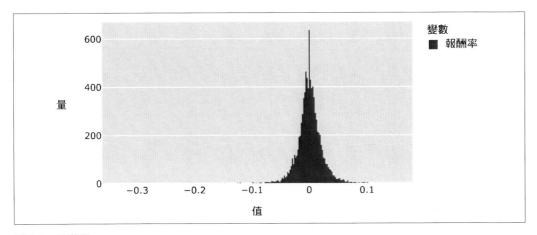

圖 6-3　柱狀圖

如果想改為計算「簡單報酬率」（simple returns），請使用 pandas 內建的 pct_change 方
法。根據預設，這個函式會計算該資料列與前一個資料列的百分數變化，這正是簡單報
酬率的定義：

```
In [24]: simple_rets = msft_close.pct_change()
         simple_rets = simple_rets.rename(columns={"Adj Close": "simple rets"})
         simple_rets.head()

Out[24]:                          simple rets
         Date
         1986-03-13 21:00:00+00:00        NaN
```

```
1986-03-14 21:00:00+00:00      0.035721
1986-03-17 21:00:00+00:00      0.017229
1986-03-18 21:00:00+00:00     -0.025421
1986-03-19 21:00:00+00:00     -0.017394
```

目前為止，我們只關注了同一家公司的股價。下一節，我們將會載入更多時間序列資料，認識可處理多筆時間序列資料的其他 DataFrame 方法。

調整基數與相關性

當我們要處理不只一筆時間序列資料時，事情漸漸變得更加有趣了。我們先從 Yahoo! Finance 網站分別下載亞馬遜（AMZN）、谷歌（GOOGL）和蘋果（AAPL）公司的調整後收盤價：

```
In [25]: parts = []   # List to collect individual DataFrames
         for ticker in ["AAPL", "AMZN", "GOOGL", "MSFT"]:
             # "usecols" allows us to only read in the Date and Adj Close
             adj_close = pd.read_csv(f"csv/{ticker}.csv",
                                     index_col="Date", parse_dates=["Date"],
                                     usecols=["Date", "Adj Close"])
             # Rename the column into the ticker symbol
             adj_close = adj_close.rename(columns={"Adj Close": ticker})
             # Append the stock's DataFrame to the parts list
             parts.append(adj_close)

In [26]: # Combine the 4 DataFrames into a single DataFrame
         adj_close = pd.concat(parts, axis=1)
         adj_close

Out[26]:                    AAPL          AMZN         GOOGL         MSFT
         Date
         1980-12-12     0.405683          NaN           NaN          NaN
         1980-12-15     0.384517          NaN           NaN          NaN
         1980-12-16     0.356296          NaN           NaN          NaN
         1980-12-17     0.365115          NaN           NaN          NaN
         1980-12-18     0.375698          NaN           NaN          NaN
         ...                 ...          ...           ...          ...
         2020-05-22   318.890015  2436.879883  1413.239990   183.509995
         2020-05-26   316.730011  2421.860107  1421.369995   181.570007
         2020-05-27   318.109985  2410.389893  1420.280029   181.809998
         2020-05-28   318.250000  2401.100098  1418.239990          NaN
         2020-05-29   317.940002  2442.370117  1433.520020          NaN

         [9950 rows x 4 columns]
```

你是否領略到 concat 的強大之處？pandas 自動按照日期對齊了所有時間序列資料。由於其他公司上市時間比蘋果晚，這就是為什麼你會得到一些 NaN 值。你可能還發現，MSFT 在最近的日期也出現了 NaN 值，這是因為我下載微軟股價資料的時間，比其他公司的資料早了兩天。按日期對齊時間序列資料是一個典型操作，但在 Excel 卻無法輕鬆搞定，經常錯誤百出。請移除包含了缺漏值的所有資料列，確保所有股票代號都擁有同樣數量的資料點：

```
In [27]: adj_close = adj_close.dropna()
         adj_close.info()

<class 'pandas.core.frame.DataFrame'>
DatetimeIndex: 3970 entries, 2004-08-19 to 2020-05-27
Data columns (total 4 columns):
 #   Column  Non-Null Count  Dtype
---  ------  --------------  -----
 0   AAPL    3970 non-null   float64
 1   AMZN    3970 non-null   float64
 2   GOOGL   3970 non-null   float64
 3   MSFT    3970 non-null   float64
dtypes: float64(4)
memory usage: 155.1 KB
```

現在，讓我們調整股價的基數（rebase），讓所有時間序列資料從 100 開始。這麼做可以幫助我們在圖表中比對各檔股票的相對績效表現；請見圖 6-4。想對時間序列資料進行基數調整，請將所有值除以初始值，然後乘以 100，成為新的基數（base）。在 Excel 中執行此操作，通常需要編寫一則公式，結合絕對和相對的儲存格參照，然後將公式複製到每一列和每一筆時間序列資料上。在 pandas 中，多虧了向量化和廣播機制，你只需要處理一則公式：

```
In [28]: # Use a sample from June 2019 - May 2020
         adj_close_sample = adj_close.loc["2019-06":"2020-05", :]
         rebased_prices = adj_close_sample / adj_close_sample.iloc[0, :] * 100
         rebased_prices.head(2)

Out[28]:                    AAPL        AMZN       GOOGL        MSFT
         Date
         2019-06-03  100.000000  100.000000  100.00000  100.000000
         2019-06-04  103.658406  102.178197  101.51626  102.770372

In [29]: rebased_prices.plot()
```

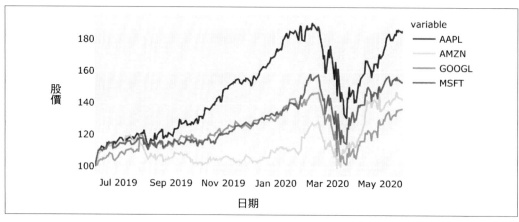

圖 6-4　調整基數的時間序列

想知道不同股票的報酬率之間的獨立性，請使用 corr 方法檢視它們的相關性。遺憾的是，pandas 沒有提供內建圖表類型，以熱圖（heatmap）視覺化呈現相關性矩陣，我們需要使用 Plotly，並直接透過 plotly.express 介面取用（見圖 6-5）：

```
In [30]: # Correlation of daily log returns
         returns = np.log(adj_close / adj_close.shift(1))
         returns.corr()

Out[30]:           AAPL      AMZN     GOOGL      MSFT
         AAPL   1.000000  0.424910  0.503497  0.486065
         AMZN   0.424910  1.000000  0.486690  0.485725
         GOOGL  0.503497  0.486690  1.000000  0.525645
         MSFT   0.486065  0.485725  0.525645  1.000000

In [31]: import plotly.express as px

In [32]: fig = px.imshow(returns.corr(),
                  x=adj_close.columns,
                  y=adj_close.columns,
                  color_continuous_scale=list(
                      reversed(px.colors.sequential.RdBu)),
                  zmin=-1, zmax=1)
         fig.show()
```

如果你有興趣瞭解 imshow 的具體運作細節，請參考 Plotly Express API 說明文件。

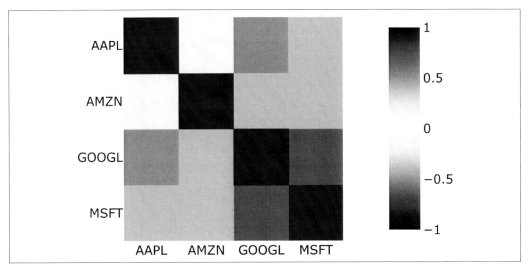

圖 6-5 相關性熱圖

截至目前，我們認識了不少關於時間序列資料的知識，包括合併和清理資料，以及計算報酬率和相關性。不過，假如你發現「日報酬」這個指標對於分析沒有幫助，想要改成「月報酬」呢？該如何變更時間序列資料的頻率？敬請參考下節內容。

重取樣

對 於 時 間 序 列 資 料，經 常 會 用 到「升 取 樣」（upsampling）和「降 取 樣」（downsampling）兩項操作。「升取樣」的意思是，將時間序列從一個頻率轉換到另一個更高的頻率，而「降取樣」則是將時間序列資料轉換到另一個更低的頻率。舉例來說，財務報表經常以月績效或季績效的形式發布。想將每日的時間序列轉換成月時間序列，請使用 resample 方法，並添加頻率字串如 M（表示 *end-of-calendar-month*）或 BM（表示 *end-of-business-month*）。你可以閱讀 pandas 官方說明文件查看頻率字串的完整清單（*https://oreil.ly/zStpt*）。resample 和 groupby 函式一樣可以鏈式呼叫，定義重取樣的「方式」。我使用了 last，取用每個月最後一天的資料值：

```
In [33]: end_of_month = adj_close.resample("M").last()
         end_of_month.head()

Out[33]:                AAPL       AMZN       GOOGL       MSFT
         Date
         2004-08-31  2.132708  38.139999  51.236237  17.673630
         2004-09-30  2.396127  40.860001  64.864868  17.900215
```

```
2004-10-31  3.240182  34.130001  95.415413  18.107374
2004-11-30  4.146072  39.680000  91.081078  19.344421
2004-12-31  3.982207  44.290001  96.491493  19.279480
```

除了 last 以外，你也可以選擇同樣適用於 groupby 的其他方法，諸如 sum 或 mean。還有一個方法是 ohlc，它會傳回該時期的「開盤價」（open）、「最高價」（high）、「最低價」（low）和「收盤價」（close）等值，這可以用來建立典型的 K 線圖，分析股價走勢。

如果想將月時間序列轉換成每週的時間序列資料，你需要進行「升取樣」。請使用 asfreq 方法，要求 pandas 不要套用任何轉換，你會看到大多數值顯示為 NaN。如果你想「向前填充」（forward-fill）最後一個已知值，請使用 ffill 方法：

```
In [34]: end_of_month.resample("D").asfreq().head()  # No transformation

Out[34]:            AAPL       AMZN       GOOGL      MSFT
         Date
         2004-08-31  2.132708  38.139999  51.236237  17.67363
         2004-09-01      NaN        NaN        NaN       NaN
         2004-09-02      NaN        NaN        NaN       NaN
         2004-09-03      NaN        NaN        NaN       NaN
         2004-09-04      NaN        NaN        NaN       NaN

In [35]: end_of_month.resample("W-FRI").ffill().head()  # Forward fill

Out[35]:            AAPL       AMZN       GOOGL      MSFT
         Date
         2004-09-03  2.132708  38.139999  51.236237  17.673630
         2004-09-10  2.132708  38.139999  51.236237  17.673630
         2004-09-17  2.132708  38.139999  51.236237  17.673630
         2004-09-24  2.132708  38.139999  51.236237  17.673630
         2004-10-01  2.396127  40.860001  64.864868  17.900215
```

對資料進行「降取樣」是平滑化時間序列的一種方法。下節的計算滾動窗口的統計資料則是另一種方法。

滾動窗口

在對時間序列資料進行統計計算時，你經常需要一個隨時間變化的統計資料，如「移動平均」（moving average）。移動平均會檢視時間序列的子集（比如 25 天），先計算出這個子資料集的平均值，然後「向前移位」來修改子集（如向前推移 1 天）。這個動作會產生一個更加平滑、更少離群值的新時間序列。如果你是對數交易者，你會觀察股價移動平均線的交集（和其他指標），判斷股票的買賣信號。DataFrames 的 rolling 方法，將觀察數量（如本例的 25 天）作為引數，接著鏈式呼叫欲使用的統計方法，在計算移動平均的例子中，我們會使用 mean。參考圖 6-6，可以清楚地比較將原始時間序列和平滑化的移動平均：

```
In [36]: # Plot the moving average for MSFT with data from 2019
         msft19 = msft.loc["2019", ["Adj Close"]].copy()

         # Add the 25 day moving average as a new column to the DataFrame
         msft19.loc[:, "25day average"] = msft19["Adj Close"].rolling(25).mean()
         msft19.plot()
```

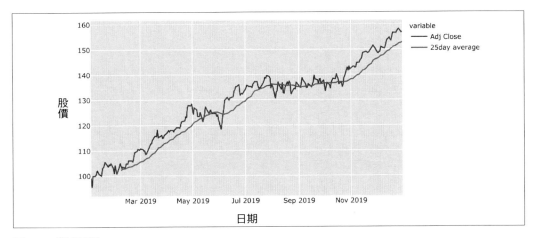

圖 6-6　移動平均

除了 mean 之外，還可以運用不同的統計指標如 count、sum、median、min、max、std（標準差）或是 var（變異數）。

目前為止，我們認識了許多 pandas 的關鍵功能。不過，瞭解 pandas 的侷限也同樣重要。

pandas 的侷限

當 DataFrame 變得越來越大，搞清楚它的上限在哪很重要。Excel 的每一份試算表最多只能容納 100 萬筆資料列和 12,000 個資料欄位，不同於 Excel 這種硬性限制，pandas 只有一個軟性限制：所有的資料必須容納於運算裝置的可用記憶體。如果裝置記憶體無法容納那麼多資料，也還有幾個簡單辦法可以解決：只載入資料集中必須的欄位，或是刪除中繼資料以釋放更多記憶體。如果這樣還無法緩解問題，網路上有幾個專案有助於 pandas 使用者處理大型資料集。在這些專案中，Dask（*https://dask.org*）可以運作於 NumPy 和 pandas 之上，協助使用者將大型資料集拆分為多個 pandas DataFrame，將工作負載分散於多個 CPU 核心或機器上。其他可用於 DataFrame 資料處理的大數據專案包括 Modin（*https://oreil.ly/Wd8gi*）、Koalas（*https://oreil.ly/V13Be*）、Vaex（*https://vaex.io*）、PySpark（*https://oreil.ly/E7kmX*）、cuDF（*https://oreil.ly/zaeWz*）、Ibis（*https://oreil.ly/Gw4wn*）和 PyArrow（*https://oreil.ly/DQQGD*）。我們會在下一章簡單提及 Modin。

結語

我個人認為，對時間序列分析應用的功能支援不夠完備，是 Excel 最大的致命傷。因此，在閱讀完本章內容後，你大概能領略到 pandas 風靡金融產業的魅力之處，畢竟金融產業高度仰賴時間序列資料。我們學習了它如何處理時區問題、對時間序列重取樣，以及產生相關性矩陣，這些是 Excel 無法支援或需要大費周章才能完成的關鍵功能。

懂得如何使用 pandas 不代表你得從此揮別 Excel，你反而可以完美搭配這兩項工具：pandas DataFrame 可以輕鬆轉換資料，而在下一章中，我們會瞭解如何在不使用 Excel 應用程式的情況下，也能讀取和編寫 Excel 檔案。這意味著，你可以在任何支援 Python 的作業系統裡（包括 Linux），透過 Python 處理 Excel 檔案。如果你迫不及待想踏上這趟旅程，下一章將帶你認識 pandas 如何自動化處理繁複枯燥的手動程序，比如將多個 Excel 檔案匯總成摘要報告。

在 Excel 軟體之外讀取和編寫 Excel 檔案

## 第七章

以 pandas 處理 Excel 檔案

在整整六章馬不停蹄地介紹各項工具、pandas 套件和 Python 之後，暫且休息片刻，一起來實際演練這個案例分析，活用我們學習到的各種技法：你只需要十行 pandas 程式碼，就能將數十個 Excel 檔案整合成一份 Excel 報表，等著傳給老闆審核。緊接在案例分析之後，我會更加深入地討論可用於處理 Excel 檔案的 pandas 工具：用於讀取的 read_excel 函式以及 ExcelFile 類別，還有用於編寫 Excel 檔案的 to_excel 方法和 ExcelWriter 類別。Pandas 不需要仰賴 Excel 軟體才能讀取或編寫 Excel 檔案，這表示，本章出現的所有範例程式碼，都可以執行在 Python 適用的系統上（包括 Linux）。

案例分析：Excel 報表

這份案例分析的靈感源自我過去幾年曾參與過的數個實際報表專案。雖然這些專案各自發生於截然不同的產業中，包括電信、數位行銷和金融產業，它們卻高度相似：這些專案的脈絡開端通常都是一大筆 Excel 檔案，而這些檔案需要被進一步處理成 Excel 報表，可能是月報、週報，甚至是日報。在隨附程式庫的 *sales_data* 目錄中，存在好幾份某電信公司於美國各家門市販售的三種資費方案之銷售紀錄（分為 Bronze、Silver 和 Gold 方案）。每個月都會有兩份檔案，一份是位於 *new* 子資料夾的新合約，另一份則是位於 *existing* 子資料夾的現有客戶（既有合約）。由於報表分別來自不同系統，報表格式也有所不同：新客戶的檔案採 *xlsx* 格式，而現有客戶則是舊式的 *xls* 格式。每一份檔案多達 10,000 筆交易紀錄，我們的目標是產出一份 Excel 報表，它能夠呈現出各門市的總銷售額和每月銷售額。首先，看一下圖 7-1 展示的 *new* 子資料夾中的 *January.xlsx* 檔案。

	A	B	C	D	E	F	G
1	transaction_id	store	status	transaction_date	plan	contract_type	amount
2	abfbdd6d	Chicago	ACTIVE	1/1/2019	Silver	NEW	14.25
3	136a9997	San Francisco	ACTIVE	1/1/2019	Gold	NEW	19.35
4	c6688f32	San Francisco	ACTIVE	1/1/2019	Bronze	NEW	12.2
5	6ef349c1	Chicago	ACTIVE	1/1/2019	Gold	NEW	19.35
6	22066f29	San Francisco	ACTIVE	1/1/2019	Silver	NEW	14.25

圖 7-1　January.xlsx 的前幾列資料

除了它們缺少了 status 欄位，且儲存為 xls 格式之外，existing 子資料夾的 Excel 檔案內容與上圖相差無幾。第一步，我們先使用 pandas 的 read_excel 函式，讀取一月份的新交易紀錄：

```
In [1]: import pandas as pd

In [2]: df = pd.read_excel("sales_data/new/January.xlsx")
        df.info()

<class 'pandas.core.frame.DataFrame'>
RangeIndex: 9493 entries, 0 to 9492
Data columns (total 7 columns):
 #   Column            Non-Null Count  Dtype
---  ------            --------------  -----
 0   transaction_id    9493 non-null   object
 1   store             9493 non-null   object
 2   status            9493 non-null   object
 3   transaction_date  9493 non-null   datetime64[ns]
 4   plan              9493 non-null   object
 5   contract_type     9493 non-null   object
 6   amount            9493 non-null   float64
dtypes: datetime64[ns](1), float64(1), object(5)
memory usage: 519.3+ KB
```

Python 3.9 的 read_excel 函式

這和第 5 章出現的警示相同：如果要在 Python 3.9 或以上版本執行 pd.read_excel 函式，請確認你使用 pandas 1.2 或以上版本，否則在讀取 xlsx 檔案時會出現錯誤訊息。

如你所見，pandas 完美地整理出所有欄位的資料型態，包括 transaction_date 的資料格式。這令我們無須額外準備，就能著手處理資料。由於這則範例練習相當簡明直覺，我們可以馬上開始建立一個短的腳本，命名為 *sales_report_pandas.py*，如範例 7-1 所示。這則腳本會從兩個目錄中讀取所有 Excel 檔案、匯總資料，然後編寫摘要資料表到一個新的 Excel 檔案。你可以使用 VS Code 自己寫一遍腳本，或者直接從隨附程式庫開啟腳本。如果想複習一遍如何在 VS Code 建立或開啟檔案，可以翻閱第 2 章。如果你打算自己練習寫一遍，記得將檔案存放在鄰近 *sales_data* 資料夾的位置，這樣一來，你就不需要調整任何檔案路徑。

範例 7-1　*sales_report_pandas.py*

```python
from pathlib import Path

import pandas as pd


# Directory of this file
this_dir = Path(__file__).resolve().parent  ❶

# Read in all Excel files from all subfolders of sales_data
parts = []
for path in (this_dir / "sales_data").rglob("*.xls*"):  ❷
    print(f'Reading {path.name}')
    part = pd.read_excel(path, index_col="transaction_id")
    parts.append(part)

# Combine the DataFrames from each file into a single DataFrame
# pandas takes care of properly aligning the columns
df = pd.concat(parts)

# Pivot each store into a column and sum up all transactions per date
pivot = pd.pivot_table(df,
                       index="transaction_date", columns="store",
                       values="amount", aggfunc="sum")

# Resample to end of month and assign an index name
summary = pivot.resample("M").sum()
summary.index.name = "Month"

# Write summary report to Excel file
summary.to_excel(this_dir / "sales_report_pandas.xlsx")
```

❶ 截至本章之前，我都是使用字串來指定檔案路徑。此處改用標準程式庫的 `pathlib` 模組的 `Path` 類別，幫助你存取威力更強大的工具：path 物件透過斜線（/）將各自獨立的部分序連起來，幫助你輕鬆建構路徑，如 `this_dir / "sales_data"` 之後往下數第四行開始的程式碼內容。這些路徑通用於各平台，允許你套用如 `rglob` 的篩選器（於下一點說明）。當你執行 `__file__`，它會解析原始碼的路徑，而使用 `parent` 會給出此檔案的目錄名稱。在呼叫 `parent` 之前所使用的 `resolve` 方法，將路徑轉換成一個絕對路徑。如果你想在 Jupyter Notebook 執行這段程式碼，則必須將此行替換為 `this_dir = Path(".").resolve()`，程式碼中的「.」表示目前所在目錄。在大多數狀況下，可以接受路徑以字串形式存在的函式和類別，也能取用 path 物件。

❷ 從特定目錄中遞迴讀取所有 Excel 檔案的最簡單方法是使用 path 物件的 `rglob` 方法。`glob` 是 *globbing* 的縮寫，意思是使用「外卡」擴展路徑名稱。外卡符號的 ? 表示只有一個字符，而 * 表示任意數量的字符（包括 0）。`rglob` 的 r 表示 *recursive globbing*（遞迴擴展），也就是說，這個函式會在所有子目錄中查找符合條件的檔案，因此，`glob` 會忽略子目錄。使用 `*.xls*` 作為 globbing 運算式可確保新舊 Excel 檔案都能被查找，因為 .xls 和 .xlsx 都在符合條件內。你可以將運算式進一步改善成：`[!~$]*.xls*`。這將忽略暫存的（檔案格式以 ~$ 開頭）Excel 檔案。想知道在 Python 中使用 globbing 的更多細節，請參考 Python 官方說明文件（*https://oreil.ly/fY0qG*）。

我們來執行這個腳本，在 VS Code 介面中按下右上角的「執行」按鈕。執行腳本需要一些時間，當程式碼跑完後，*sales_report_pandas.xlsx* 這份 Excel 活頁簿將會顯示在腳本所在目錄中。Sheet1 的內容應如圖 7-2 所示。僅僅十行程式碼就能產生一份完整報表，實在令人驚艷。你只需要再動動手指，調整一下第一個欄位的寬度，讓日期完整顯示即可！

對於如上簡單的例子，pandas 提供了非常簡單的解決方案，幫助使用者處理 Excel 檔案。不過，我們還可以做得更好——畢竟，來點格式調整（包括欄寬和一致的小數點顯示位數）讓報表更加分，再來個圖表就更完美了。這是下一章即將學習的主題，我們即將認識 pandas 的 writer 程式庫。在此之前，我們再更深入探討一下以 pandas 讀取和編寫 Excel 檔案的方法。

	A	B	C	D	E	F	G
1	**Month**	**Boston**	**Chicago**	**Las Vegas**	**New York**	**an Francisc**	**ashington DC**
2	#########	21784.1	51187.7	23012.75	49872.85	58629.85	14057.6
3	#########	21454.9	52330.85	25493.1	46669.85	55218.65	15235.4
4	#########	20043	48897.25	23451.1	41572.25	52712.95	14177.05
5	#########	18791.05	47396.35	22710.15	41714.3	49324.65	13339.15
6	#########	18036.75	45117.05	21526.55	40610.4	47759.6	13147.1
7	#########	21556.25	49460.45	21985.05	47265.65	53462.4	14284.3
8	#########	19853	47993.8	23444.3	40408.3	50181.6	14161.5
9	#########	22332.9	50838.9	24927.65	45396.85	55336.35	16127.05
10	#########	19924.5	49096.25	24410.7	42830.6	49931.45	14994.4
11	#########	16550.95	42543.8	22827.5	34090.05	44311.65	12846.7
12	#########	21312.9	52011.6	24860.25	46959.85	55056.45	14057.6
13	#########	19722.6	49355.1	24535.75	42364.35	50933.45	14702.15

圖 7-2　sales_report_pandas.xlsx（未調整任何欄寬前）

以 pandas 讀取和編寫 Excel 檔案

前文的案例分析使用了 read_excel 和 to_excel 和各自的預設引數，簡單地示範了這些函式的基本用法。本節會介紹一些最常用的引數和以 pandas 讀取和編寫 Excel 檔案的選項。我們先從 read_excel 函式和 ExcelFile 類別開始講起，接著介紹 to_excel 方法和 ExcelWriter 類別。在講述這些主題的過程中，我也會介紹 Python 的 with 陳述式。

read_excel 函式和 ExcelFile 類別

本章案例分析使用的 Excel 活頁簿，資料很完美地從第一個分頁的 A1 儲存格開始。在現實世界裡，你會碰到的 Excel 檔案大概不像這個範例一樣乾淨整齊。在這種情況下，pandas 提供了一些參數，讓資料讀取流程更加輕鬆簡潔。在接下來的幾個範例中，我們要使用 *stores.xlsx* 檔案，它位於隨附程式庫的 *xl* 資料夾。第一個試算表（分頁）如圖 7-3 所示。

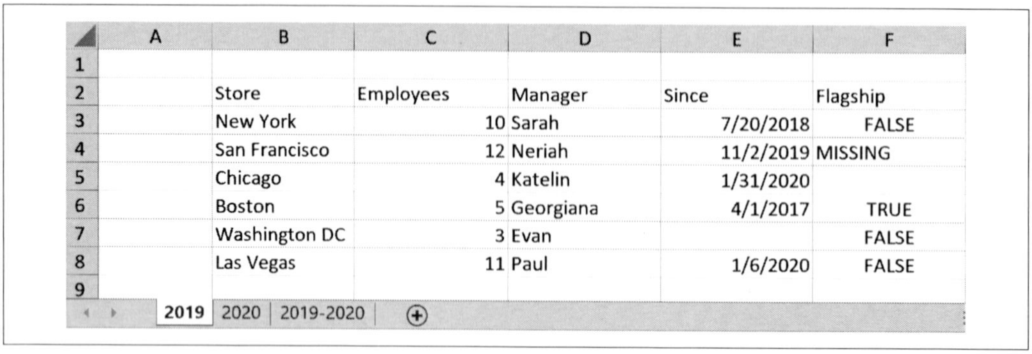

	A	B	C	D	E	F
1						
2		Store	Employees	Manager	Since	Flagship
3		New York	10	Sarah	7/20/2018	FALSE
4		San Francisco	12	Neriah	11/2/2019	MISSING
5		Chicago	4	Katelin	1/31/2020	
6		Boston	5	Georgiana	4/1/2017	TRUE
7		Washington DC	3	Evan		FALSE
8		Las Vegas	11	Paul	1/6/2020	FALSE
9						

圖 7-3　stores.xlsx 的第一份試算表

使用 `sheet_name`、`skiprows` 和 `usecols` 等參數，告訴 pandas 我們想要讀取的儲存格範圍。按照規矩，你不妨先執行 `info` 方法，檢視一下傳回的 DataFrame 的資料型態：

```
In [3]: df = pd.read_excel("xl/stores.xlsx",
                           sheet_name="2019", skiprows=1, usecols="B:F")
        df

Out[3]:           Store  Employees    Manager      Since Flagship
        0      New York         10      Sarah 2018-07-20    False
        1 San Francisco         12     Neriah 2019-11-02  MISSING
        2       Chicago          4    Katelin 2020-01-31      NaN
        3        Boston          5  Georgiana 2017-04-01     True
        4 Washington DC          3       Evan        NaT    False
        5     Las Vegas         11       Paul 2020-01-06    False

In [4]: df.info()

<class 'pandas.core.frame.DataFrame'>
RangeIndex: 6 entries, 0 to 5
Data columns (total 5 columns):
 #   Column     Non-Null Count  Dtype
---  ------     --------------  -----
 0   Store      6 non-null      object
 1   Employees  6 non-null      int64
 2   Manager    6 non-null      object
 3   Since      5 non-null      datetime64[ns]
 4   Flagship   5 non-null      object
dtypes: datetime64[ns](1), int64(1), object(3)
memory usage: 368.0+ bytes
```

除了 Flagship 欄位以外，一切看起來都很好──Flagship 欄位的資料型態應該是 bool
而不是 object。想要進行修改的話，我們可以提供一個轉換器函式，處理欄位中不符
合條件的儲存格（除了編寫這個 fix_missing 函式，我們還可以改成提供一個 lambda
運算式）：

```
In [5]: def fix_missing(x):
            return False if x in ["", "MISSING"] else x

In [6]: df = pd.read_excel("xl/stores.xlsx",
                           sheet_name="2019", skiprows=1, usecols="B:F",
                           converters={"Flagship": fix_missing})
        df

Out[6]:            Store  Employees    Manager      Since  Flagship
        0       New York         10      Sarah 2018-07-20     False
        1  San Francisco         12     Neriah 2019-11-02     False
        2        Chicago          4    Katelin 2020-01-31     False
        3         Boston          5  Georgiana 2017-04-01      True
        4  Washington DC          3       Evan        NaT     False
        5      Las Vegas         11       Paul 2020-01-06     False

In [7]: # The Flagship column now has Dtype "bool"
        df.info()

<class 'pandas.core.frame.DataFrame'>
RangeIndex: 6 entries, 0 to 5
Data columns (total 5 columns):
 #   Column     Non-Null Count  Dtype
---  ------     --------------  -----
 0   Store      6 non-null      object
 1   Employees  6 non-null      int64
 2   Manager    6 non-null      object
 3   Since      5 non-null      datetime64[ns]
 4   Flagship   6 non-null      bool
dtypes: bool(1), datetime64[ns](1), int64(1), object(2)
memory usage: 326.0+ bytes
```

read_excel 函式還可以取用由試算表名稱組成的串列。在這個情況下，它會傳回一個字
典，DataFrame 是 value，而試算表名稱是 key。如果想要讀取所有試算表，則請在括
號內提供 sheet_name=None。另外，請留意我在此使用了 usecols，提供資料表中的欄位
名稱：

```
In [8]: sheets = pd.read_excel("xl/stores.xlsx", sheet_name=["2019", "2020"],
                               skiprows=1, usecols=["Store", "Employees"])
        sheets["2019"].head(2)

Out[8]:           Store  Employees
        0       New York         10
        1  San Francisco         12
```

如果原始檔案不存在欄位標頭，請設定 header=None，並在 names 之後的中括號裡提供名稱。請注意，sheet_name 也能接受試算表索引：

```
In [9]: df = pd.read_excel("xl/stores.xlsx", sheet_name=0,
                           skiprows=2, skipfooter=3,
                           usecols="B:C,F", header=None,
                           names=["Branch", "Employee_Count", "Is_Flagship"])
        df

Out[9]:          Branch  Employee_Count Is_Flagship
        0       New York              10       False
        1  San Francisco              12     MISSING
        2        Chicago               4         NaN
```

如果要處理 NaN 值，請同時使用 na_values 和 keep_default_na 參數。下一個範例告訴 pandas 只要將出現 MISSING 字眼的儲存格判讀為 NaN：

```
In [10]: df = pd.read_excel("xl/stores.xlsx", sheet_name="2019",
                            skiprows=1, usecols="B,C,F", skipfooter=2,
                            na_values="MISSING", keep_default_na=False)
         df

Out[10]:           Store  Employees Flagship
         0       New York         10    False
         1  San Francisco         12      NaN
         2        Chicago          4
         3         Boston          5     True
```

pandas 還提供了另一種讀取 Excel 檔案的方法，那就是使用 ExcelFile 類別。最大差異在於，假如你想讀取的多個試算表分頁所在檔案的格式為舊式 *xls* 格式。在這個情況下，使用 ExcelFile 的運算速度較高，因為它會避免 pandas 重複讀取整個檔案。ExcelFile 可以作為一種資源管理器（請見下欄），確認檔案正確關閉。

來看看 ExcelFile 的實際運作情況：

```
In [13]: with pd.ExcelFile("xl/stores.xls") as f:
             df1 = pd.read_excel(f, "2019", skiprows=1, usecols="B:F", nrows=2)
             df2 = pd.read_excel(f, "2020", skiprows=1, usecols="B:F", nrows=2)

         df1

Out[13]:          Store  Employees Manager        Since Flagship
```

```
         0      New York      10    Sarah 2018-07-20    False
         1  San Francisco     12   Neriah 2019-11-02  MISSING
```

ExcelFile 可以存取所有工作表（分頁）的名稱：

```
In [14]: stores = pd.ExcelFile("xl/stores.xlsx")
         stores.sheet_names

Out[14]: ['2019', '2020', '2019-2020']
```

最後，pandas 允許使用者透過 URL 讀取 Excel 檔案，和第 5 章讀取 CSV 檔案的方式類似。請試著從隨附程式庫直接讀取檔案：

```
In [15]: url = ("https://raw.githubusercontent.com/fzumstein/"
                "python-for-excel/1st-edition/xl/stores.xlsx")
         pd.read_excel(url, skiprows=1, usecols="B:E", nrows=2)

Out[15]:            Store  Employees  Manager      Since
         0      New York       10     Sarah 2018-07-20
         1  San Francisco      12    Neriah 2019-11-02
```

以 pandas 讀取 xlsb 檔案

如果你使用 pandas 1.3 之前的版本，讀取 xlsb 檔案需要在 read_excel 函式或 ExcelFile 類別後的括號內直接指定 engine：

```
pd.read_excel("xl/stores.xlsb", engine="pyxlsb")
```

這需要額外安裝 pyxlsb 套件，該套件未隨附於 Anaconda 發行版中——我們會在下一章介紹作法以及其他引擎。

綜上所述，表 7-1 整理了最常運用的 **read_excel** 參數。你可以在官方說明文件閱讀完整清單（*https://oreil.ly/v8Yes*）。

表 7-1　read_excel 的常用參數

參數	描述
sheet_name	除了提供工作表名稱，你也可以提供工作表索引（以 0 為始），例如，sheet_name=0。如果設定 sheet_name=None，pandas 會讀取整個活頁簿，然後回傳一個字典，形式為 {"sheetname": df}。如欲讀取分頁表選取範圍，請提供一個由工作表名稱或索引組成的串列。
skiprows	跳過指定數字的資料列。

參數	描述
usecols	如果 Excel 檔案包含欄位標頭的名稱，請以串列形式提供以利選取欄位，例如：["Store", "Employees"]。或者，也可以提供由欄位索引值組成的串列，例如：[1, 2]，或者提供一個 Excel 欄位名稱並包括範圍的字串（不是串列喔！），例如："B:D,G"。你還可以提供一個函式：舉例來説，如果只想包含那些以 Manager 為開頭的欄位，請使用：usecols=lambda x: x.startswith("Manager")。
nrows	欲讀取的資料列數量。
index_col	指定哪些欄位是索引值，可以是欄位名稱或索引，例如：index_col=0。如果提供一份由複數個欄位組成的串列，則會建立一個階層式索引。
header	如果設定 header=None，則會指定預設的整數標頭，除非使用者透過 names 參數指定標頭名稱。如果提供由索引組成的串列，則會建立階層式欄位標頭。
names	以串列提供你想指定的欄位名稱。
na_values	pandas 在預設情況下，將以下儲存格值解讀為 NaN：空白儲存格、#NA、NA、null、#N/A、N/A、NaN、n/a、-NaN、1.#IND、nan、#N/A、N/A、-1.#QNAN、-nan、NULL、-1.#IND、<NA>、1.#QNAN。如果你想將其他值增加到這個串列中，請透過 na_values 提供。
keep_default_na	如果想要忽略 pandas 解讀為 NaN 的預設值，請設定 keep_default_na=False。
convert_float	Excel 在預設情況下將所有數值儲存為浮點數，pandas 將不具有有意義小數位的數值轉換為整數。如果想變更此行為，請設定 convert_float=False（這樣速度更快）。
converters	允許使用者按欄位提供函式，對欄位內的值進行轉換。舉例來説，如果想將某個欄位內的文字轉換成大寫，請使用：converters={"column_name": lambda x: x.upper()}

瞭解如何以 pandas 讀取 Excel 檔案後，我們換個角度，下一節來學習如何編寫 Excel 檔案。

to_excel 方法和 ExcelWriter 類別

以 pandas 編寫 Excel 檔案的最簡單方法是，使用 DataFrame 的 to_excel 方法。這個方法可以指定你想寫入哪一份工作表的哪一個儲存格到 DataFrame 中。你也可以決定是否要包含 DataFrame 的欄位標頭和索引，以及如何處理例如 np.nan 和 np.inf 等在 Excel 中沒有對應物的資料類型。我們先從建立一個有著不同資料類型的 DataFrame 開始，然後使用 to_excel 方法：

```
In [16]: import numpy as np
         import datetime as dt

In [17]: data=[[dt.datetime(2020,1,1, 10, 13), 2.222, 1, True],
               [dt.datetime(2020,1,2), np.nan, 2, False],
               [dt.datetime(2020,1,2), np.inf, 3, True]]
         df = pd.DataFrame(data=data,
                           columns=["Dates", "Floats", "Integers", "Booleans"])
```

```
              df.index.name="index"
              df

Out[17]:                      Dates   Floats  Integers  Booleans
          index
          0     2020-01-01 10:13:00   2.222         1     True
          1     2020-01-02 00:00:00     NaN         2    False
          2     2020-01-02 00:00:00     inf         3     True

In [18]: df.to_excel("written_with_pandas.xlsx", sheet_name="Output",
                      startrow=1, startcol=1, index=True, header=True,
                      na_rep="<NA>", inf_rep="<INF>")
```

執行 **to_excel** 指令，會建立如圖 7-4 的 Excel 檔案（你需要調整 C 欄欄寬以便顯示完整日期）：

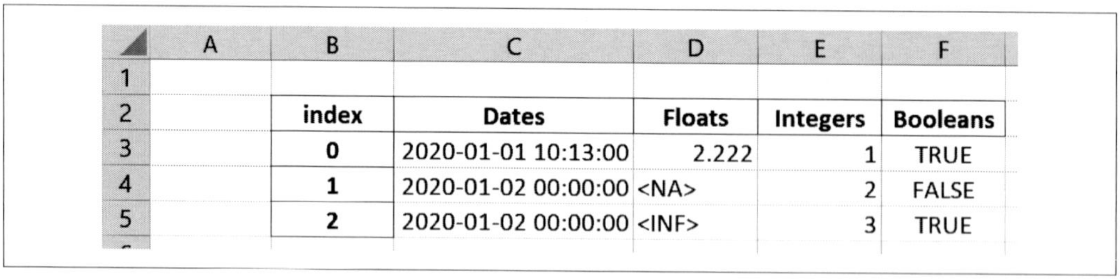

	A	B	C	D	E	F
1						
2		**index**	**Dates**	**Floats**	**Integers**	**Booleans**
3		**0**	2020-01-01 10:13:00	2.222	1	TRUE
4		**1**	2020-01-02 00:00:00	<NA>	2	FALSE
5		**2**	2020-01-02 00:00:00	<INF>	3	TRUE

圖 7-4　written_with_pandas.xlsx

如果想編寫複數個 DataFrame 到同一個工作表或不同的工作表，那麼你需要使用 ExcelWriter 類別。以下範例將同一個 DataFrame 編寫到 Sheet1 中不同位置，同時編寫到 Sheet2 中：

```
In [19]: with pd.ExcelWriter("written_with_pandas2.xlsx") as writer:
             df.to_excel(writer, sheet_name="Sheet1", startrow=1, startcol=1)
             df.to_excel(writer, sheet_name="Sheet1", startrow=10, startcol=1)
             df.to_excel(writer, sheet_name="Sheet2")
```

因為我們將 ExcelWriter 類別作為資源管理器使用，當檔案離開資源管理器後（也就是，執行完這段程式碼後），會自動被寫入磁碟中。或者，你需要直接呼叫 **writer. save()**。表 7-2 整理了 **to_excel** 方法的常用參數，你也可以在官方說明文件中閱讀完整清單（*https://oreil.ly/ESKAG*）。

表 7-2　to_excel 的常用參數

參數	描述
sheet_name	欲寫入的工作表名稱。
startrow 和 startcol	startrow 指定了寫入 DataFrame 的首列，而 startcol 表示首欄。索引值以 0 為始，所以，如果想將 DataFrame 寫進 B3 儲存格，請設定 startrow=2 以及 startcol=1。
index 和 header	如果想隱藏索引和 / 或標頭，請分別設定 index=False 和 header=False。
na_rep 和 inf_rep	根據預設，np.nan 會被轉換成空白儲存格，而 np.inf（NumPy 中「無窮大」的表示方式）會被轉換成 string inf。如欲變更行為，請對參數提供指定值。
freeze_panes	提供一對元組，凍結前幾列或前幾行：舉例來說，(2, 1) 會凍結前兩列和第一個欄位。

如你所見，pandas 可以讓使用者讀取和編寫簡單的 Excel 檔案。不過，pandas 仍存在一些侷限性。

使用 pandas 處理 Excel 檔案的侷限性

以 pandas 介面讀取和編寫 Excel 檔案，在簡單的狀況中運作良好，不過仍有一些限制：

- 將 DataFrame 寫入檔案時，無法包含標題或圖表。

- 無法變更 Excel 中標頭和索引的預設格式。

- 在讀取檔案時，pandas 會將 #REF! 或 #NUM! 等的錯誤自動轉換為 NaN，使用者很難在試算表中查找特定錯誤。

- 處理大型 Excel 檔案可能需要額外設定，更方便直接使用 reader 和 writer 套件，我們會在下一章瞭解更多細節。

結語

pandas 的優點在於，它提供了可以處理所有受支援的 Excel 檔案格式的一致性介面，無論檔案格式是 *xls*、*xlsx*、*xlsm* 或 *xlsb*。使用者可以輕鬆讀取 Excel 檔案目錄、匯總資料，將資料摘要做成一份 Excel 報告——只需要十行程式碼就能搞定。

不過，pandas 本身不做繁重的粗活——這些工作由 reader（讀取器）或 writer（編寫器）套件代勞。下一章，我會示範 pandas 使用了哪些 reader 和 writer 套件、如何直接取用它們或在 pandas 中使用。這是有助於使用者避開 pandas 侷限性的權變方案。

## 第八章

以 Reader 和 Writer 套件 處理 Excel 檔案

本章為你介紹 OpenPyXL、XlsxWriter、pyxlsb、xlrd 和 xlwt，這些是當你呼叫 read_excel 和 to_excel 函式時，pandas 用以讀取和編寫 Excel 檔案的套件。直接使用 這些 reader 和 writer 套件，可以建立更複雜的 Excel 報表，也能更細緻調整資料讀取流 程。況且，假如你的工作任務只需要讀取和編寫 Excel 檔案，無須用到其他 pandas 功 能，安裝完整的 Numpy/pandas 堆疊就有點「殺雞焉用牛刀」的況味。本章以各套件的 使用時機揭開序幕，學習各語法如何運作，然後認識幾個進階主題，包括如何處理大型 Excel 檔案，以及如何合併 pandas 和 reader 及 writer 套件來改善 DataFrame 的樣式。最 後，我們會回顧上一章的案例分析，對資料表進行格式調整並新增圖表，為這份 Excel 報表增色。和上一章一樣無須使用 Excel 軟體，本章出現的所有範例程式碼都能執行於 Windows、macOS 和 Linux 系統。

Reader 和 Writer 套件

網路上可用於資料分析的 reader 和 writer 套件族繁不及備載，我們將在本節瀏覽六個套 件，因為符合各 Excel 檔案類型的套件皆略有不同。我會在下一章更深入討論 Excel 物 件模型，目前你需要知道的是：所有套件都使用了和原始 Excel 物件相差甚遠的不同語 法，讓熟練使用各套件這件事有些難度。即便你是經驗老道的 VBA 開發者，也得花費 時間查找各式指令。本節內容先綜述各套件的使用時機並介紹一個「小幫手」模組，讓 運用套件這件事變得容易一些。最後，我會分別羅列各套件的常用指令與用法，方便各 位查看。

使用各套件的時機

本節介紹以下六種套件，可用於讀取、編寫和編輯 Excel 檔案：

- OpenPyXL（*https://oreil.ly/3jHQM*）

- XlsxWriter（*https://oreil.ly/7jI3T*）

- pyxlsb（*https://oreil.ly/sEHXS*）

- xlrd（*https://oreil.ly/tSam7*）

- xlwt（*https://oreil.ly/wPSLe*）

- xlutils（*https://oreil.ly/MTFOL*）

請參考表 8-1，認識各套件的用途。舉例來說，如果想讀取格式為 *xlsx* 的檔案，則需要使用 OpenPyXL 套件：

表 8-1 各套件的使用時機

Excel 檔案格式	讀取	編寫	編輯
xlsx	OpenPyXL	OpenPyXL、XlsxWriter	OpenPyXL
xlsm	OpenPyXL	OpenPyXL、XlsxWriter	OpenPyXL
xltx、xltm	OpenPyXL	OpenPyXL	OpenPyXL
xlsb	pyxlsb	-	-
xls、xlt	xlrd	xlwt	xlutils

如果想編寫 *xlsx* 或 *xlsm* 檔案，你得決定要使用 OpenPyXL 還是 XlsxWriter。這兩個套件相當類似，但各自具備另外一方沒有的獨特功能。這兩個函式庫的開發與更新相當活躍，套件內容隨著時間有所變化。以下粗略地列出 OpenPyXL 和 XlsxWriter 的差異：

- OpenPyXL 可以讀取、編寫與編輯，而 XlsxWriter 只能編寫檔案。

- OpenPyXL 可以更方便產生 VBA 巨集的 Excel 檔案。

- XlsxWriter 的相關說明文件更完整。

- XlsxWriter 基本上執行速度快於 OpenPyXL，但真實情況依編寫中的活頁簿大小而定，這項差異不見得很明顯。

xlwings 呢？

如果你很納悶，為什麼表 8-1 沒有列出 xlwings 的使用時機，答案是：必須根據你的使用情境而定。和本章出現的其他套件不同，xlwings 必須仰賴 Excel 應用軟體，因此不見得所有情況都適用，例外情況就好比當你需要在 Linux 系統上執行腳本時。另一方面，如果你在 Windows 或 macOS 等可以安裝 Excel 軟體的作業系統上執行腳本，那麼 xlwings 的確可以作為本章所有套件的替代方案。由於 xlwings 離不開 Excel 軟體，這和本章其他套件有著根本上的不同，我打算在下一章再正式介紹 xlwings，也就是本書第 IV 部的主題。

pandas 會搜尋可用的編輯器套件，如果你同時安裝了 OpenPyXL 和 XlsxWriter，則預設套件為 XlsxWriter。如果你想指定 pandas 使用特定套件，請分別在 read_excel 或 to_excel 函式或 ExcelFile 或 ExcelWriter 類別的 engine 參數輸入你想使用的套件名稱。引擎內的套件名稱須為小寫，如果想改成以 OpenPyXL 編寫檔案，請執行以下程式碼：

```
df.to_excel("filename.xlsx", engine="openpyxl")
```

知道該用哪個套件之後，還有另一項挑戰等著你：大多數套件會要求你編寫一些程式碼來讀取或編寫儲存格範圍，而每一個套件都使用了不同的語法。為了讓你的工作更輕鬆，我建立了一個「小幫手」模組，幫助你使用套件。

excel.py 模組

我建立了 excel.py 模組，幫助你在使用 reader 和 writer 套件時，減輕精神上的負擔，讓工作更輕鬆，這個模組可處理以下幾個問題：

切換套件

在不同套件之間切換是相當常見的使用情境。舉例來說，Excel 檔案的規模經常隨著時間而越變越大，而許多使用者藉由將檔案格式從 *xlsx* 轉換到 *xlsb* 作為解決之道，因為這麼做可以大幅減少檔案規模。在這種情況下，你需要從 OpenPyXL 切換到 pyxlsb 才行，這會強制使用者重寫 OpenPyXL 程式碼來反映 pyxlsb 的語法。

轉換資料型態

這和上一點有所關聯，在切換套件時，你不會只調整程式碼的語法，還需要注意這些套件對於同一個儲存格內容所傳回的資料型態是否一致。舉例來說，如果是空白儲存格，OpenPyXL 會傳回 None，而 xlrd 傳回空白字串。

儲存格迴圈

reader 和編輯器套件屬於「低層級」（low-level）的套件，表示它們缺乏了有助於輕鬆處理常見任務的便捷函式。舉個例子，大多數套件會要求對你想要讀取或編寫的每一個儲存格進行迴圈。

你可以在隨附程式庫中找到 excel.py 模組，我們將在陸續幾節內容中使用它。作為預告，以下是用來讀取和編寫值的語法：

```
import excel
values = excel.read(sheet_object, first_cell="A1", last_cell=None)
excel.write(sheet_object, values, first_cell="A1")
```

read 函式接受來自 xlrd、OpenPyXL 或 pyxlsb 等套件的 sheet 物件，它也接受 first_cell 和 last_cell 這兩個選用引數。引數的提供方式可以是工作表的 A1 欄位符號或 Excel 以 1 為始的索引值之「列－欄位」元組如 (1, 1)。first_cell 的預設值是 A1，而 last_cell 的預設值是所選取範圍的右下角欄位。因此，如果僅提供 sheet 物件，則會讀取一整份工作表。write 函式的運作方式也一樣：它預期來自 xlwt、OpenPyXL 或 XlsxWriter 的 sheet 物件、以巢狀串列提供的值，以及選用的 first_cell（標示巢狀串列從何處開始寫入的左上角欄位）。excel.py 模組同樣支援表 8-2 所示的資料型態轉換。

表 8-2　資料型態轉換

Excel 中的表示方式	Python 資料型態
空白儲存格	None
有日期格式的儲存格	datetime.datetime（pyxlsb 除外）
有 boolean 值的儲存格	bool
出現錯誤訊息的儲存格	str（表示錯誤訊息）
字串	str
浮點數	float 或 int

有了 excel.py 模組之後，我們已經做好準備，可以好好認識這些套件：接下來四小節分別是關於 OpenPyXL、XlsxWriter、pyxlsb 和 xlrd/xlwt/xlutils 的介紹。這裡以「食譜」風格來呈現，幫助使用者快速進入狀況，掌握每個套件的使用方法。我建議你參考表 8-1 的各套件使用時機，選擇你所需要的套件，直接瀏覽相應內容。

with 陳述式

我們將在本章許多地方使用到 with 陳述式，如果想重新複習，請翻閱至
第 7 章的「資源管理器和 with 陳述式」（第 157 頁）。

OpenPyXL

OpenPyXL 是唯一能夠讀取和編寫 Excel 檔案的套件。你甚至可以用來編輯 Excel 檔案
（雖說只能進行簡單操作）。我們來看看它如何運作吧。

以 OpenPyXL 讀取

以下程式碼範例示範透過 OpenPyXL 讀取 Excel 檔案時如何執行常見任務。想取得儲存
格的值，你需要以 data_only=True 開啟活頁簿。此參數原本的預設值為 False，在此情
況下會傳回儲存格的公式：

```
In [1]: import pandas as pd
        import openpyxl
        import excel
        import datetime as dt

In [2]: # Open the workbook to read cell values.
        # The file is automatically closed again after loading the data.
        book = openpyxl.load_workbook("xl/stores.xlsx", data_only=True)

In [3]: # Get a worksheet object by name or index (0-based)
        sheet = book["2019"]
        sheet = book.worksheets[0]

In [4]: # Get a list with all sheet names
        book.sheetnames

Out[4]: ['2019', '2020', '2019-2020']

In [5]: # Loop through the sheet objects.
        # Instead of "name", openpyxl uses "title".
        for i in book.worksheets:
            print(i.title)

2019
2020
2019-2020

In [6]: # Getting the dimensions,
        # i.e., the used range of the sheet
        sheet.max_row, sheet.max_column
```

```
Out[6]: (8, 6)

In [7]: # Read the value of a single cell
        # using "A1" notation and using cell indices (1-based)
        sheet["B6"].value
        sheet.cell(row=6, column=2).value

Out[7]: 'Boston'

In [8]: # Read in a range of cell values by using our excel module
        data = excel.read(book["2019"], (2, 2), (8, 6))
        data[:2]  # Print the first two rows

Out[8]: [['Store', 'Employees', 'Manager', 'Since', 'Flagship'],
         ['New York', 10, 'Sarah', datetime.datetime(2018, 7, 20, 0, 0), False]]
```

以 OpenPyXL 編寫

OpenPyXL 在記憶體中建立 Excel 檔案，呼叫 save 方法時就能將檔案寫出來。以下程式碼產出的檔案如圖 8-1 所示：

```
In [9]: import openpyxl
        from openpyxl.drawing.image import Image
        from openpyxl.chart import BarChart, Reference
        from openpyxl.styles import Font, colors
        from openpyxl.styles.borders import Border, Side
        from openpyxl.styles.alignment import Alignment
        from openpyxl.styles.fills import PatternFill
        import excel

In [10]: # Instantiate a workbook
         book = openpyxl.Workbook()

         # Get the first sheet and give it a name
         sheet = book.active
         sheet.title = "Sheet1"

         # Writing individual cells using A1 notation
         # and cell indices (1-based)
         sheet["A1"].value = "Hello 1"
         sheet.cell(row=2, column=1, value="Hello 2")

         # Formatting: fill color, alignment, border and font
         font_format = Font(color="FF0000", bold=True)
         thin = Side(border_style="thin", color="FF0000")
         sheet["A3"].value = "Hello 3"
         sheet["A3"].font = font_format
```

```
sheet["A3"].border = Border(top=thin, left=thin,
                            right=thin, bottom=thin)
sheet["A3"].alignment = Alignment(horizontal="center")
sheet["A3"].fill = PatternFill(fgColor="FFFF00", fill_type="solid")

# Number formatting (using Excel's formatting strings)
sheet["A4"].value = 3.3333
sheet["A4"].number_format = "0.00"

# Date formatting (using Excel's formatting strings)
sheet["A5"].value = dt.date(2016, 10, 13)
sheet["A5"].number_format = "mm/dd/yy"

# Formula: you must use the English name of the formula
# with commas as delimiters
sheet["A6"].value = "=SUM(A4, 2)"

# Image
sheet.add_image(Image("images/python.png"), "C1")

# Two-dimensional list (we're using our excel module)
data = [[None, "North", "South"],
        ["Last Year", 2, 5],
        ["This Year", 3, 6]]
excel.write(sheet, data, "A10")

# Chart
chart = BarChart()
chart.type = "col"
chart.title = "Sales Per Region"
chart.x_axis.title = "Regions"
chart.y_axis.title = "Sales"
chart_data = Reference(sheet, min_row=11, min_col=1,
                       max_row=12, max_col=3)
chart_categories = Reference(sheet, min_row=10, min_col=2,
                             max_row=10, max_col=3)
# from_rows interprets the data in the same way
# as if you would add a chart manually in Excel
chart.add_data(chart_data, titles_from_data=True, from_rows=True)
chart.set_categories(chart_categories)
sheet.add_chart(chart, "A15")

# Saving the workbook creates the file on disk
book.save("openpyxl.xlsx")
```

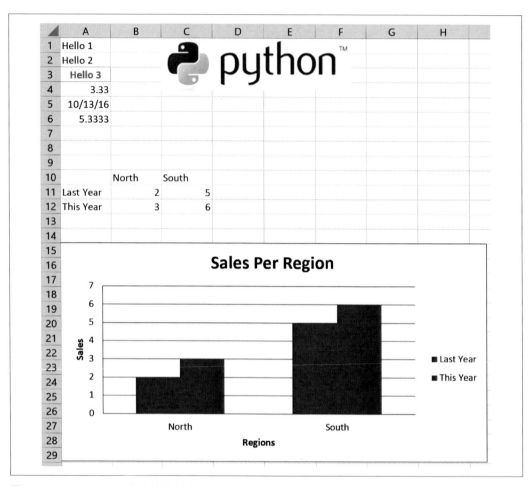

圖 8-1　以 OpenPyXL 寫出的檔案（openpyxl.xlsx）

如果想編寫一個 Excel 範本檔案，在儲存檔案之前，需要將 template 屬性設定為 True：

```
In [11]: book = openpyxl.Workbook()
         sheet = book.active
         sheet["A1"].value = "This is a template"
         book.template = True
         book.save("template.xltx")
```

如程式碼所示，OpenPyXL 以提供類似 FF0000 的字串來設定顏色。這個值由三組 Hex 值
（FF、00 和 00）組成，分別對應期望顏色的紅 / 綠 / 藍三原色的值。Hex 是 *hexadecimal*
的縮寫，表示使用十六進位，取代標準的十進位系統。

尋找某個顏色的 Hex 值

如果想在 Excel 中尋找某個顏色的 Hex 值，請點選 [填滿顏色] 下拉選單，然後選取「更多顏色」。你可以從選單中選取期望顏色，查看對應的 Hex 值。

以 OpenPyXL 編輯

其實沒有一個 reader/writer 套件能夠真正地編輯 Excel 檔案。事實上，OpenPyXL 所做的是，讀取任何它能看懂的東西，然後從零開始再次編寫檔案——包括你在這過程中所做的任何變更。這對於處理簡單的 Excel 檔案來說非常強大，這類檔案包含了有著資料和公式的格式化儲存格。但當試算表中包含圖表及更進階內容時，OpenPyXL 則可能對內容進行變更或直接捨棄，因此在複雜的 Excel 檔案中不適用。舉例來說，v3.0.5 的 OpenPyXL 會將圖表重新命名並捨去標題。以下是一個簡單的檔案編輯範例：

```
In [12]: # Read the stores.xlsx file, change a cell
         # and store it under a new location/name.
         book = openpyxl.load_workbook("xl/stores.xlsx")
         book["2019"]["A1"].value = "modified"
         book.save("stores_edited.xlsx")
```

如果想要編寫一個 *xlsm* 檔案，OpenPyXL 在載入現有檔案時，必須將 keep_vba 參數設定為 True：

```
In [13]: book = openpyxl.load_workbook("xl/macro.xlsm", keep_vba=True)
         book["Sheet1"]["A1"].value = "Click the button!"
         book.save("macro_openpyxl.xlsm")
```

範例檔案中的按鈕會呼叫一個巨集，顯示出訊息方塊。OpenPyXL 還有許多本節未能完整介紹的功能，讀者不妨參考官方說明文件來瞭解更多。我們也將在本章末尾的案例分析回顧中認識更多功能。

XlsxWriter

正如其名，XlsxWriter 只能編寫 Excel 檔案。以下程式碼會產出和 OpenPyXL 一樣的活頁簿，如圖 8-1 所示。注意，XlsxWriter 使用以 0 為始的儲存格索引，而 OpenPyXL 是使用以 1 為始的儲存格索引——在切換套件時，請務必提醒自己這個差異：

```
In [14]: import datetime as dt
         import xlsxwriter
         import excel
```

```
In [15]: # Instantiate a workbook
         book = xlsxwriter.Workbook("xlxswriter.xlsx")

         # Add a sheet and give it a name
         sheet = book.add_worksheet("Sheet1")

         # Writing individual cells using A1 notation
         # and cell indices (0-based)
         sheet.write("A1", "Hello 1")
         sheet.write(1, 0, "Hello 2")

         # Formatting: fill color, alignment, border and font
         formatting = book.add_format({"font_color": "#FF0000",
                                       "bg_color": "#FFFF00",
                                       "bold": True, "align": "center",
                                       "border": 1, "border_color": "#FF0000"})
         sheet.write("A3", "Hello 3", formatting)

         # Number formatting (using Excel's formatting strings)
         number_format = book.add_format({"num_format": "0.00"})
         sheet.write("A4", 3.3333, number_format)

         # Date formatting (using Excel's formatting strings)
         date_format = book.add_format({"num_format": "mm/dd/yy"})
         sheet.write("A5", dt.date(2016, 10, 13), date_format)

         # Formula: you must use the English name of the formula
         # with commas as delimiters
         sheet.write("A6", "=SUM(A4, 2)")

         # Image
         sheet.insert_image(0, 2, "images/python.png")

         # Two-dimensional list (we're using our excel module)
         data = [[None, "North", "South"],
                 ["Last Year", 2, 5],
                 ["This Year", 3, 6]]
         excel.write(sheet, data, "A10")

         # Chart: see the file "sales_report_xlsxwriter.py" in the
         # companion repo to see how you can work with indices
         # instead of cell addresses
         chart = book.add_chart({"type": "column"})
         chart.set_title({"name": "Sales per Region"})
         chart.add_series({"name": "=Sheet1!A11",
                           "categories": "=Sheet1!B10:C10",
```

```
                        "values": "=Sheet1!B11:C11"})
        chart.add_series({"name": "=Sheet1!A12",
                          "categories": "=Sheet1!B10:C10",
                          "values": "=Sheet1!B12:C12"})
        chart.set_x_axis({"name": "Regions"})
        chart.set_y_axis({"name": "Sales"})
        sheet.insert_chart("A15", chart)

        # Closing the workbook creates the file on disk
        book.close()
```

和 OpenPyXL 相比，XlsxWriter 這個純粹的 writer 套件會採取更為複雜的方式來編寫 *xlsm* 檔案。首先，你需要從現有的 Excel 檔案中提取巨集程式碼到 Anaconda Prompt（本範例使用 *macro.xlsm* 檔案，位於隨附程式庫的 *xl* 資料夾）：

Windows

切換至 *xl* 目錄，尋找 *vba_extract.py* 的路徑，這是 XlsxWriter 的自帶腳本：

```
(base)> cd C:\Users\username\python-for-excel\xl
(base)> where vba_extract.py
C:\Users\username\Anaconda3\Scripts\vba_extract.py
```

在以下指令使用這個路徑：

```
(base)> python C:\...\Anaconda3\Scripts\vba_extract.py macro.xlsm
```

macOS

在 macOS 系統中，指令以「可執行腳本」形式存在，依下列方式執行：

```
(base)> cd /Users/username/python-for-excel/xl
(base)> vba_extract.py macro.xlsm
```

這將儲存 *vbaProject.bin* 檔案到指令指定的目錄中。我在隨附程式庫的 *xl* 資料夾附上了提取出來的檔案。我們會在下列範例中使用它，編寫一個包含巨集按鈕的活頁簿：

```
In [16]: book = xlsxwriter.Workbook("macro_xlsxwriter.xlsm")
         sheet = book.add_worksheet("Sheet1")
         sheet.write("A1", "Click the button!")
         book.add_vba_project("xl/vbaProject.bin")
         sheet.insert_button("A3", {"macro": "Hello", "caption": "Button 1",
                                    "width": 130, "height": 35})
         book.close()
```

pyxlsb

相較於其他 reader 程式庫，pyxlsb 可提供的功能較少，但卻是讀取二進制 *xlsb* 格式的 Excel 檔案的唯一選擇。Pyxlsb 不包含在 Anaconda 發行版中，必須額外安裝。它目前也無法透過 Conda 取用，請使用 pip 進行安裝：

```
(base)> pip install pyxlsb
```

透過以下程式碼讀取工作表和儲存格的值：

```
In [17]: import pyxlsb
         import excel

In [18]: # Loop through sheets. With pyxlsb, the workbook
         # and sheet objects can be used as context managers.
         # book.sheets returns a list of sheet names, not objects!
         # To get a sheet object, use get_sheet() instead.
         with pyxlsb.open_workbook("xl/stores.xlsb") as book:
             for sheet_name in book.sheets:
                 with book.get_sheet(sheet_name) as sheet:
                     dim = sheet.dimension
                     print(f"Sheet '{sheet_name}' has "
                           f"{dim.h} rows and {dim.w} cols")

Sheet '2019' has 7 rows and 5 cols
Sheet '2020' has 7 rows and 5 cols
Sheet '2019-2020' has 20 rows and 5 cols

In [19]: # Read in the values of a range of cells by using our excel module.
         # Instead of "2019", you could also use its index (1-based).
         with pyxlsb.open_workbook("xl/stores.xlsb") as book:
             with book.get_sheet("2019") as sheet:
                 data = excel.read(sheet, "B2")
         data[:2]  # Print the first two rows

Out[19]: [['Store', 'Employees', 'Manager', 'Since', 'Flagship'],
          ['New York', 10.0, 'Sarah', 43301.0, False]]
```

pyxlsb 目前沒有提供辨識日期值儲存格的方法，所以你需要手動轉換成 datetime 物件，方法如下所示：

```
In [20]: from pyxlsb import convert_date
         convert_date(data[1][3])

Out[20]: datetime.datetime(2018, 7, 20, 0, 0)
```

記住，當你使用早於 pandas 1.3 版本來讀取 *xlsb* 檔案格式時，必須指定 engine：

```
In [21]: df = pd.read_excel("xl/stores.xlsb", engine="pyxlsb")
```

xlrd、xlwt 和 xlutils

Xlrd、xlwt 和 xlutils 的組合對於舊式 *xls* 格式的支援，基本功能和 OpenPyXL 對 *xlsx* 格式一樣：xlrd 讀取、xlwt 編寫，而 xlutils 用來編輯 *xls* 檔案。這些套件已經不再被開發或更新，但只要 *xls* 檔案還存在於這個世界上，它們都還能派上用場。Xlutils 不隨附於 Anaconda 發行版，如果你還沒安裝，請使用以下指令：

```
(base)> conda install xlutils
```

先從讀取資料開始！

以 xlrd 讀取

以下範例程式碼示範如何以 xlrd 讀取 Excel 活頁簿的值：

```
In [22]: import xlrd
         import xlwt
         from xlwt.Utils import cell_to_rowcol2
         import xlutils
         import excel

In [23]: # Open the workbook to read cell values. The file is
         # automatically closed again after loading the data.
         book = xlrd.open_workbook("xl/stores.xls")

In [24]: # Get a list with all sheet names
         book.sheet_names()

Out[24]: ['2019', '2020', '2019-2020']

In [25]: # Loop through the sheet objects
         for sheet in book.sheets():
             print(sheet.name)

2019
2020
2019-2020

In [26]: # Get a sheet object by name or index (0-based)
         sheet = book.sheet_by_index(0)
         sheet = book.sheet_by_name("2019")

In [27]: # Dimensions
```

```
             sheet.nrows, sheet.ncols

Out[27]: (8, 6)

In [28]: # Read the value of a single cell
         # using "A1" notation and using cell indices (0-based).
         # The "*" unpacks the tuple that cell_to_rowcol2 returns
         # into individual arguments.
         sheet.cell(*cell_to_rowcol2("B3")).value
         sheet.cell(2, 1).value

Out[28]: 'New York'

In [29]: # Read in a range of cell values by using our excel module
         data = excel.read(sheet, "B2")
         data[:2]  # Print the first two rows

Out[29]: [['Store', 'Employees', 'Manager', 'Since', 'Flagship'],
          ['New York', 10.0, 'Sarah', datetime.datetime(2018, 7, 20, 0, 0),
           False]]
```

已使用範圍

不同於 OpenPyXL 和 pyxlsb，xlrd 在使用 sheet.nrows 和 sheet.ncols 時，會傳回值表示儲存格的維度，而不是工作表的「已使用範圍」（used range）。Excel 所傳回的已使用範圍經常包含右下角的空白資料行與資料列。這可能發生在（以 Delete 鍵）刪除資料列內容，而不是（按右鍵選取「刪除」）來刪除整個資料列的情況。

以 xlwt 編寫

以下程式碼重現了我們使用 OpenPyXL 和 XlsxWriter 所做的練習（如圖 8-1）。不過，xlwt 無法產生圖表，也只能支援 bmp 圖片格式：

```
In [30]: import xlwt
         from xlwt.Utils import cell_to_rowcol2
         import datetime as dt
         import excel

In [31]: # Instantiate a workbook
         book = xlwt.Workbook()

         # Add a sheet and give it a name
         sheet = book.add_sheet("Sheet1")
```

```
# Writing individual cells using A1 notation
# and cell indices (0-based)
sheet.write(*cell_to_rowcol2("A1"), "Hello 1")
sheet.write(r=1, c=0, label="Hello 2")

# Formatting: fill color, alignment, border and font
formatting = xlwt.easyxf("font: bold on, color red;"
                         "align: horiz center;"
                         "borders: top_color red, bottom_color red,"
                                  "right_color red, left_color red,"
                                  "left thin, right thin,"
                                  "top thin, bottom thin;"
                         "pattern: pattern solid, fore_color yellow;")
sheet.write(r=2, c=0, label="Hello 3", style=formatting)

# Number formatting (using Excel's formatting strings)
number_format = xlwt.easyxf(num_format_str="0.00")
sheet.write(3, 0, 3.3333, number_format)

# Date formatting (using Excel's formatting strings)
date_format = xlwt.easyxf(num_format_str="mm/dd/yyyy")
sheet.write(4, 0, dt.datetime(2012, 2, 3), date_format)

# Formula: you must use the English name of the formula
# with commas as delimiters
sheet.write(5, 0, xlwt.Formula("SUM(A4, 2)"))

# Two-dimensional list (we're using our excel module)
data = [[None, "North", "South"],
        ["Last Year", 2, 5],
        ["This Year", 3, 6]]
excel.write(sheet, data, "A10")

# Picture (only allows to add bmp format)
sheet.insert_bitmap("images/python.bmp", 0, 2)

# This writes the file to disk
book.save("xlwt.xls")
```

以 xlutils 編輯

xlutils 的角色是 xlrd 和 xlwt 的橋樑，這點明了它並非一個真正的編輯工具：透過 xlrd 讀取工作表及其格式（設定 formatting_info=True），然後以 xlwt 寫出檔案，包含這兩個動作之間對檔案所做的變更：

```
In [32]: import xlutils.copy
```

```
In [33]: book = xlrd.open_workbook("xl/stores.xls", formatting_info=True)
         book = xlutils.copy.copy(book)
         book.get_sheet(0).write(0, 0, "changed!")
         book.save("stores_edited.xls")
```

現在,你應該瞭解了在特定檔案格式中如何讀取和編寫 Excel 活頁簿。下一節內容將介紹幾個進階主題,包括如何處理大型 Excel 檔案和如何搭配使用 pandas 和 reader 與 writer 套件。

進階主題:reader 和 writer

如果你要處理的檔案,比起本章所用範例的 Excel 檔案還要更大、更複雜,套件的預設選項可能無法滿足使用需求。因此,本節帶你瞭解如何處理更大的檔案。然後,我們會學習搭配使用 pandas 和 reader 與 writer 套件:幫助你設計出心儀的 DataFrame 樣式。最後,我們要活用本章學習到的知識,再次回顧上一章的案例分析,讓 Excel 報表看起來更專業。

處理大型 Excel 檔案

處理大型檔案可能會遇到兩個問題:讀取和編寫流程過慢,或是電腦記憶體不夠用。通常,記憶體問題比較令人在意,因為這可能導致電腦當機或閃退。至於檔案是大是小,通常取決於你的作業系統的可用資源和你對於「緩慢」的定義。本節內容示範各套件提供的最佳化技法,幫助你在最大限度處理 Excel 檔案。我會從 writer 函式庫的選項開始介紹,然後是 reader 函式庫。在本節最後,我會說明如何以平行處理閱讀工作表分頁,降低處理時間。

以 OpenPyXL 編寫

以 OpenPyXL 編寫大型檔案時,請確認你安裝了 lxml 套件,它能讓編寫流程變得更迅速。此套件隨附於 Anaconda 發行版,無須額外安裝。需要注意的關鍵是 write_only=True 旗標,這能確保記憶體耗用量維持在低點。不過,它會強制你使用 append 方法編寫連續的整列,而不是個別儲存格:

```
In [34]: book = openpyxl.Workbook(write_only=True)
         # With write_only=True, book.active doesn't work
         sheet = book.create_sheet()
```

```
# This will produce a sheet with 1000 x 200 cells
for row in range(1000):
    sheet.append(list(range(200)))
book.save("openpyxl_optimized.xlsx")
```

以 XlsxWriter 編寫

XlsxWriter 有一個類似 OpenPyXL 功能，叫做 `constant_memory` 的選項。它會強制你編寫連續的資料列。請提供像這樣的 `options` 字典來啟用此選項：

```
In [35]: book = xlsxwriter.Workbook("xlsxwriter_optimized.xlsx",
                                     options={"constant_memory": True})
         sheet = book.add_worksheet()
         # This will produce a sheet with 1000 x 200 cells
         for row in range(1000):
             sheet.write_row(row , 0, list(range(200)))
         book.close()
```

以 xlrd 讀取

在讀取舊 *xls* 格式的大型 Excel 檔案時，xlrd 允許你隨需載入分頁，如下所示：

```
In [36]: with xlrd.open_workbook("xl/stores.xls", on_demand=True) as book:
             sheet = book.sheet_by_index(0)  # Only loads the first sheet
```

如果你不打算將活頁簿作為如同本處的資源管理器使用，則需要手動呼叫 `book.release_resources()` 來關閉活頁簿。想在 pandas 中以這個模式使用 xlrd 的話，請參考：

```
In [37]: with xlrd.open_workbook("xl/stores.xls", on_demand=True) as book:
             with pd.ExcelFile(book, engine="xlrd") as f:
                 df = pd.read_excel(f, sheet_name=0)
```

以 OpenPyXL 讀取

以 OpenPyXL 讀取大型 Excel 檔案時，如果想控制記憶體使用量，則必須使用 `read_only=True` 來載入活頁簿。由於 OpenPyXL 並不支援 `with` 陳述式，完成讀取後，你需要確認檔案已正確關閉。如果檔案包含連至外部活頁簿的超連結，你可能還需要使用 `keep_links=False` 讓處理速度變快。`keep_links` 會保留連至活頁簿的參考連結，如果你只想讀取活頁簿的值，那麼 `keep_links` 可能會導致讀取速度變慢：

```
In [38]: book = openpyxl.load_workbook("xl/big.xlsx",
                                        data_only=True, read_only=True,
                                        keep_links=False)
         # Perform the desired read operations here
         book.close()  # Required with read_only=True
```

平行讀取工作表分頁

使用 pandas 的 read_excel 函式來讀取一份大型 Excel 活頁簿裡的複數個工作表時,你會發現這會花上不少時間(我們馬上會看到一個實際例子)。原因在於,pandas 是「一個接著一個」依序讀取工作表。想讓速度加快,你可以採取平行處理的方式。雖然平行編寫活頁簿仍有難度,因其取決於檔案的內部結構,平行讀取多個工作表分頁倒是蠻簡單的。不過,平行處理屬於進階主題,我沒有在介紹 Python 時順帶提起,也不打算在此過多著墨。

在 Python 中,如果你想把手邊電腦的多核心 CPU 用好用滿,那麼請使用標準函式庫的 multiprocessing 套件。這個模組會開啟複數個 Python 編譯器(通常 1 個 CPU 核心對應 1 個編譯器),這些編譯器將平行處理工作。不再是依序處理工作表,而是改成由第一個 Python 編譯器處理第一個分頁,第二個編譯器負責第二個分頁,依此類推。不過,每個新增的 Python 編譯器會需要一些時間啟動,並且佔用額外的記憶體空間,所以如果要處理的是小型檔案,當你採取平行處理的方式,執行速度不見得如你想像的快。在包含多個大型分頁的大型檔案的情況下,多工處理(multiprocessing)可以大幅提升執行速度——只要你的系統記憶體足夠負荷。如果你照著第 2 章的方式,在 Binder 上執行 Jupyter Notebook,而記憶體不足,則平行處理的效率甚至會比較慢。在隨附程式庫中的 *parallel_pandas.py*,是一個平行讀取分頁的簡單實作,以 OpenPyXL 作為引擎。而且用法相當簡單,你不需要任何關於多工處理的先備知識:

```
import parallel_pandas
parallel_pandas.read_excel(filename, sheet_name=None)
```

根據預設,它會讀取所有分頁,但你可以串列形式提供你想讀取的那些分頁名稱。和 pandas 一樣,此函式會傳回以下形式的字典:{"sheetname": df},分頁名稱是 key,而 DataFrame 是 value。

我們來看看平行處理如何加快 *big.xlsx* 檔案的讀取工作，你可以在隨附程式庫的 *xl* 資料夾找到這個檔案：

```
In [39]: %%time
         data = pd.read_excel("xl/big.xlsx",
                              sheet_name=None, engine="openpyxl")

Wall time: 49.5 s

In [40]: %%time
         import parallel_pandas
         data = parallel_pandas.read_excel("xl/big.xlsx", sheet_name=None)

Wall time: 12.1 s
```

如果想取得代表 Sheet1 的 DataFrame，在以上兩個例子中，請改寫為 data["Sheet1"]。使用同一台六核心筆電，執行同一份 Excel 活頁簿，觀察這兩個例子的 wall time，你不難發現平行處理版本比 pd.read_excel 快上好幾倍。如果你還想提升速度，還可以直接平行處理 OpenPyXL：你可以在隨附程式庫找到實作項目（*parallel_openpyxl.py*），以及平行處理以讀取 *xls* 格式的 xlrd 實作（*parallel_xlrd.py*）。假如工作效率是你最在意的問題──你可以繞過 pandas，直接對各套件平行處理，可以跳過轉換為 DataFrame 的過程，或者直接套用所需的資料清理步驟，加快作業速度。

以 Modin 平行讀取工作表

如果你的工作任務是讀取單一個工作表分頁的龐大內容，不妨使用 Modin 看看（*https://oreil.ly/wQszH*），它可以加速 pandas 的資料處理速度。Modin 將單一分頁的讀取作業平行化處理，提供卓越的效能提升表現。Modin 要求使用特定 pandas 版本，可以根據你所安裝的 Anaconda 發行版而決定使用哪個版本。假如你有興趣試試它，我會建議建立另一個 Conda 環境，以免搞砸了你的 base 環境。歡迎參考附錄 A 的詳細內容，瞭解如何建立 Conda 環境。

```
(base)> conda create --name modin python=3.8 -y
(base)> conda activate modin
(modin)> conda install -c conda-forge modin -y
```

在我的電腦上，對 *big.xlsx* 檔案執行以下程式碼，大概只用了 5 秒鐘，而以 pandas 執行的話大約要 12 秒：

```
import modin.pandas
data = modin.pandas.read_excel("xl/big.xlsx",
                               sheet_name=0, engine="openpyxl")
```

瞭解如何處理大型檔案後，我們接著來看看如何結合 pandas 和低層級套件，在將 DataFrame 寫成 Excel 檔案時如何調整預設格式！

在 Excel 中調整 DataFrame 格式

如果想在 Excel 中按照我們希望的方式對 DataFrame 的格式進行調整，可以結合 pandas 和 OpenPyXL 或 XlsxWriter 來編寫程式碼。首先，我們來為輸出的 DataFrame 新增一個標題，接著調整標頭和索引，最後對資料部分進行格式化調整。以 pandas 搭配 OpenPyXL 來讀取資料，有時候很有用，趕快來看看吧：

```
In [41]: with pd.ExcelFile("xl/stores.xlsx", engine="openpyxl") as xlfile:
             # Read a DataFrame
             df = pd.read_excel(xlfile, sheet_name="2020")

             # Get the OpenPyXL workbook object
             book = xlfile.book

             # From here on, it's OpenPyXL code
             sheet = book["2019"]
             value = sheet["B3"].value  # Read a single value
```

編寫活頁簿的運作方式類似，我們可以很輕鬆地新增標題到 DataFrame 報表上：

```
In [42]: with pd.ExcelWriter("pandas_and_openpyxl.xlsx",
                             engine="openpyxl") as writer:
             df = pd.DataFrame({"col1": [1, 2, 3, 4], "col2": [5, 6, 7, 8]})
             # Write a DataFrame
             df.to_excel(writer, "Sheet1", startrow=4, startcol=2)

             # Get the OpenPyXL workbook and sheet objects
             book = writer.book
             sheet = writer.sheets["Sheet1"]

             # From here on, it's OpenPyXL code
             sheet["A1"].value = "This is a Title"  # Write a single cell value
```

這些範例以 OpenPyXL 為例子，但運作概念同樣適用於其他套件。接著來看看如何調整 DataFrame 的索引和標頭。

調整 DataFrame 的索引和標頭

完整控制索引和欄位標頭之格式的最簡單方法，其實就是自己動手寫。以下範例示範了如何分別以 OpenPyXL 和 XlsxWriter 做到這點，輸出結果如圖 8-2 所示。先從建立一個 DataFrame 開始：

```
In [43]: df = pd.DataFrame({"col1": [1, -2], "col2": [-3, 4]},
                           index=["row1", "row2"])
         df.index.name = "ix"
         df

Out[43]:       col1  col2
         ix
         row1    1    -3
         row2   -2     4
```

	A	B	C	D	E	F	G	H
1	ix	col1	col2			ix	col1	col2
2	row1	1	3			row1		1	3
3	row2	2	4			row2		2	4

圖 8-2　預設格式的 DataFrame（左）和自訂格式的 DataFrame（右）

以 OpenPyXL 設定索引和標頭的格式，請參考以下程式碼：

```
In [44]: from openpyxl.styles import PatternFill

In [45]: with pd.ExcelWriter("formatting_openpyxl.xlsx",
                             engine="openpyxl") as writer:
             # Write out the df with the default formatting to A1
             df.to_excel(writer, startrow=0, startcol=0)

             # Write out the df with custom index/header formatting to A6
             startrow, startcol = 0, 5
             # 1. Write out the data part of the DataFrame
             df.to_excel(writer, header=False, index=False,
                         startrow=startrow + 1, startcol=startcol + 1)
             # Get the sheet object and create a style object
             sheet = writer.sheets["Sheet1"]
             style = PatternFill(fgColor="D9D9D9", fill_type="solid")

             # 2. Write out the styled column headers
             for i, col in enumerate(df.columns):
                 sheet.cell(row=startrow + 1, column=i + startcol + 2,
                         value=col).fill = style

             # 3. Write out the styled index
             index = [df.index.name if df.index.name else None] + list(df.index)
             for i, row in enumerate(index):
                 sheet.cell(row=i + startrow + 1, column=startcol + 1,
                         value=row).fill = style
```

如果想改用 XlsxWriter，則需要稍微更動一下程式碼：

```
In [46]: # Formatting index/headers with XlsxWriter
         with pd.ExcelWriter("formatting_xlsxwriter.xlsx",
                             engine="xlsxwriter") as writer:
             # Write out the df with the default formatting to A1
             df.to_excel(writer, startrow=0, startcol=0)

             # Write out the df with custom index/header formatting to A6
             startrow, startcol = 0, 5
             # 1. Write out the data part of the DataFrame
             df.to_excel(writer, header=False, index=False,
                         startrow=startrow + 1, startcol=startcol + 1)
             # Get the book and sheet object and create a style object
             book = writer.book
             sheet = writer.sheets["Sheet1"]
             style = book.add_format({"bg_color": "#D9D9D9"})
```

```
# 2. Write out the styled column headers
for i, col in enumerate(df.columns):
    sheet.write(startrow, startcol + i + 1, col, style)

# 3. Write out the styled index
index = [df.index.name if df.index.name else None] + list(df.index)
for i, row in enumerate(index):
    sheet.write(startrow + i, startcol, row, style)
```

設定好索引和標頭的格式後，我們來學習如何設定資料的格式吧！

設定資料格式

是否要對 DataFrame 的資料部分進行格式設定，取決於你所使用的套件是什麼：如果是使用 pandas 的 to_excel 方法，則 OpenPyXL 可以套用格式到每一個儲存格，而 XlsxWriter 只能對列或行套用格式。舉個例子，如果想將儲存格的數字格式設為小數點後三位，並且如圖 8-3 一樣將內容置中，請使用 OpenPyXL 編寫以下程式碼：

```
In [47]: from openpyxl.styles import Alignment

In [48]: with pd.ExcelWriter("data_format_openpyxl.xlsx",
                             engine="openpyxl") as writer:
             # Write out the DataFrame
             df.to_excel(writer)

             # Get the book and sheet objects
             book = writer.book
             sheet = writer.sheets["Sheet1"]

             # Formatting individual cells
             nrows, ncols = df.shape
             for row in range(nrows):
                 for col in range(ncols):
                     # +1 to account for the header/index
                     # +1 since OpenPyXL is 1-based
                     cell = sheet.cell(row=row + 2,
                                       column=col + 2)
                     cell.number_format = "0.000"
                     cell.alignment = Alignment(horizontal="center")
```

如果你想使用 XlsxWriter，請將程式碼調整為：

```
In [49]: with pd.ExcelWriter("data_format_xlsxwriter.xlsx",
                             engine="xlsxwriter") as writer:
             # Write out the DataFrame
```

```
df.to_excel(writer)

# Get the book and sheet objects
book = writer.book
sheet = writer.sheets["Sheet1"]

# Formatting the columns (individual cells can't be formatted)
number_format = book.add_format({"num_format": "0.000",
                                 "align": "center"})
sheet.set_column(first_col=1, last_col=2,
                 cell_format=number_format)
```

	A	B	C
1		**col1**	**col2**
2	**row1**	1.000	-3.000
3	**row2**	-2.000	4.000

圖 8-3　調整資料格式後的 DataFrame

作為替代方案，pandas 對 DataFrame 的風格樣式屬性提供了實驗性質的支援。所謂的
「實驗性質」表示，你可以在任何時候變更語法的任何部分。用來調整 DataFrame 的風
格樣式是 HTML 格式，因此 pandas 使用 CSS 語法。CSS 是 *cascading style sheets*（階層
式樣式表）的簡稱，用於定義 HTML 要素的風格樣式。如果你想試著套用和上個範例一
樣的格式（小數點後三位和內容置中），則需要透過 applymap 套用函式到 Styler 物件的
每一個要素。先從 df.style 屬性取得一個 Styler 物件：

```
In [50]: df.style.applymap(lambda x: "number-format: 0.000;"
                                     "text-align: center")\
                 .to_excel("styled.xlsx")
```

上面這段程式碼的輸出結果同圖 8-3。想知道更多關於 DataFrame 風格樣式的詳細內
容，不妨參考風格樣式說明文件（*https://oreil.ly/_JzfP*）。

不需借助風格屬性，pandas 也提供了調整日期和 datetime 物件格式的支援，如圖 8-4
所示：

```
In [51]: df = pd.DataFrame({"Date": [dt.date(2020, 1, 1)],
                            "Datetime": [dt.datetime(2020, 1, 1, 10)]})
```

```
with pd.ExcelWriter("date.xlsx",
                    date_format="yyyy-mm-dd",
                    datetime_format="yyyy-mm-dd hh:mm:ss") as writer:
    df.to_excel(writer)
```

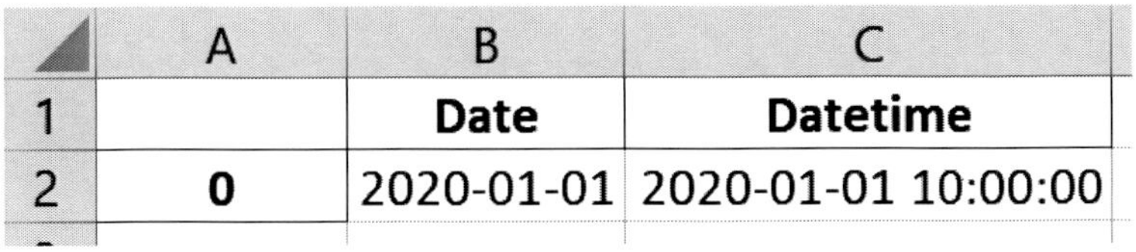

	A	B	C
1		**Date**	**Datetime**
2	**0**	2020-01-01	2020-01-01 10:00:00

圖 8-4　調整日期格式後的 DataFrame

其他 Reader 和 Writer 套件

除了本章介紹的套件以外，還有一些適用個別使用情境的套件：

pyexcel

pyexcel（*http://pyexcel.org*）提供適用於不同 Excel 套件及其他檔案格式（包括 CSV 檔案和 OpenOffice 檔案）的通用語法。

PyExcelerate

PyExcelerate（*https://oreil.ly/yJax7*）旨在以最快效率編寫 Excel 檔案。

pylightxl

pylightxl（*https://oreil.ly/efjt4*）可以讀取 *xlsx* 和 *xlsm* 檔案，可以編寫 *xlsx* 檔案。

styleframe

styleframe（*https://oreil.ly/nQUg9*）結合 pandas 和 OpenPyXL，所產生的 Excel 檔案擁有格式良好的 DataFrame。

oletools

oletools（*https://oreil.ly/SG-Jy*）並非典型的 reader 或 writer 套件，但它可以用於分析 Microsoft Office 文件（例如惡意軟體分析）。使用者可以輕鬆利用 oletools 從 Excel 活頁簿提取 VBA 程式碼。

學會了如何在 Excel 設定 DataFrame 格式後，我們來看看如何運用這些知識，為上一章出現的案例分析增色，讓 Excel 報表更吸睛。

案例分析（再次回顧）：Excel 報表

閱讀完本章內容，你已經習得不少新知，何不重新回顧上一章的案例分析，將 Excel 報表變得更吸引人。我們可以將隨附程式庫的 *sales_report_pandas.py* 變成如圖 8-5 的報表。

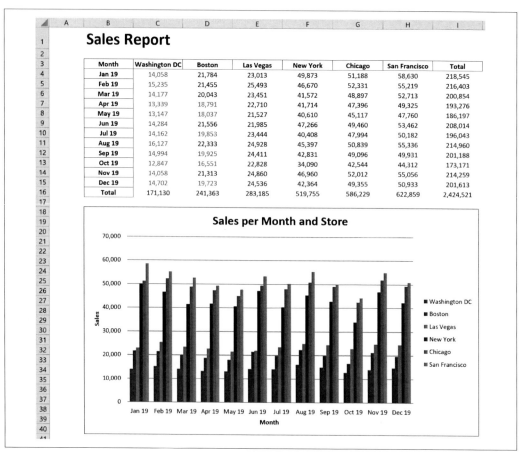

圖 8-5　以 sales_report_openpyxl.py 建立的業績報表

紅字表示低於 20,000 的銷售數字。我尚未按照本章內容調整任何格式（比如套用條件式格式調整），請使用心儀套件搭配說明文件自行設定。我在隨附程式庫放了兩個版本的腳本供你參考。第一個版本利用 OpenPyXL（*sales_report_openpyxl.py*），第二個版本則是使用 XlsxWriter（*sales_report_xlsxwriter.py*）。你可以將這些腳本進行對比，選擇最符合未來使用需求的套件。我們在下一章還會再次回顧這個案例，那時，我們需要安裝 Microsoft Excel 軟體來處理報表範本。

結語

本章介紹了 pandas 在幕後使用的 reader 套件和 writer 套件。直接取用這些套件，使用者可以在不安裝 pandas 的情況下讀取和編寫 Excel 活頁簿。不過，將這些套件與 pandas 相結合，還能新增標題、圖表及設定格式，讓 Excel DataFrame 報表更加吸引人。雖然現有的 reader 和 writer 套件已經足夠強大，我仍舊期盼的「NumPy 時刻」的到來，到了那時，NumPy 或許能整合所有開發者的貢獻，化整為一，變成一個完整的專案。讓使用者不再需要查看表格，不再需要牢記適用不同 Excel 檔案類型的個別語法。這樣一來，這件事就變得更加合理：在一般情境下以 pandas 為主，在需要額外功能而 pandas 未能涵蓋時，再選用適合的 reader 和 writer 套件就可以了。

Excel 不單單是一份檔案或是報表：Excel 軟體可說是數一數二「直覺」的使用者介面，使用者只要輸入幾個字，就能得到他們想要的資訊或結果。在讀取和編寫 Excel 檔案之外，自動化處理 Excel 應用程式，可以開啟新世界的大門，獲得嶄新的功能，就由本書第 IV 部娓娓道來。下一章帶你踏上這趟旅程，就從透過 Python 遠端控制 Excel 開始。

以 xlwings 設計 Excel 應用程式

## 第九章

自動化 Excel

目前為止，我們在本書第 II 部學會了以 pandas 執行典型的 Excel 工作，在第 III 部瞭解如何將 Excel 檔案作為資料來源，以及作為報表的檔案格式，本章為第 IV 部揭開序幕，我們將學習利用 xlwings 自動化 Excel 應用程式。

xlwings 最主要的用途是打造一個互動式應用，以 Excel 試算表作為使用者介面，使用者可以透過按鈕呼叫 Python 或是使用者定義的函式——這是 reader 套件或 writer 套件無法企及的功能性。但這並不表示 xlwings 不能用來讀取或編寫檔案，只要你使用 macOS 或 Windows 系統，電腦上有安裝 Excel，xlwings 就能派上用場。xlwings 的其中一項優勢是能夠「真正地」編輯（任何格式的）Excel 檔案，不會改變或遺失任何既有內容或格式。另一項優勢是，你可以在不事先儲存的情況下，讀取 Excel 活頁簿中的儲存格值。當然，一起使用 xlwings 和 Excel reader/writer 套件更是完美，我們會利用第 7 章出現過的案例分析好好證明這一點。

首先，我打算帶你認識 Excel 物件模型以及 xlwings，我們會先學習基礎知識，例如連結到一份活頁簿，或是讀取和編寫儲存格的值，接著深入了解轉換器和選項如何幫助我們處理 pandas DataFrame 和 NumPy 陣列。本章還會介紹與圖表、圖片和已定義名稱互動的方法，最後，解釋 xlwings 的底層運作方式，幫助你習得必要知識，讓腳本如你預期運作，並學習避開缺失功能性的對策。

從本章開始，為了正確執行程式碼範例，你需要使用 Windows 或 macOS 系統，並安裝 Microsoft Excel 軟體 [1]。

---

1 Windows 系統上，你至少需要 Excel 2007 版，在 macOS 系統上則至少需要 Excel 2016 版。或者，你可以安裝桌面版 Excel 軟體，這是 Microsoft 365 的其中一項訂閱服務。請查看你的訂閱資訊，瞭解如何安裝。

開始使用 xlwings

xlwings 的其中一項用途是作為 VBA 的替代選項，讓使用者從 Windows 或 macOS 系統上的 Python 介面直接與 Excel 進行互動。Excel 的表格式介面可以完美呈現 Python 的資料結構，包括巢狀串列、NumPy 陣列和 pandas DataFrame，xlwings 的核心功能之一就是，讓使用者讀取和編寫這些資料結構的任務變得更輕鬆寫意。我會從「以 Excel 作為資料檢視器」開始講起，這在你使用 Jupyter Notebook 與 DataFrame 進行互動時格外有幫助。接著，我會解釋「Excel 物件模型」，然後以 xlwings 進行互動。本節最後，我會說明如何呼叫活頁簿中的 VBA 程式碼。xlwings 隨附於 Anaconda 發行版中，無須額外手動安裝。

以 Excel 作為資料檢視器

在前幾章的內容中，你可能會發現在預設情況下，Jupyter Notebook 會隱藏大型 DataFrame 的大部分資料，只顯示前後幾列和前後幾欄內容。更清楚瞭解資料的方式是進行繪圖——幫助你辨識資料中的離群值或其他異常之處。不過，瀏覽整個資料表可能還是最有幫助。在閱讀完第 7 章後，想必你已經學會如何對 DataFrame 套用 to_excel 方法。雖說這方法挺管用的，但仍有些麻煩：你得給 Excel 檔案一個名稱，在檔案系統中找到它，開啟它，然後對 DataFrame 進行變更後，還得關閉這個 Excel 檔案並再次執行整個流程。也許更好的做法是：執行 df.to_clipboard()，將 df 這個 DataFrame 複製到剪貼簿中，讓你可以將它貼至 Excel。不過，還有一個更簡單的做法——那就是使用 xlwings 的 view 函式：

```
In [1]: # First, let's import the packages that we"ll use in this chapter
        import datetime as dt
        import xlwings as xw
        import pandas as pd
        import numpy as np

In [2]: # Let's create a DataFrame based on pseudorandom numbers and
        # with enough rows that only the head and tail are shown
        df = pd.DataFrame(data=np.random.randn(100, 5),
                          columns=[f"Trial {i}" for i in range(1, 6)])
        df

Out[2]:      Trial 1   Trial 2   Trial 3   Trial 4   Trial 5
        0  -1.313877  1.164258 -1.306419 -0.529533 -0.524978
        1  -0.854415  0.022859 -0.246443 -0.229146 -0.005493
        2  -0.327510 -0.492201 -1.353566 -1.229236  0.024385
        3  -0.728083 -0.080525  0.628288 -0.382586 -0.590157
```

```
 4  -1.227684  0.498541 -0.266466  0.297261 -1.297985
..       ...       ...       ...       ...       ...
95 -0.903446  1.103650  0.033915  0.336871  0.345999
96 -1.354898 -1.290954 -0.738396 -1.102659  0.115076
97 -0.070092 -0.416991 -0.203445 -0.686915 -1.163205
98 -1.201963  0.471854 -0.458501 -0.357171  1.954585
99  1.863610  0.214047 -1.426806  0.751906 -2.338352

[100 rows x 5 columns]

In [3]: # View the DataFrame in Excel
        xw.view(df)
```

view 函式可接受所有常見的 Python 物件，包括數字、字串、串列、字典、元組、
NumPy 陣列和 pandas DataFrame。根據預設，它會開啟一個新的活頁簿，然後將物件
貼至第一份工作表分頁的 A1 儲存格——它甚至會根據 Excel 的 AutoFit 功能調整欄寬。
從此，你不必都得從開啟新的活頁簿開始，而是可以重複使用同一份活頁簿，你只需要
為 view 函式提供一個 xlwings 的 sheet 物件作為第二個引數：xw.view(df, mysheet)。接
下來，且讓我娓娓道來該如何存取這個 sheet 物件，並瞭解它如何相容於 Excel 的物件
模型[2]。

 macOS：許可與偏好設定

在 macOS 系統中，請如實按照第 2 章所示，從 Anaconda Prompt（也就
是「終端機」）執行 Jupyter Notebook 和 VS Code。這麼做可以保證，
在第一次使用 xlwings 時能看到兩個彈出視窗：第一個是「終端機想要存
取系統事件的控制權」，第二個則是「終端機想要存取 Microsoft Excel 的
控制權」。你需要確認這兩個彈出視窗，允許 Python 自動化處理 Excel。
理論上，這些彈出視窗應該會在用來執行 xlwings 程式碼的應用程式中觸
發，但實際不盡然如此，因此，乖乖使用終端機來執行 xlwings 能為你省
下麻煩。此外，你還需要開啟 Excel 的「喜好設定」，在「一般」選單中
取消勾選「開啟 Excel 時顯示活頁簿圖庫」。這麼一來，當你開啟 Excel，
會直接開啟一個空白的活頁簿，讓你在透過 xlwings 開啟新的 Excel 實例
時，不會受到預設的活頁簿圖庫畫面干擾。

---

2 xlwings 0.22.0 加入了 xw.load 函式，其功能與 xw.view 相似，但方向性顛倒過來：這個函式可以讓你將
   某個 Excel 儲存格範圍輕鬆地載入到 Jupyter Notebook 中，作為 pandas DataFrame 使用，詳情請參考說明
   文件（*https://oreil.ly/x7sTR*）。

Excel 物件模型

以程式設計的方式處理 Excel 時，活頁簿或是工作表是和你進行互動的對象。這些元件形成了一個「Excel 物件模型」（Excel object model），這是用來表示 Excel 圖形化使用者介面的階層式結構（見圖 9-1）。Microsoft 的物件模型大多受所有程式語言支援，無論是 VBA、Office Scripts（網頁版 Excel 的 JavaScript 介面）或 C#。和第 8 章介紹的 reader 和 writer 套件相比，xlwings 和 Excel 物件模型的組織邏輯非常相似，只有些許不同，舉例來說，xlwings 使用 app 替代 application，用 book 取代 workbook：

- app 包含 books 集合

- book 包含 sheets 集合

- sheet 可供存取 range 物件和 charts 等集合

- range 包含一或多個連續的儲存格（作為其項目）

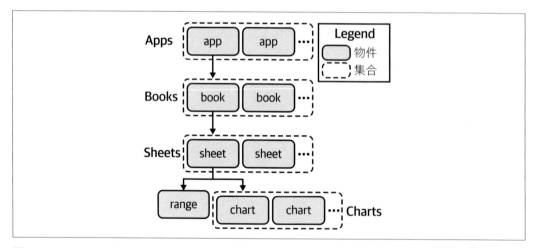

圖 9-1　以 xlwings 實作的 Excet 物件模型（摘錄）

以虛線框起的方塊表示「集合」，包含一或多個同一個類型的物件。一個 app 對應一個 Excel 實例，也就是一個作為獨立程序執行的 Excel 應用程式。Excel 程式高手可能會同時開啟好幾個 Excel 實例，舉例來說，將同一份活頁簿開啟兩次，用不同的輸入值進行平行計算。在更新的 Excel 版本中，Microsoft 將手動開啟多個 Excel 實例這件事變得稍微有難度：你要先啟動 Excel，然後對 Windows 工具列上的 Excel 圖示按右鍵。在跳出的選單中對 Excel 條目按左鍵，同時按下 Alt 鍵（放開滑鼠後請繼續按住 Alt 鍵），彈出視窗會詢問你是否想開啟一個新的 Excel 實例。在 macOS 中，並不存在開啟另一個程序實例的手動方式，不過你可以透過 xlwings 以指令啟動多個 Excel 實例。總而言之，Excel 實例是一個「沙盒」環境，這表示實例與實例之間無法進行溝通[3]。sheet 物件可以讓你存取圖表、圖片和已定義名稱的集合——我們將在本章後半段介紹。

語言與地區設定

本書使用美國－英語版本的 Excel。我可能偶爾會提到 Book1、Sheet1 等預設名稱，這可能與你所使用的 Excel 語言版本不同。舉例來說，Sheet1 在法文版會顯示為 Feuil1，在西班牙文版則是 Hoja1。而且「串列分隔符」（list separator），也就是 Excel 在儲存格公式中使用的分隔符，也會根據你所在地區而有所不同：我會使用逗號（,），但也許你的版本使用分號或其他字元。舉例來說，如果我寫了 =SUM(A1, A2)，使用德國地區設定的使用者必須寫成 =SUMME(A1; A2)。

在 Windows 中，如果你想將串列分隔符從分號改成逗號，請在 Excel 程序外部進行設定：點選 Windows 的「開始」按鈕，搜尋「設定」（或點選齒輪圖示），然後前往「時間與語言」>「地區與語言」>「自訂日期、時間及地區」，點選「地區」的「變更地區」。在「串列分隔符」下方，可以將分號改成逗號。請記住，這只在「小數分隔符號」不是逗點時管用。如果想覆寫系統通用的小數分隔符號和千位分隔符號，請在 Excel 中前往「選項>進階」，你可以在「編輯選項」中進行設定。

在 macOS 系統的變更方式也差不多，除了你無法直接變更串列分隔符之外：在 macOS 的「系統偏好設定」中選取「語言與地區」。因此，你可以在「一般」分頁為整個系統進行設定，或是在「Apps」分頁直接為 Excel 進行設定。

想更瞭解 Excel 物件模型，先從 Book 類別開始吧：你可以建立新的活頁簿，也可以連結到現有活頁簿；請參考表 9-1 整理的表格。

3　敬請參閱〈What are Excel instances, and why is this important?〉（*https://oreil.ly/L2FDT*），瞭解更多關於 Excel 實例的內容。

表 9-1　處理 Excel 活頁簿

指令	描述
xw.Book()	傳回一個 book 物件，代表在使用中的 Excel 實例的新活頁簿。假如沒有使用中的實例，則會啟動 Excel。
xw.Book("Book1")	傳回一個 book 物件，代表一個名稱為 Book1 的未儲存活頁簿（沒有副檔名）。
xw.Book("Book1.xlsx")	傳回一個 book 物件，代表一個已儲存的活頁簿，名稱為 *Book1.xlsx*（包含副檔名）。此檔案必須是開啟狀態，或者位於目前所在目錄。
xw.Book(r"C:\path\Book1.xlsx")	傳回一個 book 物件，代表一個已儲存的活頁簿（完整的檔案路徑）。此檔案可以是開啟或關閉狀態。前方的 r 將字串轉換為原始字串，讓反斜線（\）在 Windows 系統中被直接解讀（我曾在第 5 章介紹過原始字串）。在 macOS 系統上，不會要求使用者輸入 r，這是因為 macOS 在檔案路徑上使用斜線（/）。
xw.books.active	傳回一個 book 物件，表示使用中的 Excel 實例裡的使用中活頁簿。

現在，一起從 book 物件到 range 物件，瀏覽一遍物件模型吧！

```
In [4]: # Create a new empty workbook and print its name. This is the
        # book we will use to run most of the code samples in this chapter.
        book = xw.Book()
        book.name

Out[4]: 'Book2'

In [5]: # Accessing the sheets collection
        book.sheets

Out[5]: Sheets([<Sheet [Book2]Sheet1>])

In [6]: # Get a sheet object by index or name. You will need to adjust
        # "Sheet1" if your sheet is called differently.
        sheet1 = book.sheets[0]
        sheet1 = book.sheets["Sheet1"]

In [7]: sheet1.range("A1")

Out[7]: <Range [Book2]Sheet1!$A$1>
```

程式碼出現了 range 物件，這表示我們已經抵達階層圖的底部。在角括號之間印出的字串，提供了關於該物件的實用資訊。不過，你通常會將該物件搭配一個屬性，如以下範例所示：

```
In [8]: # Most common tasks: write values...
        sheet1.range("A1").value = [[1, 2],
                                    [3, 4]]
        sheet1.range("A4").value = "Hello!"
```

```
In [9]: # ...and read values
        sheet1.range("A1:B2").value

Out[9]: [[1.0, 2.0], [3.0, 4.0]]

In [10]: sheet1.range("A4").value

Out[10]: 'Hello!'
```

如你所見,根據預設,xlwings range 物件的 value 屬性接受並傳回一個表示二維儲存格範圍的巢狀串列和一個表示單個儲存格的純量。目前我們運用到的東西基本上都和 VBA 相差無幾:如果把 book 想成一個 VBA 或 xlwings 的活頁簿物件,那麼以下分別是從 A1:B2 儲存格範圍中存取 value 屬性的方法:

```
book.Sheets(1).Range("A1:B2").Value  # VBA
book.sheets[0].range("A1:B2").value  # xlwings
```

差異在於:

屬性

Python 使用小寫字母,可能也會使用 PEP 8(第 3 章介紹過的 Python 風格規範指南)建議的下底線。

索引

Python 使用中括號,索引以 0 為始,在 sheets 集合中存取要素。

表 9-2 整理了 xlwing range 物件可接受的字串總覽。

表 9-2　用來定義範圍的字串範例

參照	描述
"A1"	單一儲存格(A1)
"A1:B2"	從 A1 到 B2 的儲存格
"A:A"	A 欄
"A:B"	A 到 B 欄
"1:1"	1 列
"1:2"	1 到 2 列

xlwings range 物件也可以進行索引和切片──請觀察角括號中的位址（被印出的物件），確認你執行的儲存格範圍：

```
In [11]: # Indexing
         sheet1.range("A1:B2")[0, 0]

Out[11]: <Range [Book2]Sheet1!$A$1>

In [12]: # Slicing
         sheet1.range("A1:B2")[:, 1]

Out[12]: <Range [Book2]Sheet1!$B$1:$B$2>
```

在 VBA 中與索引對應的動作是，使用 Cells 屬性：

```
book.Sheets(1).Range("A1:B2").Cells(1, 1)  # VBA
book.sheets[0].range("A1:B2")[0, 0]  # xlwings
```

不是直接以 range 作為 sheet 物件的屬性，你可以透過對 sheet 物件進行索引和切片來取得一個 range 物件。使用 A1 等代號表示儲存格可以節省打字時間，和整數索引一起使用可以讓 Excel 工作表變得像是 NumPy 陣列：

```
In [13]: # Single cell: A1 notation
         sheet1["A1"]

Out[13]: <Range [Book2]Sheet1!$A$1>

In [14]: # Multiple cells: A1 notation
         sheet1["A1:B2"]

Out[14]: <Range [Book2]Sheet1!$A$1:$B$2>

In [15]: # Single cell: indexing
         sheet1[0, 0]

Out[15]: <Range [Book2]Sheet1!$A$1>

In [16]: # Multiple cells: slicing
         sheet1[:2, :2]

Out[16]: <Range [Book2]Sheet1!$A$1:$B$2>
```

不過，有時候，更直覺的做法是參照左上和右下的儲存格代號來定義範圍。以下例子分別參照了 D10 儲存格和 D10:F11 範圍，幫助你更加理解對 sheet 物件進行索引／切片，以及處理 range 物件這兩者之間的差異：

```
In [17]: # D10 via sheet indexing
         sheet1[9, 3]
```

```
Out[17]: <Range [Book2]Sheet1!$D$10>

In [18]: # D10 via range object
         sheet1.range((10, 4))

Out[18]: <Range [Book2]Sheet1!$D$10>

In [19]: # D10:F11 via sheet slicing
         sheet1[9:11, 3:6]

Out[19]: <Range [Book2]Sheet1!$D$10:$F$11>

In [20]: # D10:F11 via range object
         sheet1.range((10, 4), (11, 6))

Out[20]: <Range [Book2]Sheet1!$D$10:$F$11>
```

以元組定義 range 物件和 VBA 中 Cells 屬性的運作方式非常相似，如下所示——這個例子假設了 book 可以是一個 VBA 活頁簿物件，或者是一個 xlwings book 物件。我們先來看看 VBA 版本：

```
With book.Sheets(1)
    myrange = .Range(.Cells(10, 4), .Cells(11, 6))
End With
```

上述動作等同於以下 xlwings 運算式：

```
myrange = book.sheets[0].range((10, 4), (11, 6))
```

> **以 0 為始 vs. 以 1 為始**
>
> 身為一個 Python 套件，xlwings 同樣採用以 0 為始的索引，透過 Python 的索引或切片語法，一樣透過中括號（[]）來存取要素。不過，xlwings range 物件，則採用和 Excel 相同的以 1 為始的索引規則。和 Excel 的使用者介面採用同樣的列／欄索引有時候不乏好處。如果你傾向使用 Python 的以 0 為始的索引規則，請使用 sheet[row_selection, column_selection] 語法。

以下範例示範如何從一個 range 物件（sheet1["A1"]）回到原來的 app 物件。你應該還記得，app 物件代表一個 Excel 實例（角括號之間的輸出結果代表 Excel 的程序 ID，在你的電腦上應該會顯示為不同的值）：

```
In [21]: sheet1["A1"].sheet.book.app

Out[21]: <Excel App 9092>
```

回到 Excel 物件模型的最上層之後，是時候來看看如何處理多個 Excel 實例。如果你想要在多個 Excel 實例中開啟同一份活頁簿，或是出於效能原因，你想將活頁簿分佈到不同的實例時，你需要直接取用 app 物件。另一個使用 app 物件的常見情境是，在一個隱藏的 Excel 實例中開啟活頁簿：這可以讓你在背景執行 xlwings 腳本，不會在同一時間阻礙你在 Excel 執行的其他工作：

```
In [22]: # Get one app object from the open workbook
         # and create an additional invisible app instance
         visible_app = sheet1.book.app
         invisible_app = xw.App(visible=False)
```

```
In [23]: # List the book names that are open in each instance
         # by using a list comprehension
         [book.name for book in visible_app.books]
```

```
Out[23]: ['Book1', 'Book2']
```

```
In [24]: [book.name for book in invisible_app.books]
```

```
Out[24]: ['Book3']
```

```
In [25]: # An app key represents the process ID (PID)
         xw.apps.keys()
```

```
Out[25]: [5996, 9092]
```

```
In [26]: # It can also be accessed via the pid attribute
         xw.apps.active.pid
```

```
Out[26]: 5996
```

```
In [27]: # Work with the book in the invisible Excel instance
         invisible_book = invisible_app.books[0]
         invisible_book.sheets[0]["A1"].value = "Created by an invisible app."
```

```
In [28]: # Save the Excel workbook in the xl directory
         invisible_book.save("xl/invisible.xlsx")
```

```
In [29]: # Quit the invisible Excel instance
         invisible_app.quit()
```

 macOS：編寫程式存取檔案系統

在 macOS 系統上執行 save 指令，你會在 Excel 介面看到「允許檔案存取權限」的提示畫面，請在點選「允許存取」前按下「選取」按鈕進行確認。macOS 的 Excel 是一個「沙盒環境」，意味著你的程式只能透過對此提示畫面進行確認來存取 Excel 外部的檔案和資料夾。完成確認後，Excel 會記住位置，下一次執行腳本時不會再出現同樣的提示。

如果你在兩個 Excel 實例中開啟了同一個活頁簿，或者是想要指定某個 Excel 實例來開啟活頁簿，則無法使用 xw.Book。你需要運用表 9-3 列出的 books 集合。myapp 代表的是 xlwings app 物件。如果你想將 myapp.books 替換為 xw.books，則 xlwings 會採用使用中的 app。

表 9-3　處理 books 集合

指令	描述
myapp.books.add()	建立一個新的 Excel 活頁簿，由 myapp 參照並傳回對應的 book 物件。
myapp.books.open(r"C:\path\Book.xlsx")	傳回已開啟的 book，若尚未開啟，則在 myapp 參照的 Excel 實例中開啟。請記住，前綴的 r 將檔案路徑轉換為原始字串，對反斜線進行直譯。
myapp.books["Book1.xlsx"]	傳回已開啟的 book。如果尚未開啟，則會出現 KeyError。請確認你使用的是檔案名稱而不是檔案的完整路徑。在你想確認某個活頁簿是否已在 Excel 中開啟時使用這個方法。

在深入瞭解 xlwings 如何「取代」VBA 巨集之前，我們先來看看 xlwings 如何與既有的 VBA 程式碼進行互動：這在你沒有時間將為數眾多的既有程式碼（legacy code）遷移至 Python 時特別好用。

執行 VBA 程式碼

如果你的 Excel 專案裡包含了很多 VBA 程式碼，將這些內容遷移到 Python 是一件很勞心勞力的事。在這種情況下，你可以使用 Python 來執行 VBA 巨集。以下範例使用了 *vba.xlsm* 檔案，位於隨附程式庫的 *xl* 資料夾中。此檔案在 Module1 中包含以下程式碼：

```
Function MySum(x As Double, y As Double) As Double
    MySum = x + y
End Function

Sub ShowMsgBox(msg As String)
    MsgBox msg
End Sub
```

如果想透過 Python 呼叫這些函式，首先，你需要實例化一個 xlwings macro 物件，然後呼叫該函式，感覺就像 Python 的原生函式：

```
In [30]: vba_book = xw.Book("xl/vba.xlsm")

In [31]: # Instantiate a macro object with the VBA function
```

```
        mysum = vba_book.macro("Module1.MySum")
        # Call a VBA function
        mysum(5, 4)

Out[31]: 9.0

In [32]: # It works the same with a VBA Sub procedure
         show_msgbox = vba_book.macro("Module1.ShowMsgBox")
         show_msgbox("Hello xlwings!")

In [33]: # Close the book again (make sure to close the MessageBox first)
         vba_book.close()
```

不要在工作表和 *ThisWorkbook* 模組內儲存 *VBA* 函式

如果你將 MySum 儲存在 ThisWorkbook 模組或工作表模組（如 Sheet1），則
你必須以 ThisWorkbook.MySum 或 Sheet1.MySum 進行參照。不過，你將無法
存取從 Python 傳回的值，因此，為了確保你將這些 VBA 函式儲存在標準
的 VBA 程式碼模組中，請對 VBA 編輯器的「模組」資料夾按右鍵以進行
輸入。

現在，瞭解如何與既有的 VBA 程式碼進行互動後，我們可以接著探索 xlwings，認識如
何將它運用到 DataFrame、NumPy 陣列以及圖表、圖片和已定義名稱等集合上。

轉換器、選項與集合

在本章的程式碼範例中，我們已經示範了使用 xlwings range 物件的 value 屬性，對
Excel 讀取和編寫字串及巢狀串列。本節，我將介紹如何對 pandas DataFrame 進行類似
操作，然後深入探討 options 方法，運用它來影響 xlwings 讀取和編寫資料值的方式。
接著，我們會討論圖表、圖片和已定義名稱，這些是使用者經常從 sheet 物件存取的集
合。在掌握這些 xlwings 基礎知識後，我們會再次回顧第 7 章的 Excel 報表案例。

處理 DataFrame

將 DataFrame 編寫到 Excel，和編寫純量或巢狀串列到 Excel，這兩件事並無不同：只要
將 DataFrame 指定到一個 Excel 儲存格範圍中左上角的儲存格：

```
In [34]: data=[["Mark", 55, "Italy", 4.5, "Europe"],
              ["John", 33, "USA", 6.7, "America"]]
         df = pd.DataFrame(data=data,
                           columns=["name", "age", "country",
                                    "score", "continent"],
                           index=[1001, 1000])
         df.index.name = "user_id"
         df

Out[34]:          name  age country  score continent
         user_id
         1001     Mark   55   Italy    4.5    Europe
         1000     John   33     USA    6.7   America

In [35]: sheet1["A6"].value = df
```

不過，如果你想取消欄位標頭和／或索引，請使用以下 options 方法：

```
In [36]: sheet1["B10"].options(header=False, index=False).value = df
```

將 Excel 儲存格範圍視為 DataFrame 來讀取，你需要將 DataFrame 類別當作 converter 的參數，提供給 options 方法。該方法會預設資料具有標頭和索引，但你可以使用 index 和 header 參數進行更改。當然，你也可以先將資料讀取為巢狀串列，再手動構建你的 DataFrame，不過，使用轉換器可以讓處理索引和標頭這件事變得更輕鬆些。

 expand 方法

在下列程式碼範例中，我會介紹 expand 方法，幫助你更輕鬆讀取連續的儲存格區塊，給出和你在 Excel 中使用 Shift＋Ctrl＋下箭頭＋右箭頭所選取的範圍，不過 expand 會略過左上角的空白儲存格。

```
In [37]: df2 = sheet1["A6"].expand().options(pd.DataFrame).value
         df2

Out[37]:          name   age country  score continent
         user_id
         1001.0   Mark  55.0   Italy    4.5    Europe
         1000.0   John  33.0     USA    6.7   America

In [38]: # If you want the index to be an integer index,
         # you can change its data type
         df2.index = df2.index.astype(int)
         df2
```

```
Out[38]:         name    age country    score continent
         1001  Mark   55.0   Italy      4.5    Europe
         1000  John   33.0    USA       6.7   America

In [39]: # By setting index=False, it will put all the values from Excel into
         # the data part of the DataFrame and will use the default index
         sheet1["A6"].expand().options(pd.DataFrame, index=False).value

Out[39]:    user_id   name    age country    score continent
         0   1001.0   Mark   55.0   Italy      4.5    Europe
         1   1000.0   John   33.0    USA       6.7   America
```

讀取和編寫 DataFrame 是示範轉換器和選項如何運作的第一個例子。接下來,我們來看看在其他資料結構中如何定義和運用它們。

轉換器與選項

xlwings range 物件的 options 方法可以幫助使用者影響讀取和編寫值的方式。換句話說,只有在你對 range 物件呼叫 value 屬性時才會評估 options。其語法如下所示(myrange 是 xlwings range 物件):

```
myrange.options(convert=None, option1=value1, option2=value2, ...).value
```

表 9-4 整理了內建轉換器,也就是 convert 參數可接受的值。它們之所以被稱為「內建」轉換器,是因為 xlwings 也允許使用者自行編寫轉換器,當你在編寫值之前或讀取值之後,重複套用額外的轉換作業時特別好用——想知道如何自行編寫轉換器,請參閱 xlwings 說明文件(*https://oreil.ly/Ruw8v*)。

表 9-4　內建轉換器

轉換器	描述
dict	沒有巢狀結構的字典,如形式為 {key1: value1, key2: value2, ...}
np.array	NumPy 陣列,需要 import numpy as np
pd.series	pandas Series,需要 import pandas as pd
pd.DataFrame	pandas DataFrame,需要 import pandas as pd

我們對 DataFrame 的例子使用了 index 和 header 選項,表 9-5 整理了一系列其他選項。

表 9-5　內建選項

選項	描述
empty	根據預設，空白儲存格會被讀取為 None。可以對 empty 提供一個值來更改此設定。
date	接受函式，套用給日期格式儲存格的值。
numbers	接受函式，套用給數值。
ndim	*Number of dimensions*：在讀取時，使用 ndim 強制儲存格的值轉換為特定維度的資料結構。參數必為 None、1 或 2。可在以串列或 NumPy 陣列形式讀取資料時使用。
transpose	轉置資料值，比如將 column 轉為 row（反之亦然）。
index	用於 pandas DataFrame 和 Series：定義 Excel 儲存格範圍是否包含索引。參數可以是 True/False 或整數。如為整數，表示其定義了多少個 column 應該被轉換成 MultiIndex。舉例來說，2 表示以最左側的 2 個 column 作為索引。在編寫時，你可以將 index 設定為 True 或 False，決定是否要寫出索引。
header	套用於欄位標頭，和 index 的運作方法相同。

仔細看看 ndim：根據預設，從 Excel 讀取某一個儲存格時，你會得到一個純量（浮點數或是字串）；讀取 column 或 row 時，你會得到一個串列；當你讀取一個二維的儲存格範圍，你會得到一個巢狀（二維）串列。這和第 4 章提到的對 NumPy 陣列進行切片的規則一樣。有時，column 可能會是一個邊緣案例（edge case），因為它可能是個二維儲存格範圍。在這種情況下，請使用 ndim=2，強制儲存格範圍轉換為一個二維串列：

```
In [40]: # Horizontal range (one-dimensional)
         sheet1["A1:B1"].value

Out[40]: [1.0, 2.0]

In [41]: # Vertical range (one-dimensional)
         sheet1["A1:A2"].value

Out[41]: [1.0, 3.0]

In [42]: # Horizontal range (two-dimensional)
         sheet1["A1:B1"].options(ndim=2).value

Out[42]: [[1.0, 2.0]]

In [43]: # Vertical range (two-dimensional)
         sheet1["A1:A2"].options(ndim=2).value

Out[43]: [[1.0], [3.0]]

In [44]: # Using the NumPy array converter behaves the same:
         # vertical range leads to a one-dimensional array
         sheet1["A1:A2"].options(np.array).value

Out[44]: array([1., 3.])
```

```
In [45]: # Preserving the column orientation
         sheet1["A1:A2"].options(np.array, ndim=2).value

Out[45]: array([[1.],
                [3.]])

In [46]: # If you need to write out a list vertically,
         # the "transpose" option comes in handy
         sheet1["D1"].options(transpose=True).value = [100, 200]
```

請使用 ndim=1，強制單一儲存格的值被讀取為串列（而不是純量）。如為 pandas 的資料結構，則不需要用上 ndim，因為 DataFrame 本身就是二維結構，而 Series 是一維資料。以下範例示範了 empty、date 和 number 選項如何運作：

```
In [47]: # Write out some sample data
         sheet1["A13"].value = [dt.datetime(2020, 1, 1), None, 1.0]

In [48]: # Read it back using the default options
         sheet1["A13:C13"].value

Out[48]: [datetime.datetime(2020, 1, 1, 0, 0), None, 1.0]

In [49]: # Read it back using non-default options
         sheet1["A13:C13"].options(empty="NA",
                                   dates=dt.date,
                                   numbers=int).value

Out[49]: [datetime.date(2020, 1, 1), 'NA', 1]
```

目前為止，我們認識了 book、sheet 和 range 物件。接下來，我們來瞭解如何處理從 sheet 物件存取的，包括圖表在內的集合吧。

圖表、圖片與已定義名稱

本節將說明如何處理透過 sheet 或 book 物件存取的三種集合：圖表、圖片和已定義名稱[4]。xlwings 只支援最基本的圖表功能，但既然你學會了如何處理範本，這也不無小補。xlwings 可讓使用者以圖片形式嵌入 Matplotlib 的圖（plot）——你應該還記得第 5 章提過 Matplotlib 是 pandas 的預設繪圖後端。我們馬上開始建立第一個 Excel 圖表吧！

Excel 圖表

想要新增一個圖表，請使用 charts 集合的 add 方法，設定圖表類型和來源資料：

---

4 tables 是另一個常見的集合，但需要至少 xlwings 0.21.0 版本才能取用；詳情請參閱官方說明文件（*https://oreil.ly/H2Imd*）。

```
In [50]: sheet1["A15"].value = [[None, "North", "South"],
                                ["Last Year", 2, 5],
                                ["This Year", 3, 6]]

In [51]: chart = sheet1.charts.add(top=sheet1["A19"].top,
                                   left=sheet1["A19"].left)
         chart.chart_type = "column_clustered"
         chart.set_source_data(sheet1["A15"].expand())
```

以上程式碼會產生圖 9-2 左側的圖表。請參考 xlwings 說明文件，查看可用的圖表類型（*https://oreil.ly/2B58q*）。如果比起 Excel 圖表，你更樂於處理 pandas 圖表，或是想使用 Excel 未提供的圖表類型，xlwings 是你的不二選擇，快來見識一下！

圖片：Matplotlib 圖

當你使用 pandas 的預設繪圖後端，這表示你在建立一個 Matplotlib 圖。想將這類圖表放到 Excel 中，首先你需要取得 figure 物件，將其作為引數提供給 pictures.add——這會將 plot 轉換成圖片，並傳送給 Excel：

```
In [52]: # Read in the chart data as DataFrame
         df = sheet1["A15"].expand().options(pd.DataFrame).value
         df

Out[52]:            North  South
         Last Year    2.0    5.0
         This Year    3.0    6.0

In [53]: # Enable Matplotlib by using the notebook magic command
         # and switch to the "seaborn" style
         %matplotlib inline
         import matplotlib.pyplot as plt
         plt.style.use("seaborn")

In [54]: # The pandas plot method returns an "axis" object from
         # where you can get the figure. "T" transposes the
         # DataFrame to bring the plot into the desired orientation
         ax = df.T.plot.bar()
         fig = ax.get_figure()

In [55]: # Send the plot to Excel
         plot = sheet1.pictures.add(fig, name="SalesPlot",
                                    top=sheet1["H19"].top,
                                    left=sheet1["H19"].left)
         # Let's scale the plot to 70%
         plot.width, plot.height = plot.width * 0.7, plot.height * 0.7
```

如欲將圖片更新為新的 plot，只要使用 update 方法和另一個 figure 物件——技術上來講，這將替換 Excel 的圖片，但保留所有屬性如位置、大小和名稱：

```
In [56]: ax = (df + 1).T.plot.bar()
         plot = plot.update(ax.get_figure())
```

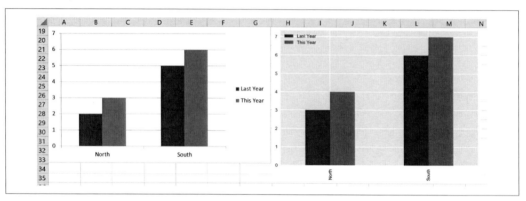

圖 9-2　Excel 圖表（左）和 Matplotlib 圖（右）

圖 9-2 展示了執行 update 呼叫後的 Excel 圖表和 Matplotlib 圖。

> **確保你安裝了 Pillow**
>
> 在處理圖片時，請確認你安裝了 Pillow（*https://oreil.ly/3HYkf*），這是 Python 專用的圖片函式庫：Pillow 能讓圖片以正確格式和比例顯示於 Excel。Pillow 隨附於 Anaconda 發行版中，如果你使用不同的發行版，則需要執行 conda install pillow 或 pip install pillow 來進行安裝。pictures.add 除了 Matplotlib 圖之外，也能接受可導至磁碟中圖片所在位置的路徑。

圖表和圖片都是透過 sheet 物件存取的集合。接下來，我們要聚焦的「已定義名稱」（Defined names），則可以透過 sheet 物件或 book 物件存取。我們來看看箇中差異！

已定義名稱

在 Excel 中，你可以指定一個名稱給某個儲存格範圍、某則公式或某個常數[5]，由此建立一個「已定義名稱」。最常見的使用情境大概是對某個儲存格範圍指定名稱，這稱為「已命名範圍」（named range）。有了一個已命名範圍後，你可以在公式和程式碼中輸入描述性名稱（具名範圍），而不需要輸入一個抽象的座標位置（如 A1:B2）來參照該 Excel 儲存格範圍。搭配 xlwings 使用，能讓你的程式碼更有靈活性、更流暢：對已命名範圍讀取和編寫值，可以為你提供重新調整活頁簿結構的靈活性，你不需要對 Python 程式碼本身進行修改：因為名稱對應的是特定的儲存格，即便你加入了一個新的資料列而更動了儲存格的位置，也不會有影響。已定義名稱可以套用在整個活頁簿或單個工作表範圍。作用於工作表範圍的已定義名稱的好處是，你可以複製該工作表，且不會遇到已命名範圍重複的衝突。在 Excel，請從 [公式] > [定義名稱] 或選取某個儲存格範圍來手動新增名稱，在 [名稱] 方塊中輸入一個名稱，這個文字方塊位於公式工具列的左側，預設是儲存格位址。以下是使用 xlwings 管理已定義名稱的方法：

```
In [57]: # The book scope is the default scope
         sheet1["A1:B2"].name = "matrix1"
```

```
In [58]: # For the sheet scope, prepend the sheet name with
         # an exclamation point
         sheet1["B10:E11"].name = "Sheet1!matrix2"
```

```
In [59]: # Now you can access the range by name
         sheet1["matrix1"]
```

```
Out[59]: <Range [Book2]Sheet1!$A$1:$B$2>
```

```
In [60]: # If you access the names collection via the "sheet1" object,
         # it contains only names with that sheet's scope
         sheet1.names
```

```
Out[60]: [<Name 'Sheet1!matrix2': =Sheet1!$B$10:$E$11>]
```

```
In [61]: # If you access the names collection via the "book" object,
         # it contains all names, including book and sheet scope
         book.names
```

```
Out[61]: [<Name 'matrix1': =Sheet1!$A$1:$B$2>, <Name 'Sheet1!matrix2':
         =Sheet1!$B$10:$E$11>]
```

```
In [62]: # Names have various methods and attributes.
         # You can, for example, get the respective range object.
```

---

[5] 已定義名稱的公式也被用於 *lambda function*，這是不使用 VBA 或 JavaScript 的使用者定義函式的全新定義方式，Microsoft 於 2020 年 10 月宣布將作為一個全新功能，供 Microsoft 365 訂閱者使用。

```
              book.names["matrix1"].refers_to_range

Out[62]:  <Range [Book2]Sheet1!$A$1:$B$2>

In [63]:  # If you want to assign a name to a constant
          # or a formula, use the "add" method
          book.names.add("EURUSD", "=1.1151")

Out[63]:  <Name 'EURUSD': =1.1151>
```

你可以從 [公式] > [名稱管理員]（見圖 9-3）開啟名稱管理員，檢視產生的已定義名稱。請注意，macOS 的 Excel 不支援名稱管理員功能，請改成前往 [公式] > [已定義名稱]，查看既有的名稱。

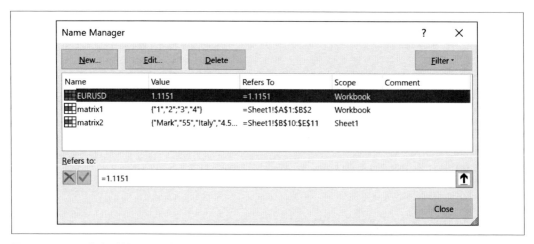

圖 9-3　Excel 的名稱管理員視窗，透過 xlwings 新增幾個已定義名稱

此時，你掌握了處理 Excel 活頁簿幾個常見元件的方法。這意味著，我們又可以再度回顧第 7 章的 Excel 報表案例：這次，我們來觀察以 xlwings 處理圖片後，這份報表會發生什麼變化！

案例分析（再次回顧）：Excel 報表

多虧了 xlwings，我們可以「真正地」編輯 Excel 檔案，處理能被 100% 保存的範本檔案，無論它們有多複雜或者以何種格式儲存——舉例來說，你可以輕鬆地編輯 *xlsx* 檔案，這是目前介紹過的 writer 套件無法支援的檔案格式。開啟隨附程式庫的 *sales_report_openpxyl.py*，你會看見在準備完摘要 DataFrame 後，想要建立一個圖表並用

OpenPyXL 調整風格樣式，我們必須要寫將近四十行的程式碼才行。借助 xlwings，你只需要僅僅六行程式碼就能辦到一樣的事，如範例 9-1 所示。善用 Excel 範本處理格式化設定，可以為你省下許多時間。不過，這也是有代價的：你需要安裝 Excel 軟體才能執行 xlwings——這倒不是什麼問題，因為你通常會在本機電腦上建立這些報表，不過如果你是用網頁版 Excel 建立報表的話，xlwings 不見得是最理想的選擇。

首先，你必須確保伺服器取得 Microsoft Office 授權，其次，Excel 的設計初衷不是為了自動化處理，這意味著你可能會遇到穩定性問題，特別是當你必須在極短時間內產生很多報表的時候。話雖如此，我仍見證過許多客戶成功辦到這一點，如果你因為各種原因無法使用 writer 套件，在伺服器上執行 xlwings 會是個值得探索的好選項。請記得要在每一個新的 Excel 實例中透過 app = xw.App() 執行每一個腳本，來避開典型的穩定性問題。

你可以在隨附程式庫中 *sales_report_xlwings.py* 找到完整的 xlwings 腳本（第一部分的內容和使用 OpenPyXL 和 XlsxWriter 時相同）。這也是個將 reader 套件和 xlwings 搭配使用的完美範例：pandas（透過 OpenPyXL 和 xlrd）可以從磁碟中快速讀取較多檔案時，xlwings 則將值讀入預先設定好格式的範本這件事變得更簡單。

範例 9-1 *sales_report_xlwings.py*（僅展示第二部分）

```
# Open the template, paste the data, autofit the columns
# and adjust the chart source. Then save it under a different name.
template = xw.Book(this_dir / "xl" / "sales_report_template.xlsx")
sheet = template.sheets["Sheet1"]
sheet["B3"].value = summary
sheet["B3"].expand().columns.autofit()
sheet.charts["Chart 1"].set_source_data(sheet["B3"].expand()[:-1, :-1])
template.save(this_dir / "sales_report_xlwings.xlsx")
```

當你在 macOS 上第一次執行此腳本時（比如在 VS Code 中開啟並按下「執行檔案」按鈕），你需要再一次對「要求存取檔案系統」的視窗按下確認（我們在本章前面部分曾遇過一次）。

有了設定好格式後的 Excel 範本後，你可以迅速打造俐落的 Excel 報表。你也能存取如 autofit 等方法，這是 writer 套件無法取用的功能，因為它需要仰賴 Excel 軟體的計算：幫助你根據儲存格內容，適當設定儲存格的寬度與高度。圖 9-4 展示了銷售報表的上半部，我們借助了 xlwings 來產生一個自定的資料表標頭和欄位，並套用了 autofit 方法。

Month	Washington DC	Boston	Las Vegas	New York	Chicago	San Francisco	Total
Jan 19	14,058	21,784	23,013	49,873	51,188	58,630	218,545
Feb 19	15,235	21,455	25,493	46,670	52,331	55,219	216,403
Mar 19	14,177	20,043	23,451	41,572	48,897	52,713	200,854
Apr 19	13,339	18,791	22,710	41,714	47,396	49,325	193,276
May 19	13,147	18,037	21,527	40,610	45,117	47,760	186,197
Jun 19	14,284	21,556	21,985	47,266	49,460	53,462	208,014
Jul 19	14,162	19,853	23,444	40,408	47,994	50,182	196,043
Aug 19	16,127	22,333	24,928	45,397	50,839	55,336	214,960
Sep 19	14,994	19,925	24,411	42,831	49,096	49,931	201,188
Oct 19	12,847	16,551	22,828	34,090	42,544	44,312	173,171
Nov 19	14,058	21,313	24,860	46,960	52,012	55,056	214,259
Dec 19	14,702	19,723	24,536	42,364	49,355	50,933	201,613
Total	171,130	241,363	283,185	519,755	586,229	622,859	2,424,521

圖 9-4　根據預先設定好格式的範本產生的銷售報表（資料表）

當你開始廣泛使用 xlwings，不再僅止於在範本中填入幾個儲存格時，不妨多加瞭解 xlwings 本身的運作原理，下一節內容帶你認識 xlwings 在底層如何運作。

xlwings 進階主題

本節要告訴你如何讓 xlwings 程式碼高效運作，以及面對缺漏功能的應對方法。首先，我們需要先認識一下 xlwings 和 Excel 進行通訊的方法。

xlwings 的基礎

xlwings 借助其他 Python 套件，與相應作業系統的自動化機制進行通訊：

Windows

在 Windows 系統中，xlwings 借助的是 COM 技術，也就是「元件物件模型」（Component Object Model）。COM 是一套軟體元件的介面標準，允許跨程式之間的通訊，在我們的情況裡，COM 讓 Excel 和 Python 可以互相通訊。xlwings 使用 pywin32（*https://oreil.ly/tm7sK*）來處理 COM 呼叫。

在 macOS 系統中，xlwings 則借助 AppleScript。AppleScript 是 Apple 的腳本設計語言，用於設計可腳本化應用程式的自動化處理作業。Excel 剛好是一個「可腳本化」的應用程式。xlwings 使用 appscript（*https://oreil.ly/tIsDd*）來執行 AppleScript 指令。

Windows: 避免殭屍程序

在 Windows 上使用 xlwings 時，你可能會發現，Excel 好像被完全關閉了，但當你開啟「工作管理員」（在 Windows 工具列按右鍵選取「工作管理員」）時，赫然在 [程序] 分頁看見 Microsoft Excel 正在背景運作。如果看不到任何分頁，請選取「詳細資訊」。或者點選 [詳細] 分頁，Excel 會顯示為「EXCEL.EXE」。終止殭屍程序的方法是，對該程序所在的列按右鍵，然後選取「結束工作」，強制關閉 Excel。

這些程序在被正確終止之前都是「未死」狀態，因此被稱為「殭屍程序」（zombie processes）。如果放任不管，它們會佔用電腦資源，甚至導致一些我們不希望的行為發生：舉例來說，當你開啟一個新的 Excel 實例時，檔案可能被阻擋、無法正確載入增益集。有時候 Excel 無法正確關閉的原因是，程序只能在不再出現 COM 參照（例如一個 xlwings 的 app 物件）時被關閉。最常見的情況可能出現在，在你關閉 Python 編譯器後會得到一個 Excel 殭屍程序，因為這時 Excel 程序無法正確清理掉 COM 參照。以這個在 Anaconda Prompt 上的例子為參考：

```
(base)> python
>>> import xlwings as xw
>>> app = xw.App()
```

一旦新的 Excel 實例處於執行狀態，請透過 Excel 使用者介面關閉它：雖然 Excel 被關閉了，但「工作管理員」的 Excel 程序還是繼續執行。如果執行 quit() 或按下 Ctrl+Z 來關閉 Python 視窗，則 Excel 程序才會被正式關閉。不過，如果是在 Anaconda Prompt 中點選右上角的「x」，你會發現 Excel 程序不會消失，而是成為了殭屍程序。同樣地，如果你在關閉 Excel 之前，或是在執行一個 Jupyter 伺服器，且 Jupyter Notebook 的儲存格裡存在 xlwings app 物件關閉了 Anaconda Prompt，你照樣會得到一個殭屍程序。為了降低你和殭屍程序打交道的頻率，以下是幾則建議：

- 從 Python 執行 app.quit()，不要手動關閉 Excel。這麼做可以確保參照被妥善清除。

- 在處理 xlwings 時不要關閉 Python 互動式視窗，舉例來說，如果你在 Anaconda Prompt 上執行 Python REPL，請執行 quit() 或是按下 Ctrl+Z 來妥善關閉 Python 編譯器。在處理 Jupyter Notebook 時，請點選 web 介面上的 [離開] 來關閉伺服器。

- Python 互動式視窗有助於避免直接使用 app 物件，比如，我們使用 xw.Book() 替代 myapp.books.add()。這麼做，即便 Python 程序被關閉了，也可以妥善終止 Excel 程序。

對 xlwings 的底層技術有了基本概念後，我們來學習加快處理腳本！

提升效能

有幾個策略能讓 xlwings 腳本保持高效能，其中最重要的一個是盡可能減少跨程序的呼叫。使用原始值則是另一個作法，最後，設定正確的 app 屬性也有幫助。

減少跨程序呼叫

每一個從 Python 到 Excel 的跨程序呼叫都是「昂貴的」，換句話說，它們很「慢」，很花時間。因此，這類呼叫應該越少越好。最簡單的做法是，一次性讀取和編寫整個 Excel 儲存格，而不是對一個個儲存格進行迴圈。在以下範例中，我們會讀取和編寫 150 個儲存格，第一種作法是對所有儲存格進行迴圈，第二種則是以一次呼叫處理整個儲存格範圍：

```
In [64]: # Add a new sheet and write 150 values
         # to it to have something to work with
         sheet2 = book.sheets.add()
         sheet2["A1"].value = np.arange(150).reshape(30, 5)

In [65]: %%time
         # This makes 150 cross-application calls
         for cell in sheet2["A1:E30"]:
             cell.value += 1

Wall time: 909 ms

In [66]: %%time
```

```
# This makes just two cross-application calls
values = sheet2["A1:E30"].options(np.array).value
sheet2["A1:E30"].value = values + 1
```

```
Wall time: 97.2 ms
```

在 macOS 系統上，兩者的時間差會更顯著，我實際測試的結果是第二種做法比第一種快了將近 50 倍。

原始值

xlwings 的設計初衷是為了提升便利性，而非著重在處理速度上。不過，如果你要處理的是龐大的儲存格範圍，你也許可以跳過 xlwings 的資料清理步驟來節省時間：xlwings 會在讀取和編寫資料時，對每一個值進行迴圈，比如對齊 Windows 和 macOS 的資料型態。在 options 方法中以 raw 字串作為轉換器，則可以讓你跳過這個步驟。雖說這聽起來能讓所有操作都變得更快，但差異並不是非常顯著，除非你是在 Windows 系統上編寫大型陣列。不過，使用原始值，表示你再也無法直接對 DataFrame 進行處理。這時，你需要將值以巢狀串列或元組的形式提供給 DataFrame。而且，你也需要提供想寫入的儲存格範圍的完整位址，只提供左上角的儲存格是不夠的：

```
In [67]: # With raw values, you must provide the full
         # target range, sheet["A35"] doesn't work anymore
         sheet1["A35:B36"].options("raw").value = [[1, 2], [3, 4]]
```

App 屬性

根據活頁簿的內容，改變 app 屬性也有助於提升執行效能。通常，你會查看以下屬性（myapp 是一個 xlwings app 物件）：

- myapp.screen_updating = False

- myapp.calculation = "manual"

- myapp.display_alerts = False

在腳本最後，請記得將屬性設定回原始狀態。如果你使用的是 Windows 系統，透過 xw.App(visible=False) 在隱藏的 Excel 實例中執行腳本，也能稍微提升效能。

現在，瞭解如何控制效能後，我們來看看如何擴展 xlwings 的功能。

缺漏功能的對策

xlwings 以類 Python 的介面提供了常用的 Excel 指令，可運作於 Windows 和 macOS 系統。然而，xlwings 並沒有一舉囊括 Excel 物件模型中的許多方法和屬性——別擔心！xlwings 可以讓使用者存取底層的 pywin32 物件（Windows）和 appscript 物件（macOS），只要在任何 xlwings 物件上使用 api 屬性。這樣一來，你得以存取整個的 Excel 物件模型，但必須犧牲跨平台相容性。舉個例子，假設你想要清除某個儲存格的格式設定，作法如下：

- 查看 xlwings range 物件上有無可用方法，比如在 Jupyter Notebook 的 range 物件後面加上 . 並按下 Tab 鍵、執行 dir(sheet["A1"]) 或在 xlwings API refernece 搜尋（*https://oreil.ly/EiXBc*）。在 VS Code 上，可用方法會自動顯示在提示框。

- 如果沒有你想用的功能，請使用 api 屬性取得底層物件：在 Windows 上，sheet["A1"].api 可導至 pywin32 物件；而在 macOS 上，則會給你一個 appscript 物件。

- 到 Excel VBA reference 查看 Excel 物件模型（*https://oreil.ly/UILPo*）。如欲清除儲存格範圍的格式設定，請參考 Range.ClearFormats（*https://oreil.ly/kcEsw*）。

- 在 Windows 上，多數情況下，你可以對 api 物件直接使用 VBA 方法或屬性。如果你想使用 VBA 方法，別忘了加上括號，如：sheet["A1"].api.ClearFormats()。如果你使用 macOS 系統，由於 appscript 使用了不怎麼好猜的語法，因此稍微比較棘手。最好的方式是去查看 xlwings 原始碼裡的開發者指南（*https://oreil.ly/YSS0Y*）。幸好，清除格式設定這件事還算簡單：你只需要套用 Python 的語法規則（小寫字元和底線）到方法名稱上：sheet["A1"].api.clear_formats()。

如果想確認 ClearFormats 是否在這兩個作業系統上都發揮其功能，不妨使用以下程式碼（darwin 是 macOS 核心，sys.platform 將其作為名稱）：

```
import sys
if sys.platform.startswith("darwin"):
    sheet["A10"].api.clear_formats()
elif sys.platform.startswith("win"):
    sheet["A10"].api.ClearFormats()
```

遇到問題時，可以到 xlwings 的 GitHub repository 送出 issue 工單（*https://oreil.ly/kFkD0*），請求將功能納入未來的版本中。

結語

本章介紹 Excel 自動化概念：透過 xlwings，你可以改用 Python 進行以前用 VBA 做的工作。我們認識了 Excel 物件模型，瞭解如何透過 xlwings 和元件（如 sheet 和 range 物件）進行互動。具備基礎知識後，我們再度回顧了第 7 章的案例分析，並使用 xlwings 來填入預先設定格式的報表範例；本練習示範了如何搭配使用 reader 套件和 xlwings。我們也學習了 xlwings 在底層使用的函式庫，瞭解如何提升效能以及應對缺漏功能的方法。相較於 Power Query 在 macOS 系統並不具備 Windows 系統中的所有功能，我最喜歡的 xlwings 特色正是，它在 macOS 和 Windows 這兩個系統上都能運作良好。無論缺少了哪個功能，你都能輕鬆地以 pandas 搭配 xlwings 來補足。

現在，掌握 xlwings 基礎之後，我們已經準備好迎接下一章內容：我們將從 Excel 呼叫 xlwings 腳本，建立以 Python 打造的 Excel 工具。

## 第十章

以 Python 打造的 Excel 工具

我們在上一章學習編寫 Python 腳本來自動化 Microsoft Excel 應用。想必我們很習慣以 Anaconda Prompt 或 VS Code 等編輯器來執行腳本，但對於商務使用者來說，他們不見得能適應這類工具的介面。為了顧及他們的使用習慣，你可能需要將 Python 的部分隱藏起來，讓 Excel 工具看起來像一個普通的、可啟用巨集的活頁簿。本章主題教你透過 xlwings 達成這個目標。我會示範從 Excel 執行 Python 程式碼的最短捷徑，然後討論部署 xlwings 工具會遇到的挑戰——這能幫助我們更深入認識 xlwings 的可用設置。和上一章一樣，你需要使用 Windows 或 macOS 系統並安裝 Microsoft Excel 軟體。

用 xlwings 將 Excel 當作前端

「前端」（frontend）指在應用程式中，使用者能夠看見並與其互動的部分。用以指代「前端」的其他常見名稱包括「圖形化使用者介面」（GUI）或「使用者介面」（UI）。當我請教 xlwings 使用者，為什麼他們選擇以 Excel 建造工具，而不是建立一個現代的網頁應用程式，我得到的回答通常是：「Excel 是我們熟知並且習慣的介面」。比起一個半成品的 web 介面，試算表儲存格讓使用者可以快速且直覺地輸入資料，傳統的 Excel 介面能讓他們更有生產力。首先，我會介紹 xlwings Excel 增益集以及 xlwings CLI（command line interface，命令列介面），然後透過 quickstart 指令建立我們第一個專案。最後，我會示範從 Excel 呼叫 Python 程式碼的兩種方法，分別是點選增益集的「執行」按鈕，以及使用 VBA 的 RunPython 函式。馬上安裝 xlwings Excel 增益集看看！

Excel 增益集

xlwings 隨附於 Anaconda 發行版，我們可以直接在 Python 中執行 xlwings 指令。不過，如果想從 Excel 呼叫 Python 腳本，你需要安裝 Excel 增益集（Excel add-in），或者在單一模式中對活頁簿進行設定。我將於第 230 頁的〈部署〉一節針對單一模式進行說明，本節示範如何使用增益集。請在 Anaconda Prompt 中執行以下指令，安裝增益集：

```
(base)> xlwings addin install
```

在更新 xlwings 時，要記得同步 Python 套件和此增益集的版本。因此，在更新時你需要執行兩個指令──分別給 Python 套件和 Excel 增益集。根據你使用的 Conda 或 pip 套件管理工具，以下分別是更新 xlwings 安裝程式的方法：

Conda（適用於 *Anaconda Python* 發行版）

```
(base)> conda update xlwings
(base)> xlwings addin install
```

pip（適用於其他 *Python* 發行版）

```
(base)> pip install --upgrade xlwings
(base)> xlwings addin install
```

 防毒軟體

xlwings add-in 可能會被防毒軟體偵測為惡意的增益集，尤其當你安裝的是最新版時。請在電腦上開啟你的防毒軟體，將 xlwings 標記為可安全執行。通常，你也可以到防毒軟體的官方網站上回報這個誤報。

在 Anaconda Prompt 輸入 xlwings，這表示你使用的是 xlwings CLI。除了讓安裝 xlwings add-in 變得更簡單，它還提供了幾個指令：我會在需要的時候讓這些指令出場，但你也可以在 Anaconda Prompt 上輸入 xlwings 並按下 Enter，印出可用選項。我們來仔細看看 xlwings addin install 能做些什麼：

安裝

此增益集的實際安裝程序是從 Python 套件的目錄中複製 *xlwings.xlam* 至 Excel 的 *XLSTART* 這個特殊的資料夾：Excel 會在每次啟動時，開啟此資料夾中所有檔案。在 Anaconda Prompt 上執行 xlwings addin status，會列出系統上 *XLSTART* 目錄的位置，並顯示是否安裝了增益集。

配置

首次安裝增益集時，也會執行 install 指令時要使用 Python 編譯器或 Conda 環境的配置：如圖 10-1 所示，Conda Path 和 Conda Env 的值由 xlwings CLI 自動填入 [1]。這些值被儲存於 *xlwings.conf* 的檔案中，該檔案位於主目錄的 *.xlwings* 資料夾。在 Windows 系統上，其檔案路徑通常為 *C:\Users\<username>\.xlwings\xlwings.conf*，在 macOS 上，檔案路徑則是 */Users/<username>/.xlwings/xlwings.conf*。macOS 系統的資料節和檔案前綴如果有一個句號（.），在預設情況下是隱藏的。在 Finder 視窗中，請按下 Command-Shift- 句號（.），來顯示它們。

執行安裝指令後，請重新啟動 Excel，查看 xlwings 分頁是否出現在功能區上，如圖 10-1 所示。

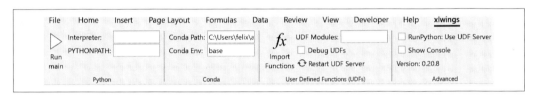

圖 10-1　執行安裝指令後的 xlwings add-in 功能區

macOS 系統上的 *add-in* 功能區

在 macOS，功能區缺少使用者定義函數（UDFs）和 Conda 群組。macOS 不支援 UDFs，而 Conda 環境則被配置為編譯器，位於 Python 群組。

安裝好 xlwings 增益集後，我們需要一個活頁簿以及幾行 Python 程式碼進行測試。使用 quickstart 是最快的方式，請見下節。

1　如果你使用 macOS 系統，或是使用 Anaconda 之外的 Python 發行版本，則會配置於 Interpreter 群組而不是 Conda 群組。

Quickstart 指令

為了盡可能簡單地建立你的第一個 xlwings 工具，xlwings CLI 提供了 quickstart 指令。在 Anaconda Prompt 上，請使用 cd 指令來切換目錄到你想存放專案的位置（如：cd Desktop），然後執行以下指令來建立一個名為 first_project 的專案：

```
(base)> xlwings quickstart first_project
```

專案名稱必須為符合 Python 模組命名規範：可以包含字元、數字和下底線，但不可以出現空格或破折號（-），而且不可以用數字開頭。我會在第 225 頁的〈RunPython 函式〉一節中展示如何跳脫這些規則，更改 Excel 檔案的名稱。執行 quickstart 指令，在目前所在目錄中建立一個 *first_project* 資料夾。當你在 Windows 檔案總管或 Finder 上開啟這個資料夾，你會看見兩個檔案：*first_project.xlsm* 和 *first_project.py*。請在 Excel 中開啟 Excel 檔案，在 VS Code 中開啟 Python 檔案。在 Excel 中執行 Python 程式碼的最簡單方法就是使用增益集的 [Run main] 按鈕，我們來看看具體操作方式。

Run Main

在深入鑽研 *first_project.py* 之前，我們先到 Excel 介面的 xlwings add-in 功能區，按下最左側的 [Run main] 按鈕（此時 *first_project.xlsm* 是使用中的檔案）。按下按鈕後，第一個工作表的 A1 儲存格會出現 "Hello xlwings!"；再按一次按鈕，則會出現 "Bye xlwings!" 字樣。恭喜你！你完成了成功從 Excel 執行 Python 函式的第一次嘗試！和編寫 VBA 巨集比起來，這也不會太難，對吧？我們來看看範例 10-1 的 *first_project.py*。

範例 *10-1　first_project.py*

```
import xlwings as xw


def main():
    wb = xw.Book.caller() ❶
    sheet = wb.sheets[0]
    if sheet["A1"].value == "Hello xlwings!":
        sheet["A1"].value = "Bye xlwings!"
    else:
        sheet["A1"].value = "Hello xlwings!"


@xw.func ❷
def hello(name):
    return f"Hello {name}!"
```

```
if __name__ == "__main__":  ❸
    xw.Book("first_project.xlsm").set_mock_caller()
    main()
```

❶ xw.Book.caller() 是一個 xlwings book 物件，當你按下 [Run main] 按鈕後，會參照到使用中的 Excel 活頁簿。在我們的例子中，它會對應到 xw.Book("first_project.xlsm")。使用 xw.Book.caller()，你可以重新命名 Excel 檔案，也能在不破壞參照的情況下將其在檔案系統內移動。在開啟多個 Excel 實例的情況下，這也能確保你處理的是正確的活頁簿。

❷ 本章會先忽略 hello 函式，這是第 12 章的主題。如果你在 macOS 系統上執行 quickstart 指令，則不會看到 hello 函式，這是因為使用者定義函式（UDFs）只受 Windows 系統支援。

❸ 我會在下一節介紹偵錯工具（debugger）時解釋最後三行程式碼。為符合本章內容，不妨先跳過或刪除第一個函式以下的內容。

Excel 增益集的 [Run main] 按鈕是一個很便利的功能：它允許你在和 Excel 檔案相同名稱的 Python 模組中以 main 呼叫函式，而不需要事先在活頁簿上新增按鈕。將活頁簿儲存為不包含巨集的 *xlsx* 格式也適用。不過，如果你先呼叫一個或多個不是被命名為 main 的 Python 函式，而這些函式也不位於和活頁簿相同名稱的模組中，則你必須改從 VBA 使用 RunPython 函式，詳情請見下一節。

RunPython 函式

假如你希望獲得更多呼叫 Python 程式碼的控制權，請使用 VBA 的 RunPython 函式。為此，你需要將活頁簿儲存為已啟用巨集的活頁簿。

啟用巨集

當你開啟一個啟用巨集的活頁簿（副檔名為 *xlsm*）時，請點選「啟用內容」（Windows）或「啟用巨集」（macOS）。在 Windows 系統上，如果你要處理隨附程式庫的 *xlsm* 檔案，請你額外點選「啟用編輯」，否則 Excel 無法正確開啟從網路上下載的檔案。

RunPython 接受 Python 程式碼的字串：通常，你會匯入一個 Python 模組，然後執行其中的函式。在你透過 Alt+F11（Windows）或 Option-F11（macOS）開啟 VBA 編輯器時，會看見 quickstart 指令在 Module1 模組中新增了一個名為 SampleCall 的巨集（請見圖 10-2）。如果你沒看見 SampleCall，請對左側 VBA 專案樹狀目錄中的 Module1 按兩下。

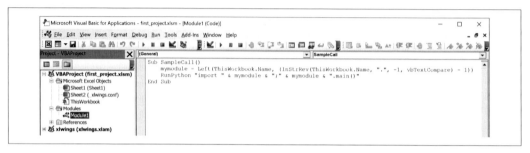

圖 10-2　顯示 Module1 的 VBA 編輯器

圖中的程式碼看似繁複，但都是為了讓你不管選擇哪個專案名稱，都能如施展魔法般執行 quickstart 指令。因為我們的 Python 模組叫做 first_project，你可以將程式碼替換為以下這個簡單易懂的版本：

```
Sub SampleCall()
    RunPython "import first_project; first_project.main()"
End Sub
```

在 VBA 中編寫動輒數行的字串可不好玩，我們改成用 Python 可接受的分號（;）來取代分行。執行這則程式碼的方法有好幾種：舉例來說，如果你使用 VBA 編輯器，可以將游標拖曳到 SampleCall 巨集的任意程式碼上並按下 F5。不過，你通常會在 Excel 試算表上執行程式碼，而不是在 VBA 編輯器上執行。因此，請關閉 VBA 編輯器，並切換回活頁簿。輸入 Alt+F8（Windows）或 Option-F8（macOS），叫出巨集選單：選取 SampleCall 並按下 [執行] 按鈕。或者，為你的 Excel 活頁簿新增按鈕並連結到 SampleCall，讓執行程式碼這件事對使用者更友善：首先，請確認功能區上顯示了 [開發人員] 分頁。如果尚未顯示，請到 [檔案] > [選項] > [自訂功能區]，勾選並啟用 [開發人員] 核取方塊（在 macOS 系統上，請到 Excel >[喜好設定] > [功能區和工具列] 進行設定）。如欲插入一個按鈕，請到 [開發者] 分頁的 [控制] 群組，點選 [插入] > [按鈕]（位於 [表單控制項] 下方）。在 macOS 上，無須前往 [插入]，畫面即會出現一個按鈕。點選按鈕圖示，游標會變成一個小的十字圖案：請用它在工作表上畫出

一個按鈕，按住滑鼠左鍵來拉出一個長方形。放開滑鼠按鈕後，你會看見 [指定巨集]
選單——請選取 SampleCall 並按下 [確認]。點選你剛剛建立好的按鈕（我將其命名為
"Button1"），它將會再度執行 main 函式，如圖 10-3 所示。

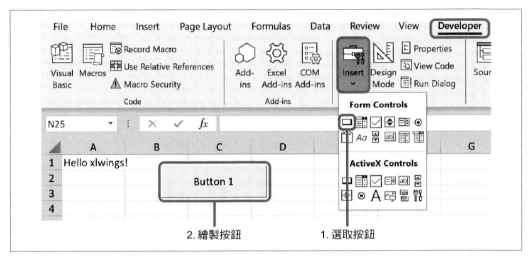

圖 10-3　在工作表上繪製按鈕

表單控制 *vs. ActiveX 控制*

在 Windows 系統中，有兩種控制方式：表單控制和 ActiveX 控制。雖然
你可以使用任一種控制方式的按鈕連結你的 SampleCall 巨集，只有透過
[表單控制] 建立的按鈕才能通用於 macOS 系統。下一章，我們會使用
長方形作為按鈕圖案，讓它們看起來更現代。

現在，我們來看看如何變更 quickstart 指令所指定的預設名稱：請回到 Python 檔案，
將 *first_project.py* 重新命名為 *hello.py*，並將 main 函式重新命名為 hello_world。請儲存
檔案，然後再次透過 Alt+F11（Windows）或 Option-F11（macOS）開啟 VBA 編輯器，
參考以下程式碼編輯 SampleCall，反映你所做的變更：

```
Sub SampleCall()
    RunPython "import hello; hello.hello_world()"
End Sub
```

回到工作表中，點選 Button 1，確認一切運作如常。最後，你可能想將 Python 腳本和 Excel 檔案分別存放在不同的目錄。這麼做有什麼意義呢？請讓我說明一下 Python 的「模組搜尋路徑」（module search path）：如果你在程式碼中匯入一個模組，Python 會在不同的目錄中搜尋它。首先，Python 會以這個名字檢查內建模組，如果找不到，則在目前所在目錄以及 PYTHONPATH 提供的目錄中繼續查看。xlwings 會自動新增活頁簿的目錄到 PYTHONPATH，並且允許使用者透過增益集新增額外路徑。如果想要測試這個功能，請將目前命名為 *hello.py* 的 Python 腳本移至另一個你建立於主目錄下的新資料夾 *pyscripts*：在我的例子中，路徑會顯示為 *C:\Users\felix\pyscripts*（Windows）或是 */Users/felix/pyscripts*（macOS）。當你再一次按下按鈕，會跳出一個顯示錯誤的視窗：

```
Traceback (most recent call last):
  File "<string>", line 1, in <module>
ModuleNotFoundError: No module named 'first_project'
```

只需將 *pyscripts* 目錄新增到 xlwings 功能區的 PYTHONPATH，就能修正這個問題，如圖 10-4 所示。這一次，按下按鈕後，就能正常執行。

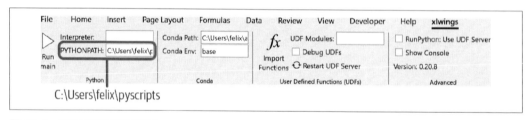

圖 10-4　PYTHONPATH 設定

我還沒提及 Excel 活頁簿的名稱：當你的 RunPython 函式呼叫使用一個外顯的模組名稱如 first_project，而不是由 quickstart 新增的程式碼時，你就可以任意命名 Excel 活頁簿的名稱。

如果想建立一個新的 xlwings 專案，使用 quickstart 指令是最簡單的方式。如果你想處理已經存在的活頁簿，那麼手動進行設定可能是更理想的方式，一起來看看吧！

沒有 quickestart 指令的 RunPython

如果你想對一個不是由 quickstart 指令建立的既有活頁簿使用 RunPython 函式，你需要手動進行設定。請注意，以下步驟是針對 RunPython 呼叫，不是 [Run main] 按鈕：

1. 首先，請確認將活頁簿儲存為啟用巨集的格式（副檔名為 *xlsm* 或 *xlsb*）。

2. 新增一個 VBA 模組；按下 Alt+F11（Windows）或 Option-F11（macOS），開啟 VBA 編輯器，在左側的樹狀檢視中選取你的活頁簿的 VBA 專案，按右鍵並選擇 [插入] > [模組]，如圖 10-5 所示。這會插入一個空白的 VBA 模組，讓你以 RunPython 呼叫編寫 VBA 巨集。

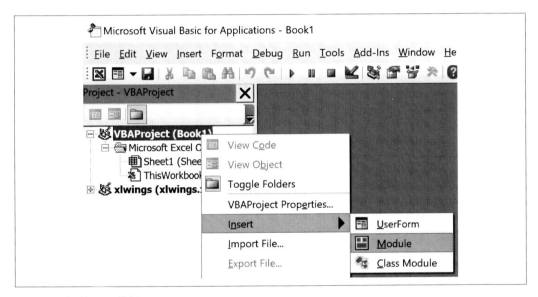

圖 10-5　新增 VBA 模組

3. 新增一個連到 xlwings 的參照：RunPython 是一個包含在 xlwings 增益集裡的函式。請確認你在 VBA 專案中設定好了連到 xlwings 的參照。接著，請在 VBA 編輯器左側的樹狀檢視中選取對應的活頁簿，然後前往 [工具] > [參照]，勾選核取方塊來啟用 xlwings，如圖 10-6 所示。

你的活頁簿已經準備就緒，可以再次使用 RunPython 呼叫。如果一切都能在你的電腦上正常執行，下一步則是要確保你的成果也能在同事的電腦上運作——我們來看看讓這件事變得更簡單的一些選項！

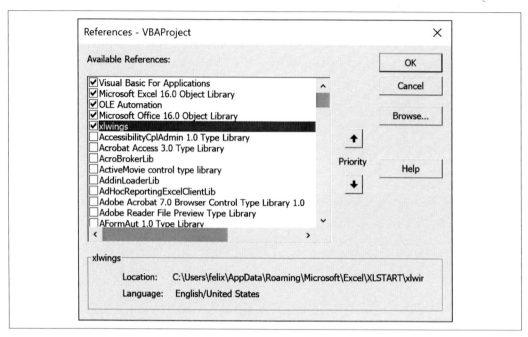

圖 10-6　RunPython 需要一個連到 xlwings 的參照

部署

在軟體開發領域中，「部署」（deployment）的意思是發布和安裝軟體，讓使用者得以使用。在 xlwings 工具的情況，瞭解你需要哪些依賴項及設定，可以讓部署工作變得更容易。我會先介紹最重要的依賴項，也就是 Python，然後帶你看看為了拿掉 xlwings Excel 增益集而設定為單一模式的活頁簿。最後，我們會仔細看看如何對 xlwings 進行配置。

Python 依賴項

想要執行 xlwings 工具，讓使用者安裝 Python 是不可或缺的條件。如果這些使用者尚未安裝 Python，以下是讓安裝程序變得更輕鬆的幾個選項：

Anaconda 或 *WinPythor:*

　　請指示使用者下載並安裝 Anaconda 發行版。保險起見，不妨選擇一個特定版本的 Anaconda 發行版，確保大家都和你一樣，使用相同版本的套件。如果你的使用需求只會用到 Anaconda 的隨附套件，那麼這是個好辦法。WinPython（*https://oreil.ly*

/A66KN）是一個用來替代 Anaconda 的有趣專案，由 MIT 開源授權，也預先安裝好了 xlwings。正如其名，它只適用於 Windows 系統。

共享磁碟

如果有一個處理速度還不錯的磁碟可供存取，你也可以選擇直接將 Python 安裝在這個磁碟上，讓所有人無須在本機電腦安裝 Python，就能使用工具。

凍結的執行檔

在 Windows 系統上，xlwings 允許你處理「凍結的執行檔」（frozen executables），也就是那些副檔名為 *.exe*，包含了 Python 和所有依賴的檔案。PyInstaller 套件常用於產生凍結的執行檔（*https://oreil.ly/AnYlV*）。這種檔案的優點是，它能打包你的程序所需要的必要項目，並產生單一個檔案，讓發布效率更迅速。請參考 xlwings 說明文件（*https://oreil.ly/QWz7i*），瞭解更多關於「凍結的執行檔」的內容。請注意，凍結的執行檔在你將 xlwings 作為使用者定義函式（第 12 章的主題）時無法使用。

雖然安裝 Python 是必要的，安裝 xlwings 增益集則不是硬性規定，我會在下文說明。

單一模式的活頁簿：拿掉 xlwings 增益集

在本章中，我們一直靠 xlwings 增益集來呼叫 Python 程式碼，無論是點選 [Run main] 按鈕或是執行 RunPython 函式。即便 xlwings CLI 讓安裝增益集這件事變得簡單不少，但對於不那麼熟悉科技，不見得習慣 Anaconda Prompt 的使用者來說還是有點麻煩。再加上，xlwings 增益集和 xlwings Python 套件必須為同一個版本，假如使用者已安裝了 xlwings 增益集，但和你需要的版本不同時很可能產生版本衝突。一個簡單的解決方式是，xlwings 不要求安裝 Excel 增益集，可以被設定為一個「單一模式的活頁簿」（stand-alone workbook）。此時，增益集的 VBA 程式碼被直接儲存在你的活頁簿中。按照慣例，最簡單的設定方式就是使用 quickstart 指令，這次請加上 --standalone 旗標：

```
(base)> xlwings quickstart second_project --standalone
```

在 Excel 中開啟你建立的 *second_project.xlsm* 活頁簿，按住 Alt+F11（Windows）或 Option-F11（macOS），你會看到用來取代增益集用途的 xlwings 模組和 Dictionary 類別模組。更重要的是，單一模式的專案不會存在任何連結到 xlwings 的參照。雖然使用 --standalone 旗標時就會自動變更為此配置，但如果你想轉換一個既有的活頁簿時，別忘了要手動移除參照：請到 VBA 編輯器的 [工具] > [參照]，取消勾選 xlwings 的核取方塊。

建立自訂增益集

本節分享拿掉 xlwings 增益集的辦法，你可能會想要知道如何為了部署工作打造專屬增益集，比如想對許多不同的活頁簿使用同一個巨集。xlwings 說明文件記載了打造自訂增益集的作法（*https://oreil.ly/hFvlj*）。

介紹了 Python 和增益集後，我們來看看 xlwings 如何進行配置。

配置層級

本章一開頭曾經提過，功能區將其配置儲存在使用者的本地目錄的 *.xlwings\xlwings.conf* 之下。「配置」（configuration）由幾個獨立的「設定」（setting）組成，例如本章開頭見過的 PYTHONPATH。在增益集設定好的設定項目可以在目錄和活頁簿層級被覆寫──xlwings 會按順序在下列位置查找設定：

活頁簿配置

　　首先，xlwings 會查找名為 *xlwings.conf* 的工作表。這是為部署配置活頁簿的建議方式，如此一來，就無須處理額外的配置檔。執行 quickstart 指令，會在工作表上建立一個名為 "_xlwings.conf" 的範例配置：如欲啟用設置，請刪去最開頭的底線。如果你不想使用這個配置，請直接刪除工作表。

目錄配置

　　接著，xlwings 會在你的 Excel 活頁簿所在的目錄中查找名為 *xlwings.conf* 的檔案。

使用者配置

　　最後，xlwings 會在使用者的本機目錄的 *.xlwings* 資料夾中查找名為 *xlwings.conf* 的檔案。通常，你不會直接對檔案進行編輯──當你變更某個設定時，會由增益集代為建立和編輯。

如果 xlwings 沒有在這三個位置找到任何設定，則會採用預設值。

當你透過 Excel 增益集編輯設定時，它會自動編輯 *xlwings.conf* 檔案。如果想要直接編輯檔案，請到 xlwings 說明文件上查找確切格式和可用設定（*https://oreil.ly/U9JTY*），我也會介紹幾個最有助於部署工作的設定。

設定

最關鍵的設定是 Python 編譯器 —— 如果你的 Excel 工具無法找到正確的 Python 編譯器，什麼都做不成。PYTHONPATH 設定可幫助你控制 Python 原始檔案的存放位置，而 Use UDF Server 設定可以讓 Python 編譯器在 Windows 系統上的呼叫之間運作，可以大幅改善處理效能。

Python 編譯器

xlwings 需要在本機電腦上安裝 Python 才能使用。不過，這並不意味著 xlwings 工具的接收者得捲起袖子搞定配置才能使用工具。如前所述，你可以請他們先根據預設設定安裝好 Anaconda 發行版，將其安裝於本機目錄。假如你在配置中使用了「環境變數」（environment variables），xlwings 會查找連到 Python 編譯器的正確路徑。環境變數是在使用者電腦上進行設置的變數，允許程序查詢此環境相關的資訊，例如目前使用者的本機資料夾之名稱。舉個例子，在 Windows 上，請將 Conda Path 設定為 %USERPROFILE%\anaconda3，在 macOS 上，將 set Interpreter_Mac 設定為 $HOME/opt/anaconda3/bin/python。這些路徑將會動態解析到 Anaconda 的預設安裝路徑。

PYTHONPATH

根據預設，xlwings 會在與 Excel 檔案相同目錄的 Python 原始檔。當你將工具交付給不見得熟悉 Python 的終端使用者，這個預設情況變得不再那麼理想，因為這些使用者可能會忘記將這兩個檔案一起從 A 處移動到 B 處。為此，你可以將 Python 原始檔放在一個專門的資料夾（可以位於某個共用硬碟），並將這個資料夾新增到 PYTHONPATH 設定。或者，你可以將原始檔放到一個已屬於 Python 模組搜尋路徑的路徑上。一種方法是將原始碼以 Python 套件的形式發布 —— 進行安裝後，它將位於 Python 的 *site-packages* 目錄，Python 在此查找你的程式碼。請參閱 Python Packaging User Guide，瞭解更多關於建立 Python 套件的內容（*https://oreil.ly/_kJoj*）。

RunPython: Use UDF Server（僅限 Windows）

你可能注意到 RunPython 呼叫的速度有點慢。這是因為 xlwings 會啟動一個 Python 編譯器，執行 Python 程式碼，然後再關閉這個編譯器。在開發階段，這並不是一項缺點，因為這可以確保呼叫 RunPython 時，每一次都重新載入所有模組。當程式碼足夠穩定，這時你可能會想啟用僅適用於 Windows 系統的 [RunPython: Use UDF Server] 核取方塊。這將和使用者定義函式（詳見第 12 章）使用同一個 Python 伺服器，讓 Python 互動式視窗在呼叫之間保持運作，提升處理速度。記得，在變更程式碼之後，你必須在功能區點選 [Restart UDF Server] 按鈕。

結語

本章示範了從 Excel 執行 Python 程式碼有多麼簡單：安裝好 Anaconda 發行版後，只需要執行 `xlwings addin install`，再執行 `xlwings quickstart myproject`，你已準備就緒，就能點選 xlwings 增益集的 [Run main] 按鈕，或是使用 `RunPython` VBA 函式。第二部分介紹了幾個設定，讓你將部署 xlwings 工具給終端使用者這件事變得更輕鬆。Anaconda 發行版即隨附了 xlwings，為許多新手大幅降低了進入門檻。

本章我們使用了 Hello World 範例，認識一切是怎麼運作的。下一章，我們要運用這些基礎知識，打造一個成熟的商務應用程式：Python Package Tracker。

Python Package Tracker

在本章，我們要打造一個典型的商務應用程式，它能從網路上下載資料並儲存於資料庫，等待我們以 Excel 對資料進行視覺化處理。這個實作練習將幫助你瞭解 xlwings 在這類應用程式中所扮演的角色，以及它能多麼容易地連結 Python 等外部系統。從零開始打造這個專案，猶如在現實世界中建立一個應用程式，但相對容易上手，我建立了 *Python Package Tracker* 這個 Excel 工具用來顯示某給定 Python 套件每一年的發布次數。雖說這只是一個案例研究，你會發現這個工具蠻好用的，可以知道某個 Python 套件是否被積極開發。

在更加瞭解這個應用程式之後，我們必須先瀏覽幾個主題，以便讀懂並應用其程式碼：我們要認識如何從網路上下載資料，如何與資料庫進行互動，然後學習 Python 的例外處理（expection handling），這是應用程式開發領域的重要概念之一。在掌握這幾個先決知識後，我們要接著認識 Python Package Tracker 的各個元件，看看它們如何一起運作。最後，作為全章總結，我們會檢視如何對 xlwings 程式碼進行偵錯。和前兩章相同，你需要使用 Windows 或 macOS 系統並安裝好 Micorsoft Excel。接著，我們來試著打造 Python Package Tracker 吧！

我們要打造

請開啟隨附程式庫，找到 *packagetracker* 資料夾。這裡面有好幾個檔案，現在，請先開啟 *packagetracker.xlsm* 這個 Excel 檔案，並定位到 [Database] 工作表：首先，我們需要將一些資料載入到資料庫中，這樣才能進行後續步驟。如圖 11-1 所示，請輸入一個套件名稱，如：xlwings，然後點選 [Add Package]（新增套件）。你可以從 Python Package Index（PyPI）中選擇任何可用的套件名稱（*https://pypi.org*）。

macOS: 確認資料夾的存取

在 macOS 上第一次新增套件時，你需要對跳出的視窗按下確認，讓應用程式可以存取 *packagetracker* 資料夾。我們也曾在第 9 章看過這個提示視窗。

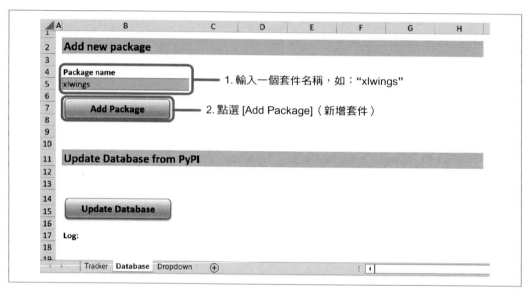

圖 11-1　Python Package Tracker [Database 工作表]

如果一切順利，將在你輸入套件名稱的右側看見 "Added xlwings successfully"（成功安裝 xlwings）的訊息。而且，你還會在 [Update Database]（更新資料庫）區段看到最近更新的時間戳記，在 [Log] 區段顯示已成功下載 xlwings 並儲存到資料庫。再重複這個動作，這次請將 pandas 套件加入資料庫，取得更多可用的資料。現在，請切換到 [Tracker] 工作表，在 B5 儲存格的下拉式選單中選取 xlwings，然後點選 [Show History]（顯示歷史紀錄）。此時，你的視窗應如圖 11-2 所示，會顯示該套件最近的發布紀錄，以及一個統計歷年發布次數的圖表。

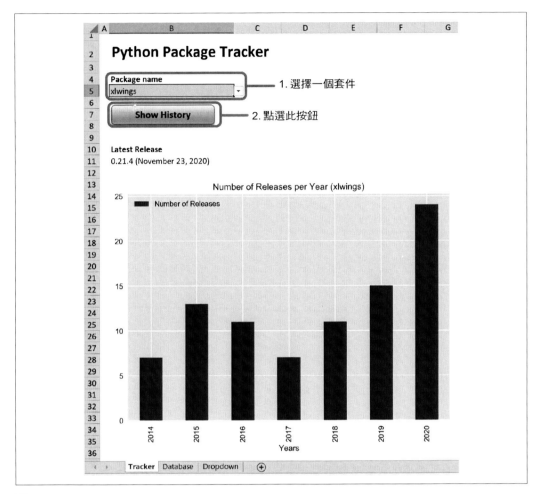

圖 11-2　Python Package Tracker [Tracker]

你可以回到 [Database] 工作表，新增更多套件。如欲更新套件，載入 PyPI 的最新資訊，請點選 [Update Database] 按鈕，為你的資料庫同步來自 PyPI 的最新資料。

從使用者的角度認識 Python Package Tracker 如何運作後，接下來要介紹它的核心功能。

核心功能

本節介紹 Python Package Tracker 的核心功能：透過 web API 擷取資料以及查詢資料庫。我會示範例外處理的方法，這是在編寫應用程式時不可迴避的重要主題。先從 web API 開始吧！

Web API

web API 是應用程式從網路上擷取資料的最主流方式之一：API 的全稱為 *application programming interface*（應用程式介面），定義了與應用程式進行互動的規則。因此，web API 是一種透過網路（通常是網際網路）來存取的 API。想要瞭解 API 如何運作，暫且先退一步，以簡單的概念說明一下，當我們在瀏覽器開啟一個網頁時究竟發生了些什麼：在網址列輸入一個 URL 後，你的瀏覽器會傳送一個 *GET request* 到伺服器，請求你需要的網頁。GET 請求是 HTTP 協定中瀏覽器用來與伺服器進行溝通的方法。伺服器接收到該請求後，作為回應，伺服器會傳回被請求的 HTML 文件，讓瀏覽器顯示到你眼前：這下，網頁就載入完成囉。HTTP 協定還有許多其他方法，除了 GET 請求之外最常見的方法是 *POST request*，用來傳送資料給伺服器（舉例來說在某個網頁中填入聯絡資訊）。

儘管伺服器照理說應該傳回一個格式完整的 HTML 網頁以供人類使用者讀取，但應用程式並不在乎網頁的設計風格優劣，只對資料本身感興趣。因此，一個對 web API 的 GET 請求，其運作方式就像請求一個網頁，但你通常會得到 JSON 格式的資料（而不是 HTML 格式）。JSON 是 *JavaScript Object Notation（Java 物件表示法）* 的簡稱，這是一種資料結構，基本上能被任何程式語言解讀，適合作為在不同系統中進行資料交換的格式。雖然 JSON 使用了 JavaScript 語法，但它和 Python 的（巢狀）字典和串列的用法非常相似。其差異如下所示：

- JSON 以雙引號（""）表示字串
- JSON 使用 null，Python 使用 None
- JSON 使用小寫的 true 和 false，Python 使用大寫
- JSON 只接受字串作為 key 值，而 Python 字典的 key 值可接受一系列物件

標準函式庫的 json 模組可讓你將一個 Python 字典轉換為 JSON 字串，反之亦然：

```
In [1]: import json

In [2]: # A Python dictionary...
        user_dict = {"name": "Jane Doe",
```

```
                    "age": 23,
                    "married": False,
                    "children": None,
                    "hobbies": ["hiking", "reading"]}

In [3]: # ...converted to a JSON string
        # by json.dumps ("dump string"). The "indent" parameter is
        # optional and prettifies the printing.
        user_json = json.dumps(user_dict, indent=4)
        print(user_json)

{
    "name": "Jane Doe",
    "age": 23,
    "married": false,
    "children": null,
    "hobbies": [
        "hiking",
        "reading"
    ]
}

In [4]: # Convert the JSON string back to a native Python data structure
        json.loads(user_json)

Out[4]: {'name': 'Jane Doe',
         'age': 23,
         'married': False,
         'children': None,
         'hobbies': ['hiking', 'reading']}
```

REST API

除了 web API 之外，你還會常看到 *REST* 或 *RESTful* API。REST 表示 *representational state transfer*（表現層狀態轉換），這是一種軟體構建風格，其目的是為了使 web API 符合特定約束或屬性。REST 的核心主旨是，讓使用者以「無狀態資源」（stateless resources）的形式存取資訊。「無狀態」的意思是，所有對於 *REST API* 的請求，都完全獨立於任何其他請求，每次都需要提供它所請求的完整資訊。*REST API* 經常被誤用來指代任何形式的 web API（然而這些 API 不盡然符合 REST 約束）。

取用 web API 通常非常非常簡單（我們很快會見識這在 Python 中如何進行），幾乎所有服務都會提供 web API。假如你想下載心愛的 Spotify 播放清單，可以使用以下 GET 請求（請見 Spotify Web API Reference（*https://oreil.ly/zcyUh*））：

```
GET https://api.spotify.com/v1/playlists/playlist_id
```

或者，如果想取得最近搭乘 Uber 的紀錄，則可以執行以下 Get 請求（請參考 Uber REST API（*https://oreil.ly/FTp-Y*））：

```
GET https://api.uber.com/v1.2/history
```

為了使用這些 API，你需要取得「認證」，這表示你需要一個帳戶和憑證，和請求一併傳送。以 Python Package Tracker 而言，我們需要從 PyPI 擷取資料以取得特定套件的發布紀錄。幸運的是，PyPI 的 web API 不要求任何認證，我們可以少煩惱一件事。當你查看 PyPI JSON API docs（*https://oreil.ly/yTVjL*）時，你會看到其中只有兩個「端點」（endpoints），也就是附加到預設根網址（*https://pypi.org/pypi*）的 URL 片段：

```
GET /project_name/json
GET /project_name/version/json
```

第二個端點給你的資訊，和第一個端點相同，但只會顯示特定版本。以 Python Package Tracker 而言，只需要使用第一個端點，就能獲取某套件在過去所發布版本的所有細節，我們來看看它如何運作。在 Python 中，和 web API 進行互動的一個簡單方式就是，使用 Anaconda 發行版預先安裝的 Requests 套件。請執行以下指令，擷取 PyPI 中關於 pandas 的資料：

```
In [5]: import requests

In [6]: response = requests.get("https://pypi.org/pypi/pandas/json")
        response.status_code

Out[6]: 200
```

所有的回應都會附上一個 HTTP 狀態碼：舉例來說，200 表示「OK」，404 表示「找不到網頁」（Not Found）。你可以在 Mozilla web docs（*https://oreil.ly/HySVq*）查看所有 HTTP 狀態碼的完整清單。你大概對 404 毫不陌生，因為在你輸入某個不存在的連結時，瀏覽器就會顯示 404。同樣地，如果執行 GET 請求，想要取得一個不存在於 PyPI 的套件名稱，你也會得到 404 狀態碼。如欲查看回應內容，請呼叫該回應物件的 json 方法，將 JSON 字串轉換為一個 Python 字典：

```
In [7]: response.json()
```

回應內容很長，我只印出了一小部分，幫助你理解回應架構：

```
Out[7]: {
            'info': {
                'bugtrack_url': None,
                'license': 'BSD',
                'maintainer': 'The PyData Development Team',
                'maintainer_email': 'pydata@googlegroups.com',
                'name': 'pandas'
            },
            'releases': {
                '0.1': [
                    {
                        'filename': 'pandas-0.1.tar.gz',
                        'size': 238458,
                        'upload_time': '2009-12-25T23:58:31'
                    },
                    {
                        'filename': 'pandas-0.1.win32-py2.5.exe',
                        'size': 313639,
                        'upload_time': '2009-12-26T17:14:35'
                    }
                ]
            }
        }
```

為了打造 Python Package Tracker，我們要取得所有發布版本和日期的清單，可以執行以下程式碼來循環查看 releases 字典：

```
In [8]: releases = []
        for version, files in response.json()['releases'].items():
            releases.append(f"{version}: {files[0]['upload_time']}")
        releases[:3]  # show the first 3 elements of the list

Out[8]: ['0.1: 2009-12-25T23:58:31',
         '0.10.0: 2012-12-17T16:52:06',
         '0.10.1: 2013-01-22T05:22:09']
```

我們從清單中最先出現的套件裡任意選擇發布的時間戳記。特定發布通常有複數個套件，對應不同版本的 Python 和作業系統。第 5 章提過，pandas 有一個 read_json 方法，可從 JSON 字串傳回一個 DataFrame。然而，這個方法無法在此派上用場，因為 PyPI 所回應的資料結構，無法被直接轉換成 DataFrame。

以上簡短的 web API 介紹，有助於我們更近一步瞭解它們在 Python Package Tracker 的編碼基底（code base）的作用。資料庫是另一個會用到的外部系統，來看看如何和資料庫進行溝通！

資料庫

為了在即使不連到網路的情況下使用從 PyPI 擷取來的資料，你需要在下載完成後，儲存資料。雖然可以將 JSON 回應以文本檔案的形式儲存於磁碟上，另一個更適當的方式是使用資料庫，讓你簡單且輕鬆地查詢資料。Python Package Tracker 使用關聯式資料庫 SQLite（*https://sqlite.org*）。「關聯式資料庫系統」得名自「關聯」（relation），它參照資料庫的表本身（而不是表與表之間的關聯）：其最高目的是維持資料完整性，透過將資料分割為不同的表（table）的「正規化」（normalization）過程，並套用約束或限制來避免不一致或重複的資料。關聯式資料庫使用 SQL（結構化查詢語言）來執行資料庫查詢，基於伺服器的常見關聯式資料庫系統有 SQL Server（*https://oreil.ly/XZOI9*）、Oracle（*https://oreil.ly/VKWE0*）、PostgreSQL（*https://oreil.ly/VAEqY*）和 MySQL（*https://mysql.com*）。身為 Excel 的使用者，你大概也對基於檔案的 Microsoft Access（*https://oreil.ly/bRh6Q*）資料庫並不陌生。

NoSQL 資料庫

近年，關聯式資料庫面臨來自「NoSQL 資料庫」的強烈競爭，這類資料庫會儲存重複資料，為了達成下列優勢：

沒有資料表合併

關聯式資料庫將資料分割到複數個資料表中，你通常需要「合併」（join）兩個或更多表，來統整資料，而這個過程有時候蠻花時間。而 NoSQL 資料庫就沒有這類限制，執行特定查詢時，處理效能可能更好。

沒有資料庫遷移

在關聯式資料庫系統的情況，每當你對資料表的結構進行變更，例如新增欄位到某個表中，你都必須執行一次資料庫「遷移」（migration）。「遷移」是將資料庫修改為新的結構的腳本。這會讓應用程式的新版本的部署作業變得更複雜，可能導致更長的停機時間，而這是使用 NoSQL 資料庫可以避免的。

易於擴展

NoSQL 資料庫更易於分散於複數個伺服器上，因為沒有一個資料表必須仰賴於其他的表。這意味著，當你的使用者基數突然遽增時，使用 NoSQL 資料庫的應用程式更容易擴展。

NoSQL 資料庫的種類形形色色：有些資料庫（如 Redis（*https://redis.io*））是簡單的「鍵－值儲存」（key-value stores），這和 Python 的字典運作模式相似；其他資料庫（如 MongoDB（*https://mongodb.com*））允許儲存文件，通常為 JSON 格式。有些資料庫甚至能將關聯式和 NoSQL 的世界結合：PostgreSQL，這是 Python 社群中最受歡迎的資料庫之一，這是一個傳統的關聯式資料庫，但允許你將資料以 JSON 格式儲存——也能透過 SQL 進行查詢。

我們將要使用的 SQLite，和 Microsoft Access 一樣，是基於檔案的資料庫。不過，和 Microsoft Access 只能在 Windows 系統上運作不同，SQLite 可以在 Python 支援的所有系統上使用。另一方面，SQLite 並不允許你建立如 Microsoft Access 的使用者介面，而這時 Excel 的介面就能派上用場了。

現在，我們來看看 Package Tracker 的資料庫結構，學習使用 Python 連結資料庫，以及執行 SQL 查詢的方法。最後，我們會看看 SQL 注入（SQL injection），這是以資料庫驅動的應用程式經常遭遇的安全漏洞。

Package Tracker 資料庫

Python Package Tracker 的資料庫非常簡單，只有兩個資料表：packages 儲存套件名稱，而 package_versions 表儲存版本字串和上傳日期。這兩個表可以按 package_id 進行合併：不是在 package_versions 表中按 package_name 儲存到每一列，而是被「正規化」到 packages 表。這麼做可以去掉重複的資料——舉例來說，如欲變更名稱，那麼只需要在整個資料庫的一個欄位進行修改。想知道載入 xlwings 和 pandas 套件後，這時資料庫看起來是什麼樣子，請參考表 11-1 和表 11-2。

表 11-1　packages 表

package_id	package_name
1	xlwings
2	pandas

表 11-2　package_versions 表（顯示各 package_id 的前三列）

package_id	version_string	uploaded_at
1	0.1.0	2014-03-19 18:18:49.000000
1	0.1.1	2014-06-27 16:26:36.000000
1	0.2.0	2014-07-29 17:14:22.000000
...	...	...
2	0.1	2009-12-25 23:58:31.000000
2	0.2beta	2010-05-18 15:05:11.000000
2	0.2b1	2010-05-18 15:09:05.000000
...	...	...

圖 11-3 是資料庫示意圖，顯示兩個資料表之間的關聯。你可以讀取表名稱及欄位名稱，取得關於主鍵和外來鍵的資訊：

主鍵

關聯式資料庫要求所有表都擁有一個「主鍵」（primary key）。主鍵是一個或多個欄位（column），用以唯一辨識某個列（row，又被稱為 record）。在 packages 表的例子中，主鍵是 package_id，在 package_versions 表中，主鍵由 package_id 和 version_string 組合而成，這是一種「組合鍵」（composite key）。

外來鍵

package_versions 表中的 package_id 欄位，對於 packages 表的同名欄位來說，是一個「外來鍵」（foreign key），在示意圖中以線條連接兩份資料表：在我們的例子中，外來鍵是一個「約束」，用於確保 package_versions 表中的 package_id 欄位存在於 packages 表中──藉此保證資料完整性。示意圖的這條連線右側的分支，象徵著「關聯」的特性：一個 package 可以有很多 package_versions，又稱為「一對多關聯」。

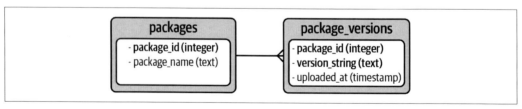

圖 11-3　資料庫圖示（主鍵為粗體部分）

想瞭解資料庫表的內容，並且執行 SQL 查詢，你可以安裝一個名為 SQLite 的 VS Code 擴充套件（詳情請參閱 SQLite extension docs（*https://oreil.ly/nP4mC*）），或使用專門的 SQLite 管理軟體，市面上有許多選擇。我們會使用 Python 來執行 SQL 查詢。在正式開始之前，我們先來看看如何連線到一個資料庫！

Database 連線

想從 Python 連線到一個資料庫，你需要一個「驅動程式」（driver），這是一個知道如何與資料庫進行溝通的 Python 套件。每一個資料庫要求的驅動程式都不一樣，而每一個驅動程式都使用不同的語法，幸好，有一個名為 SQLAlchemy（*https://sqlalchemy.org*）的強大套件，將各式各樣資料庫和驅動程式的多數差異做了抽象化處理。SQLAlchemy 通常作為「物件關係對映」（object relational mapper，ORM）的框架，將資料庫紀錄翻譯成 Python 物件，這是許多（傾向於物件導向程式語言的）軟體開發人員更習慣的概念。為了簡單說明，我們先略過 ORM 功能性，將焦點放在 SQLAlchemy 上，讓我們更容易執行原始 SQL 查詢。當你使用 pandas，以 DataFrame 的格式讀取或編寫資料庫表時，SQLAlchemy 也會在底層發揮作用。從 pandas 執行資料庫查詢涉及了三個層級的套件——pandas、SQLAlchemy，以及資料庫驅動程式，如圖 11-4 所示。你可以從這三個層級的任一層執行資料庫查詢。

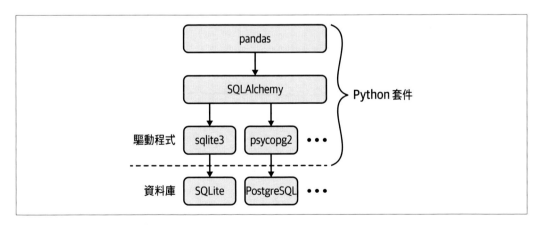

圖 11-4　從 Python 存取資料庫

表 11-3 列出了 SQLAlchemy 使用哪些預設驅動程式（有些資料庫可以使用不只一個驅動程式）。這個表格也列出了資料庫連線字串的格式——稍後，當我們實際執行真的 SQL 查詢時，就會使用到連線字串。

表 11-3　SQLAlchemy 的預設驅動程式和連線字串

資料庫	預設驅動程式	連線字串
SQLite	sqlite3	sqlite:///filepath
PostgreSQL	psycopg2	postgresql://username:password@host:port/database
MySQL	mysql-python	mysql://username:password@host:port/database
Oracle	cx_oracle	oracle://username:password@host:port/database
SQL Server	pyodbc	mssql+pyodbc://username:password@host:port/database

除了 SQLite 之外，你通常需要輸入密碼來連線到資料庫。由於連線字串都是 URL 網址，如果密碼包含特殊字元，則需要將你的密碼改成符合 URL 編碼的格式。以下是印出 URL 編碼版本的密碼之方法：

```
In [9]: import urllib.parse

In [10]: urllib.parse.quote_plus("pa$$word")

Out[10]: 'pa%24%24word'
```

前文介紹了 pandas、SQLAlchemy 和資料庫驅動程式，這三個層級都可以讓我們連線到資料庫，現在，我們來用幾條 SQL 查詢，實際比較這三者。

SQL 查詢

就算你是 SQL 新手，也一定能輕鬆理解以下範例和 Python Package Tracker 會出現的 SQL 查詢。SQL 是一個「宣告式語言」（declarative language），這表示：由你來告訴資料庫「你想要什麼」，而不是「它該做什麼」。有些查詢讀起來就像一般的英文句子：

```
SELECT * FROM packages
```

上面這個查詢會告訴資料庫，你想要「從 *packages* 表選取所有欄位」。在生產程式碼中，你不會想使用 * 這個表示「所有欄位」的外卡符號，更好的做法是會直接指定各欄位（比如 package_id、package_name），讓查詢更不容易出錯：

```
SELECT package_id, package_name FROM packages
```

Database Query vs. pandas DataFrame

SQL 是「基於集合」(set-based) 的語言,這表示你會對一整個資料列的集合 (set) 進行操作,而不是對每一個 row 進行迴圈。這和 pandas DataFrame 的處理方式非常相似,以下 SQL 查詢:

```
SELECT package_id, package_name FROM packages
```

對應到以下 pandas 運算式(假定 packages 是一個 DataFrame):

```
packages.loc[:, ["package_id", "package_name"]]
```

以下程式碼範例使用了 *packagetracker.db* 檔案,可以在隨附程式庫的 *packagetracker* 資料夾中找到。此範例預期你已經透過 Python Package Tracker 的 Excel 前端,將 xlwings 和 pandas 新增到資料庫中(就如本章前文介紹)── 否則你將會得到空白的結果。沿著圖 11-4 的示意圖由下至上,我們先從驅動程式做出第一個 SQL 查詢,接著使用 SQLAlchemy,最後是 pandas:

```
In [11]: # Let's start with the imports
         import sqlite3
         from sqlalchemy import create_engine
         import pandas as pd

In [12]: # Our SQL query: "select all columns from the packages table"
         sql = "SELECT * FROM packages"

In [13]: # Option 1: Database driver (sqlite3 is part of the standard library)
         # Using the connection as context manager automatically commits
         # the transaction or rolls it back in case of an error.
         with sqlite3.connect("packagetracker/packagetracker.db") as con:
             cursor = con.cursor()  # We need a cursor to run SQL queries
             result = cursor.execute(sql).fetchall()  # Return all records
         result

Out[13]: [(1, 'xlwings'), (2, 'pandas')]

In [14]: # Option 2: SQLAlchemy
         # "create_engine" expects the connection string of your database.
         # Here, we can execute a query as a method of the connection object.
         engine = create_engine("sqlite:///packagetracker/packagetracker.db")
         with engine.connect() as con:
             result = con.execute(sql).fetchall()
         result

Out[14]: [(1, 'xlwings'), (2, 'pandas')]

In [15]: # Option 3: pandas
         # Providing a table name to "read_sql" reads the full table.
```

```
          # Pandas requires an SQLAlchemy engine that we reuse from
          # the previous example.
          df = pd.read_sql("packages", engine, index_col="package_id")
          df

Out[15]:           package_name
          package_id
          1              xlwings
          2               pandas

In [16]: # "read_sql" also accepts an SQL query
          pd.read_sql(sql, engine, index_col="package_id")

Out[16]:           package_name
          package_id
          1              xlwings
          2               pandas

In [17]: # The DataFrame method "to_sql" writes DataFrames to tables
          # "if_exists" has to be either "fail", "append" or "replace"
          # and defines what happens if the table already exists
          df.to_sql("packages2", con=engine, if_exists="append")

In [18]: # The previous command created a new table "packages2" and
          # inserted the records from the DataFrame df as we can
          # verify by reading it back
          pd.read_sql("packages2", engine, index_col="package_id")

Out[18]:           package_name
          package_id
          1              xlwings
          2               pandas

In [19]: # Let's get rid of the table again by running the
          # "drop table" command via SQLAlchemy
          with engine.connect() as con:
              con.execute("DROP TABLE packages2")
```

要使用資料庫驅動程式、SQLAlchemy 或 pandas 來執行查詢，基本上端看你的偏好：我個人喜歡 SQLAlchemy 為使用者帶來的精準控制感，也喜歡可以對不同的資料庫使用一樣的語法這一優點。另一方面，pandas 的 read_sql 也方便使用者取得 DataFrame 格式的查詢結果。

外來鍵與 *SQLite*

稍微令人驚訝的是，在執行查詢時，SQLite 在預設情形下並不尊重外來鍵。不過，如果你使用 SQLAlchemy，則可以輕鬆強制執行外來鍵；詳情請參閱 SQLAlchemy docs（*https://oreil.ly/6YPvC*）。如果從 pandas 執行查詢也適用。你可以在隨附程式庫 *packagetracker* 資料夾的 *database.py* 模組查看相關程式碼。

知道如何執行簡單的 SQL 查詢後，最後來認識什麼是「SQL 注入」，它可能對你的應用程式造成安全上的風險。

SQL 注入

如果不妥善保護你的 SQL 查詢，很容易遭到有心人士的惡意攻擊，在輸入的字串之中夾帶 SQL 指令，在設計不良的程式當中忽略了字元檢查，那麼這些夾帶進去的惡意指令就會被資料庫伺服器誤認為是正常的 SQL 指令而執行，因此遭到破壞或是入侵。舉例來說，惡意使用者不會從 Python Package Tracker 的下拉式選單中選取如 xlwings 的套件名稱，而是傳送一個 SQL 指令破壞預期的查詢行為。SQL 注入攻擊很可能暴露敏感資訊，或者破壞應用程式，好比刪除某個資料表。該如何加以防範呢？我們先來看看以下資料庫查詢，這是選取 xlwings 並點選 [Show History]（顯示歷史紀錄）後，Python Package Tracker 會執行的動作[1]：

```
SELECT v.uploaded_at, v.version_string
FROM packages p
INNER JOIN package_versions v ON p.package_id = v.package_id
WHERE p.package_id = 1
```

這則查詢將兩個表合併，並只傳回 package_id 為 1 的資料列。結合第 5 章學到的知識，為了讓你更理解這則查詢，如果這時的 packages 和 package_versions 是 pandas DataFrame，那麼可以寫成這樣：

```
df = packages.merge(package_versions, how="inner", on="package_id")
df.loc[df["package_id"] == 1, ["uploaded_at", "version_string"]]
```

顯然，package_id 必須是一個變數，我們寫死成 1，以便根據所選取的套件來傳回正確的資料列。如果你還記得第 3 章的 f-string，也許會想將 SQL 查詢的最後一行改寫成：

```
f"WHERE p.package_id = {package_id}"
```

1　實際上，此工具使用 package_name 取代 package_id 以簡化程式碼。

雖然在技術上來說是可行的，但強烈建議你不要這麼寫，因為這會為 SQL 注入敞開大門：舉例來說，在應該輸入整數的地方，有心人士可能改成輸入 1 OR TRUE 來表示 package_id。查詢結果會傳回整個表的資料列，而不是 package_id 為 1 的資料列。因此，請務必使用 SQLAlchemy 提供的佔位符語法（以：開頭）：

```
In [20]: # Let's start by importing SQLAlchemy's text function
         from sqlalchemy.sql import text

In [21]: # ":package_id" is the placeholder
         sql = """
         SELECT v.uploaded_at, v.version_string
         FROM packages p
         INNER JOIN package_versions v ON p.package_id = v.package_id
         WHERE p.package_id = :package_id
         ORDER BY v.uploaded_at
         """

In [22]: # Via SQLAlchemy
         with engine.connect() as con:
             result = con.execute(text(sql), package_id=1).fetchall()
         result[:3]  # Print the first 3 records

Out[22]: [('2014-03-19 18:18:49.000000', '0.1.0'),
          ('2014-06-27 16:26:36.000000', '0.1.1'),
          ('2014-07-29 17:14:22.000000', '0.2.0')]

In [23]: # Via pandas
         pd.read_sql(text(sql), engine, parse_dates=["uploaded_at"],
                     params={"package_id": 1},
                     index_col=["uploaded_at"]).head(3)

Out[23]:                      version_string
         uploaded_at
         2014-03-19 18:18:49         0.1.0
         2014-06-27 16:26:36         0.1.1
         2014-07-29 17:14:22         0.2.0
```

對 SQL 查詢使用 SQLAlchemy 的 text 函式的優點是，你可以對不同的資料庫使用同一個佔位符語法。否則，你必須使用資料庫驅動程式所用的佔位符，比如 sqlite3 使用 ?，psycopg2 使用 %s。

你可能會反駁，既然我的使用者可以直接存取 Python，也能在資料庫隨意執行程式碼，SQL 注入沒什麼好煩惱的。但是，終有一天，當你將 xlwings 原型變成一個 web 應用程式，SQL 注入就變成令人頭痛的大問題了。最好的辦法就是及早做好防範措施。

除了 web API 和資料庫，還有一個在應用程式開發工作中不可或缺的一環：「例外處理」。趕快來看看吧！

例外

在第 1 章說明 VBA 的 *GoTo* 機制跟不上時代腳步時，我曾經提過「例外處理」（exception handling）。本節將說明 Python 如何使用 *try/except* 機制來處理程序中的錯誤。當事情不再受控，不可免地會出現錯誤。舉例來說，當你試圖傳送郵件時，電子郵件伺服器可能當機，或是缺少了某個應用程式所需的檔案——在 Python Package Tracker 的狀況中，可能就是缺少了資料庫檔案。此外，你還需要做好清理資料的準備，讓使用者輸入（user input）的內容符合邏輯。我們先來點練習——如果以 0 呼叫以下函式，則你會得到 ZeroDivisionError：

```
In [24]: def print_reciprocal(number):
             result = 1 / number
             print(f"The reciprocal is: {result}")

In [25]: print_reciprocal(0)  # This will raise an error

---------------------------------------------------------------------------
ZeroDivisionError                         Traceback (most recent call last)
<ipython-input-25-095f19ebb9e9> in <module>
----> 1 print_reciprocal(0)  # This will raise an error

<ipython-input-24-88fdfd8a4711> in print_reciprocal(number)
      1 def print_reciprocal(number):
----> 2     result = 1 / number
      3     print(f"The reciprocal is: {result}")

ZeroDivisionError: division by zero
```

為了讓你的應用程式妥善應對這類錯誤，請使用 try/except 陳述式（這和第 1 章的 VBA 範例相同）：

```
In [26]: def print_reciprocal(number):
             try:
                 result = 1 / number
             except Exception as e:
                 # "as e" makes the Exception object available as variable "e"
                 # "repr" stands for "printable representation" of an object
                 # and gives you back a string with the error message
                 print(f"There was an error: {repr(e)}")
                 result = "N/A"
             else:
```

```
            print("There was no error!")
        finally:
            print(f"The reciprocal is: {result}")
```

當 try 區塊出現錯誤，程式碼執行會移至用來處理錯誤的 except 區塊，為使用者提供有用的建議或將錯誤寫入 log 檔案。else 子句只會在 try 區塊的程式順利執行完畢，沒有出現錯誤時執行，而 finally 區塊則是不管有沒有發生錯誤，最終都會執行。基本上，只需要用到 try 和 except 區塊足矣。我們來看看在給定了不同的輸入值後，這個函式的輸出結果：

```
In [27]: print_reciprocal(10)

There was no error!
The reciprocal is: 0.1

In [28]: print_reciprocal("a")

There was an error: TypeError("unsupported operand type(s) for /: 'int'
 and 'str'")
The reciprocal is: N/A

In [29]: print_reciprocal(0)

There was an error: ZeroDivisionError('division by zero')
The reciprocal is: N/A
```

使用 except 陳述式，意味著任何發生在 try 區塊的例外（exception），都會讓程式在 except 區塊繼續執行。通常，這不是你所期望看到的狀況。你想要檢查出錯誤，越明確越好，並且只處理你預期的錯誤。應用程式可能會因爲不曾預期的錯誤而失敗或閃退，讓事情變得更複雜，難以偵錯。爲了應對這種狀況，請按照以下方式重寫函式，明確檢查兩個我們預期的錯誤（我拿掉了 else 和 finally 陳述式）：

```
In [30]: def print_reciprocal(number):
            try:
                result = 1 / number
                print(f"The reciprocal is: {result}")
            except (TypeError, ZeroDivisionError):
                print("Please type in any number except 0.")
```

再執行一次程式碼：

```
In [31]: print_reciprocal("a")

Please type in any number except 0.
```

如果你想根據例外情形對錯誤進行不同的處理，請單獨處理：

```
In [32]: def print_reciprocal(number):
             try:
                 result = 1 / number
                 print(f"The reciprocal is: {result}")
             except TypeError:
                 print("Please type in a number.")
             except ZeroDivisionError:
                 print("The reciprocal of 0 is not defined.")

In [33]: print_reciprocal("a")

Please type in a number.

In [34]: print_reciprocal(0)

The reciprocal of 0 is not defined.
```

瞭解錯誤處理的方法、web API 和資料庫後，你已經為下一節內容做好準備，我們要介紹組成 Python Package Tracker 的一個個元件。

應用程式的架構

在本節內容中，我們要見識一下 Python Package Tracker 背後的運作機制，瞭解它如何發揮功能。首先，我們會瀏覽這個應用程式的前端，也就是 Excel 檔案，接著將焦點放到 Python Package Tracker 的後端，也就是 Python 程式碼。最後，我們要學習如何對 xlwings 專案進行偵錯（debugging），這個技能適合應用在和 Python Package Tracker 之規模和複雜度相似的專案中。

在隨附程式庫的 *packagetracker* 目錄中，可以看到四個檔案。還記得我在第 1 章提過「關注點分離」嗎？我們現在要將這些檔案對映到不同的層，如表 11-4 所示：

表 11-4　關注點分離

層	檔案	描述
表現層	packagetracker.xlsm	這是前端，也是終端使用者與之互動的唯一檔案。
業務層	packagetracker.py	這個模組處理透過 web API 下載的資料，並以 pandas 對資料進行大量運算處理。
資料層	database.py	這個模組處理所有資料庫查詢。
資料庫	packagetracker.db	這是一個 SQLite 資料庫檔案。

此處值得一提的是，表現層（也就是 Excel 檔案）連一個儲存格公式都沒有，使得這個工具更便於控制和稽核。

MVC 模式

關注點分離有許多表現的形式，如表 11-4 按照層級來細分只是其中一種架構的方式。另一個主流的設計模式是「模型－視圖－控制器」（model-view-controller），又稱為「MVC 模式」。在這個架構中，應用程式的核心是「模型」，處理所有的資料和絕大部分的業務邏輯。「視圖」對應的是表現層，「控制器」則是模型和視圖之間的中間層，用來確保兩者的資料同步。為了不造成混淆，本書不會對 MVC 模式過多著墨。

搞懂各檔案對應哪些層以及負責什麼工作之後，趕緊來看看如何設定 Excel 前端。

前端

在打造一個 web 應用時，你會將其區分為兩個部分：在瀏覽器執行應用程式的「前端」和在伺服器上執行程式碼的「後端」。我們一樣使用這兩個詞語來區分 xlwings 工具的不同部分：Excel 檔案是前端，而透過 RunPython 呼叫的程式碼則是後端。如果你想從零開始打造一個前端，請在 Anaconda Prompt 中輸入以下指令（記得使用 cd 切換到你想要的目錄位置）：

```
(base)> xlwings quickstart packagetracker
```

定位至 *packagetracker* 目錄，在 Excel 開啟 *packagetracker.xlsm*。首先，請新增這三個工作表分頁：Tracker、Database 和 Dropdown，如圖 11-5 所示。

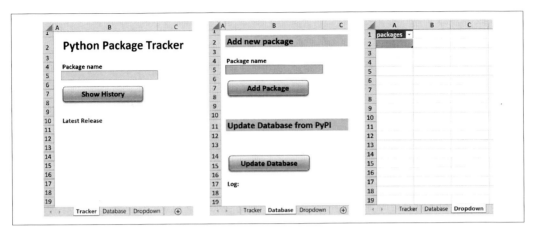

圖 11-5　打造使用者介面

照著圖 11-5 依樣畫葫蘆，你應該能搞定文字和格式設定，但我仍想多介紹一些不顯而易
見的東西：

按鈕

　　為了讓這個工具看起來不像陽春的 Windows 3.1 介面，我沒有和上一章一樣使用標
　　準的巨集按鈕，而是改從 [插入] > [圖形]，插入一個「圓角矩形」。如果你想使用
　　標準按鈕也可以，但此時請先不要指定巨集。

具名範圍

　　為了讓工具更便於維護，我們會使用具名範圍，代替 Python 程式碼的儲存碼位址。
　　因此，請新增表 11-5 列出的具名範圍。

表 11-5　具名範圍

工作表	儲存格	名稱
Tracker	B5	package_selection
Tracker	B11	latest_release
Database	B5	new_package
Database	B13	updated_at
Database	B18	log

新增具名範圍的一種方法是，選定一個儲存格，然後在 Name Box 處輸入名稱，按
下 Enter 確認新增，請參考圖 11-6。

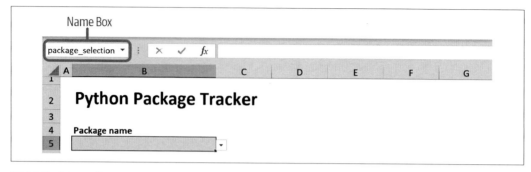

圖 11-6　Name Box

表格

在 [Dropdown] 工作表，在 A1 儲存格輸入 packages 之後，請再次選取 A1，按下 [插入] > [表格]，並啟用「我的表格有標題」。最後，選取好表格後，請到功能區的 [表格設計]（Windows）或 [表格]（macOS）分頁，將表格名稱從 Table1 重新命名為 dropdown_content，如圖 11-7 所示。

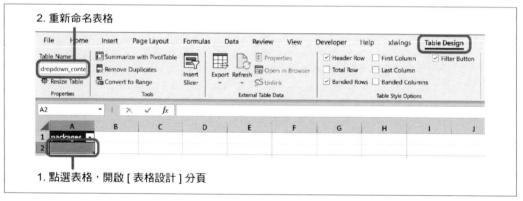

圖 11-7　重新命名 Excel 表格

資料驗證

我們對 [Tracker] 工作表的 B5 儲存格之下拉式選單使用資料驗證。請選取 B5 儲存格，定位到 [資料] > [資料驗證]，在「允許：」處選擇「清單」。在「來源：」處設定以下公式：

```
=INDIRECT("dropdown_content[packages]")
```

接著，按下「確定」。這是表格主體的一個參照，由於 Excel 並不接受對資料表的直接參照，我們必須用 INDIRECT 公式加以包裝，讓資料表剖析到它的位址。使用表格的好處是，當我們新增更多套件時，它可以重新調整下拉式選單的大小。

條件式格式設定

新增一個套件時，可能會有一些我們想提供給使用者看的錯誤，像是空白欄位、套件已存在，或是套件不存在於 PyPI 上。如果要讓這些錯誤以紅色顯示，其餘資訊以黑色表示，我們可以活用條件式格式設定的概念：當提示訊息出現 error 字眼時，讓文字顯示為紅色。在 [資料庫] 工作表上，選取 C5 儲存格，這是顯示訊息的位置。定位到 [常用] > [條件式格式設定] > [醒目提示儲存格規則] > [包含下列的文字]。輸入 **error**，然後在 [設定格式方式] 的下拉式選單中選擇「紅色文字」，最後按下 [確定]，如圖 11-8 所示。請對 [Tracker] 工作表的 C5 儲存格套用相同的條件式格式設定。

圖 11-8　Windows（左）和 macOS（右）上的條件式格式設定

格線

在 [Tracker] 和 [Database] 工作表中，格線被隱藏了，這是因為我們取消勾選了 [檢視] > [頁面配置] > [格線] 核取方塊。

此時，使用者介面已經建好了，看起來應如圖 11-5。現在，我們要在 VBA 編輯器中新增 RunPython 呼叫，然後將它們和按鈕連結起來。請按下 Alt+F11（Windows）或 Option-F11（macOS）開啟 VBA 編輯器，在 *packagetracker.xlsm* 的 VBA 專案，對左側欄中 Modules 下方的 Module1 按兩下以開啟。請刪除 SampleCall 的程式碼，替代為以下巨集：

```
Sub AddPackage()
    RunPython "import packagetracker; packagetracker.add_package()"
End Sub

Sub ShowHistory()
```

```
        RunPython "import packagetracker; packagetracker.show_history()"
    End Sub

    Sub UpdateDatabase()
        RunPython "import packagetracker; packagetracker.update_database()"
    End Sub
```

接著，對每一個按鈕按右鍵，選取「指定巨集」，將巨集指派給對應的按鈕。圖 11-9 展示的是 [Show History] 按鈕，而為 [Add Package] 和 [Update Database] 按鈕新增巨集的方法也一樣。

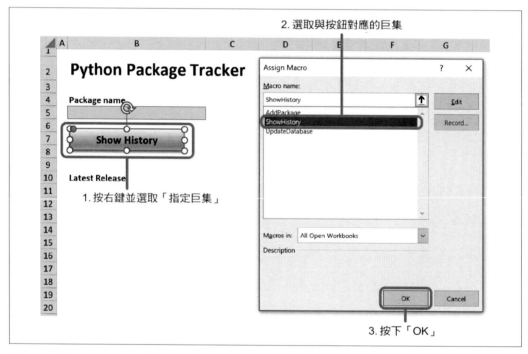

圖 11-9　將 ShowHistory 巨集指定給 [Show History] 按鈕

搞定前端後，我們來看看 Python 後端。

後端

礙於篇幅，這裡無法完整展示 *packagetracker.py* 和 *database.py* 這兩個 Python 檔案，請在 VS Code 從隨附程式庫開啟查看。我會列出幾個值得一提的程式碼段落，解釋關鍵概念。我們來看看，在 [Database] 工作表按下 [Add Package] 按鈕後，會發生些什麼。這個按鈕已經被指定好 VBA 巨集：

```
Sub AddPackage()
    RunPython "import packagetracker; packagetracker.add_package()"
End Sub
```

如你所見，RunPython 函式呼叫了在 packagertracker 模組的 add_package 的 Python 函式，請見範例 11-1。

非生產程式碼

為了讓讀者快速上手，我盡可能精簡了這個應用程式——它無法檢查出所有可能出錯的地方。在生產環境中，請讓它變得更健全。舉例來說，如果它無法找到資料庫檔案，不妨設計一個提醒使用者的錯誤提示。

範例 11-1 *packagetracker.py* 的 *add_package* 函式（不包含註解）

```
def add_package():
    db_sheet = xw.Book.caller().sheets["Database"]
    package_name = db_sheet["new_package"].value
    feedback_cell = db_sheet["new_package"].offset(column_offset=1)

    feedback_cell.clear_contents()

    if not package_name:
        feedback_cell.value = "Error: Please provide a name!"  ❶
        return
    if requests.get(f"{BASE_URL}/{package_name}/json",
                    timeout=6).status_code != 200:  ❷
        feedback_cell.value = "Error: Package not found!"
        return

    error = database.store_package(package_name)  ❸
    db_sheet["new_package"].clear_contents()

    if error:
        feedback_cell.value = f"Error: {error}"
```

```
    else:
        feedback_cell.value = f"Added {package_name} successfully."
        update_database() ❹
        refresh_dropdown() ❺
```

❶ 回饋訊息中的 "error" 會觸發條件式格式設定，在 Excel 中顯示為紅字。

❷ 根據預設，Requests 會永遠等待回應，在 PyPI 發生問題而回應速度緩慢時，應用程式會一直處於「待機」狀態。因此，如果是生產程式碼，你應該要加入明確的 **timeout** 參數。

❸ 如果操作成功，**store_package** 函式會傳回 None；如果失敗，則傳回一個錯誤訊息字串。

❹ 為求方便，我們上傳了整個資料庫。在生產環境中，你只需要加入新套件的紀錄。

❺ 這會更新 [Dropdown] 工作表的 **packages** 表格內容。加上我們在 Excel 設定好的資料驗證，可以確保所有套件都出現在 [Tracker] 工作表的下拉式選單。如果你允許資料庫從 Excel 檔案之外填入，則需要讓使用者可以直接呼叫這個函式。這種情況會發生在多位使用者從不同的 Excel 檔案使用同一個資料庫時。

相信你能根據程式碼中的註解，讀懂 *packagetracker.py* 檔案的其他函式。現在，我們來看看 *database.py* 檔案。範例 11-2 展示了前幾行程式碼。

範例 *11-2　database.py*（摘錄相關匯入項）

```
from pathlib import Path

import sqlalchemy
import pandas as pd

...

# We want the database file to sit next to this file.
# Here, we are turning the path into an absolute path.
this_dir = Path(__file__).resolve().parent ❶
db_path = this_dir / "packagetracker.db"

# Database engine
engine = sqlalchemy.create_engine(f"sqlite:///{db_path}")
```

❶ 如果想複習這行程式碼的作用，請翻到第 7 章的銷售報告部分。

這段程式碼是為了將資料庫檔案的路徑放在一起，它也同時展示了如何避開常見的錯誤，不管是圖片、CSV 檔案或是此處的資料庫檔案。如果你想快速匯入 Python 腳本，你大概只需要使用相對路徑，如我在大多數 Jupyter Notebook 的例子中所做的一樣：

```
engine = sqlalchemy.create_engine("sqlite:///packagetracker.db")
```

只要檔案位於你所在目錄，這則程式碼就能奏效。不過，當你在 Excel 透過 RunPython 執行這個程式碼，工作目錄可能不是同一個，會導致 Python 在錯誤的資料夾裡尋找檔案——你會得到一個 File not found 的錯誤。可以改成提供絕對路徑或建立如範例 11-2 的路徑來解決這個問題。這麼做可以確保 Python 在與源檔案相同的目錄尋找檔案，即便你是從 Excel 透過 RunPython 執行程式碼。

如果你想試著從零開始打造 Python Package Tracker，你需要手動建立資料庫：請將 *database.py* 檔案作為腳本執行，舉例來說在 VS Code 中按下「執行檔案」按鈕。以此建立包含兩個資料表的 *packagetracker.db* 資料庫檔案。用來建立資料庫的程式碼，位於 *database.py* 的最底部：

```
if __name__ == "__main__":
    create_db()
```

最後一行呼叫了 create_db 函式，請見下方提示了解此處 if 陳述式的意義。

if __name__ == "__main__"

你會在許多 Python 檔案的底部看見 if 陳述式。其用意為了確保只在檔案作為腳本執行時才會執行這則程式碼，比如在 Anaconda Prompt 執行 python database.py 或在 VS Code 中按下 [執行檔案] 按鈕。如果你將「檔案作為模組匯入」（如 import database），則不會觸發這則程式碼。這是因為在你將檔案作為腳本執行時，Python 會指定名稱 __main__ 給這個檔案，而當你透過 import 陳述式執行時，則會以模組名稱（database）被呼叫。Python 使用 __name__ 這個變數來追蹤檔案名稱，if 陳述式會在你將檔案以腳本執行時判斷為 True，如果你將檔案從 *packagetracker.py* 匯入，則不會觸發。

database 模組的其他部分可透過 SQLAlchemy 和 pandas 的 to_sql 和 read_sql 方法執行 SQL 陳述式，讓你同時感受兩種執行方式。

> # 移至 PostgreSQL
>
> 如果你想用基於伺服器的 PostgreSQL 取代 SQLite，只需要改動幾個設定。首先，請執行 conda install psycopg2（或是 pip install psycopg2-binary，如果你使用的不是 Anaconda 發行版），安裝 PostgreSQL 驅動程式。接著，在 *database.py*，將 create_engine 函式的連線字串改成 PostgreSQL 的版本，如表 11-3 所示。最後，想要建立資料表，請將 packages.package_id 的資料型態 INTEGER，變更為 PostgreSQL 的 SERIAL。在建立自動遞增的主鍵時，就能感受到各 SQL 語言之間的差異。

在建立和 Python Package Tracker 差不多複雜的工具時，你或多或少會遇到一些問題：舉例來說，你可能重新命名了一個 Excel 具名範圍，但忘記要一併調整 Python 程式碼。這時，偵錯程式就能派上用場。

偵錯

為了輕鬆對 xlwings 腳本進行偵錯，請直接從 VS Code 執行函式，而不是用 Excel 按鈕執行它們。位於 *packagetracker.py* 檔案底部的這幾行程式碼，可以幫助你對 add_package 函式偵錯（這和 quickstart 專案底部的程式碼相同）：

```
if __name__ == "__main__": ❶
    xw.Book("packagetracker.xlsm").set_mock_caller() ❷
    add_package()
```

❶ 我們剛好在 *database.py* 的程式碼中學習了 if 陳述式的作用；請見上方提示區。

❷ 只有當你將檔案作為腳本執行時，才能執行這則程式碼，set_mock_caller() 指令只為了偵錯而存在：當你在 VS Code 或 Anaconda Prompt 中執行檔案，這則指令會將 xw.Book.caller() 設定成 xw.Book("packagetracker.xlsm")。這麼做的唯一目的是，讓你可以從 Python 和 Excel 兩處都能執行腳本，無須在 add_package 函式中來回切換 xw.Book("packagetracker.xlsm")（從 VS Code 呼叫）和 xw.Book.caller()（從 Excel 呼叫）。

在 VS Code 開啟 *packagetracker.py*，在 add_package 函式內任一行設定中斷點（breakpoint）。然後按下 F5 並選取對話框的「Python 檔案」，開啟偵錯程式，讓程式碼在中斷點停止執行。請確保你使用的是 F5 鍵，而不是按下 [執行檔案] 按鈕，因為 [執行檔案] 按鈕會忽略中斷點。

在 *VS Code* 和 *Anaconda* 進行偵錯

在 Windows 系統上，當你對使用了 pandas 的程式碼頭一次使用 VS Code 偵錯程式時，可能會出現這個錯誤：Exception has occurred: ImportError, Unable to import required dependencies: numpy.（發生例外情況：ImportError，無法匯入指定依賴項：numpy）。這是因為在妥善啟動 conda 環境前，已經開啟了偵錯程式。應急辦法是停止偵錯程式，請點選 [停止] 圖示，然後按 F5——第二次就能正常運作了。

如果你不太清楚 VS Code 的偵錯程式如何運作，請參閱附錄 B，我會解釋所有相關功能和按鈕。當我們在下一章進行回顧時也會再一次提到這個主題。如果你想對不同的函式進行偵錯，請停止目前的偵錯工作，在檔案底部修改函式名稱。舉例來說，如果你想對 show_history 函式進行偵錯，請將 *packagetracker.py* 最後一行程式碼修改如下，然後按 F5：

```python
if __name__ == "__main__":
    xw.Book("packagetracker.xlsm").set_mock_caller()
    show_history()
```

在 Windows 系統上，你也可以啟用 xlwings 增益集的 [顯示控制台] 核取方塊，這會在 RunPython 呼叫執行時，同時顯示一個「命令提示字元」視窗 [2]，讓你可以印出額外資訊，以利對問題進行偵錯。舉例來說，你可以印出某個變數的值，在命令提示字元上進行檢查。程式碼執行完成後，此命令提示字元就會關閉。如果你想繼續開著它，有一個簡單的辦法：在函式最後一行加上 input()。這會讓 Python 不至於立刻關閉命令提示字元，而是等待使用者輸入。檢查完輸出結果後，請對命令提示字元按 Enter 來關閉它——在取消勾選 [顯示控制台] 選項時，記得要移除 input()！

2　截至本書撰寫之際，macOS 尚未提供此選項。

結語

本章說明了如何只花少少心力，也能打造出一個相對複雜的應用程式。在與外部系統互動這一點上，學會運用強大的 Python 套件如 Requests 或 SQLAlchemy 之後，對我來說這是和 VBA 截然不同的體驗。如果你的使用情境和本章相似，我強烈建議你更深入探索 Requests 和 SQLAlchemy 這兩個套件──學會高效處理外部資料來源，讓你從此和枯燥的「複製／貼上」說再見。

除了點選按鈕之外，有些使用者偏好使用儲存格公式來打造 Excel 工具。下一章要說明 xlwings 如何幫助你用 Python 編寫使用者定義函式，再次活用目前為止學過的 xlwings 概念。

## 第十二章

使用者定義函式（UDF）

前三章說明了如何以 Python 腳本自動化執行 Excel，以及如何在 Excel 中按下按鈕執行腳本。本章要介紹「使用者定義函式」（user-defined functions，UDFs），這是使用 xlwings 從 Excel 呼叫 Python 程式碼的另一種方式。UDF 的使用方法，和你在 Excel 儲存格中呼叫 Python 內建函式如 SUM 或 AVERAGE 相同。和上一章一樣，我們會從 quickstart 指令開始講起，幫助我們快速開始打造第一個 UDF。接著，藉由一份從 Google Trends 擷取和處理資料的案例研究，我們能夠學著處理更複雜的 UDF：瞭解如何結合 pandas Dataframe 和 plot，並且對 UDF 偵錯。最後，我們會瀏覽幾個聚焦在改善效能上的進階主題。很可惜，xlwings 尚未支援 macOS 系統的 UDF，本章出現的範例只能在 Windows 系統上執行[1]。

給 macOS 和 Linux 使用者

即使你不是使用 Windows 系統，不妨也一起瀏覽 Google Trends 案例分析，你可以在 macOS 系統上使用 RunPython 呼叫進行練習。你也可以利用第 8 章介紹的 writer 函式庫製作一份報表，在 Linux 系統上也可行。

---

1 Windows 實作版使用 COM 伺服器（我曾在第 9 章簡單介紹過），由於 macOS 系統不存在 COM，使用者必須從零開始打造 UDF，然而這是一項浩大工程，目前尚未完成。

開始使用 UDF

本節首先介紹編寫 UDF 的前提條件，然後介紹如何使用 quickstart 指令執行我們第一個 UDF。為了方便練習本章範例程式碼，你需要安裝 xlwings 增益集，並在 Excel 中啟用「信任存取 VBA 專案物件模型」：

增益集

你應該早在第 10 章時就安裝好 xlwings。雖然這並非執行部署的硬性條件，但安裝 xlwings 可以讓你的開發工作更輕鬆，特別是在按下 [Import FUnctions]（匯入函式）按鈕時，你也可以將活頁簿設定為單一模式來替代 xlwings，詳情請見第 10 章。

信任存取 *VBA* 專案物件模型

為了編寫你的第一個 UDF，你需要在 Excel 上進行設定：請到 [檔案] > [選項] > [信任中心] > [信任中心設定] > [巨集設定]，勾選並啟用 [信任存取 VBA 專案物件模型]，如圖 12-1 所示。啟用此選項後，當你按下增益集中的 [Import Functions] 按鈕，xlwings 能自動插入 VBA 模組到你的活頁簿中，我們很快就會看到這個操作。由於你只會在匯入階段用到此設定，請將它視為一種終端使用者無須在意的開發人員設定。

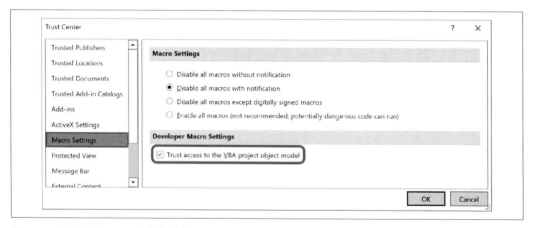

圖 12-1　信任存取 VBA 專案物件模型

滿足這兩個前提條件後，你已經準備好執行第一個 UDF 了！

UDF Quickstart

老樣子，執行 quickstart 依舊是讓我們最快開始的方法。在 Anaconda Prompt 上執行以下程式碼之前，請確認你已經利用 cd 指令，切換到你所選擇的目錄。舉例來說，如果目前所在位置是本機目錄，而你想要切換到桌面，請先執行 cd Desktop：

```
(base)> xlwings quickstart first_udf
```

請在檔案總管中導引至 *first_udf* 資料夾，並在 Excel 開啟 *first_udf.xlsm*，在 VS Code 開啟 *first_udf.py*。接著，在 [xlwings] 功能區，點選 [Import Functions] 按鈕。根據預設，這是一個無聲行動，你只會在出現錯誤時才看見提示訊息。不過，如果你啟用了增益集內的 [Show Console] 核取方塊，然後再一次按下 [Import Functions] 按鈕，則會開啟命令提示字元並印出以下訊息：

```
xlwings server running [...]
Imported functions from the following modules: first_udf
```

第一行的重點在於：Python 正在執行中。第二行則確認它從 first_udf 模組正確匯入函式。現在，請在 *first_udf.xlsm* 的 A1 儲存格中輸入 **=hello("xlwings")** 並按下 Enter 鍵，你會看到此公式如圖 12-2 所示。

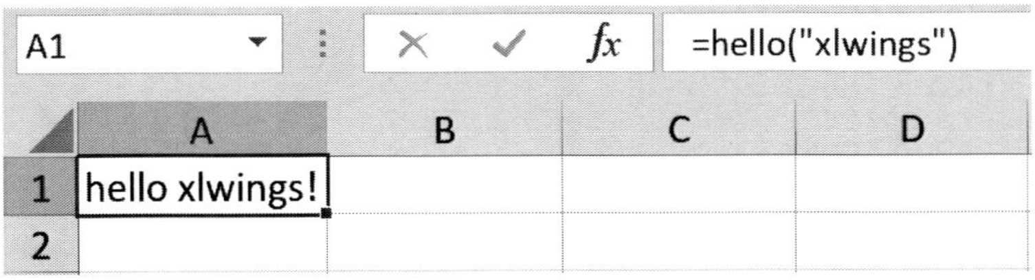

圖 12-2　first_udf.xlsm

我們來細細分解這一切是如何運作的：先從 *first_udf.py* 的 hello 函式開始（範例 12-1），這是我們先前略過的 quickstart 程式碼部分。

範例 *12-1　first_udf.py*（摘錄）

```
import xlwings as xw


@xw.func
def hello(name):
    return f"Hello {name}!"
```

每一個用 @xw.func 標註的函式，會在按下 [Import Functions] 按鈕時被匯入到 Excel 中。你可以在儲存格公式中使用它，稍後介紹其技術細節。@xw.func 是一個「裝飾器」（decorator），這表示你需要在函式的定義之前直接放上裝飾器。如果想更瞭解什麼是裝飾器，請參考下欄內容。

函式裝飾器

裝飾器是以 @ 符號開頭的函式名稱，放在某個函式定義之前。這是改變某個函式行為的一種簡易方法，被 xlwings 用來辨識你想在 Excel 中提供哪些函式。為了幫助你更理解裝飾器的運作原理，以下範例示範了一個名為 verbose 的裝飾器之定義，它會在 print_hello 執行前後，印出一些文字。技術上來說，這個裝飾器取用了 print_hello 函式，並將它作為 func 引數提供給 verbose 函式。在命名為 wrapper 的內部函式中「加工處理我們要的功能」，在本例中，它在呼叫 print_hello 函式前後都印出值。內部函式的名字為何並不重要。

```
In [1]: # This is the definition of the function decorator
        def verbose(func):
            def wrapper():
                print("Before calling the function.")
                func()
                print("After calling the function.")
            return wrapper

In [2]: # Using a function decorator
        @verbose
        def print_hello():
            print("hello!")

In [3]: # Effect of calling the decorated function
        print_hello()

Before calling the function.
hello!
After calling the function.
```

本章末尾的表 12-1，為你整理了 xlwings 所提供的所有裝飾器。

根據預設，如果函式引數為儲存格範圍，xlwings 會傳回這些儲存格範圍的值，而不是 xlwings range 物件。在大多數情況下，這非常方便，可以讓你將某個儲存格作為引數呼叫 hello 函式。舉例來說，你可以在 A2 儲存格內輸入 xlwings，然後將 A1 儲存格裡的公式修改為：

```
=hello(A2)
```

執行結果如圖 12-2。我會在本章最後一節示範如何變更此行為，讓引數傳回 xlwings range 物件——屆時我們會學習這在何時能派上用場。在 VBA 中，相應的 hello 函式如下所示：

```
Function hello(name As String) As String
    hello = "Hello " & name & "!"
End Function
```

在增益集中點選 [Import Functions] 按鈕後，xlwings 會插入一個名為 xlwings_udfs 的模組到你的 Excel 活頁簿中。此模組包含了 VBA 函式，對應每一個你匯入的 Python 函式：這些 wrapper VBA 函式用來執行相應的 Python 函式。雖然沒人會阻止你用 Alt+F11 開啟 VBA 編輯器查看 xlwings_udfs 這個 VBA 模組，你可以放心地忽略它，因為其程式碼是自動產生的，當你再一次按下 [Import Functions] 按鈕後，任何變更都會消失。我們來對 *first_udf.py* 的 hello 函式動點手腳，將傳回值的 Hello 改為 Bye 試試：

```
@xw.func
def hello(name):
    return f"Bye {name}!"
```

想在 Excel 中重新計算函式，你可以對 A1 儲存格按兩下修改公式（或選取該儲存格並按下 F2 啟用編輯模式），然後按下 Enter 鍵。或者，按下鍵盤快捷鍵 Ctrl+Alt+F9：「強制」對包括 hello 公式在內的所有已開啟活頁簿中的所有工作表重新計算。請注意，F9（重新計算所有已開啟活頁簿的所有工作表）或 Shift+F9（重新計算已開啟工作表）不會重新對 UDF 進行計算，因為 Excel 只會在某個相關儲存格變更時觸發 UDF 的重新計算。如欲修改此行為，你可以增加 volatile 引數給 func 裝飾器，讓函式變得 *volatile*，提醒編譯器它後面所定義的值隨時有可能改變。

```
@xw.func(volatile=True)
def hello(name):
    return f"Bye {name}!"
```

在每一次 Excel 執行重新計算時，volatile 函式會被重新評估——無論函式的依賴項是否改變了。Excel 有一些內建函式就是 volatile 函式，例如 =RAND() 或 =NOW()，如果過多使用它們，會讓活頁簿執行速度變得緩慢，建議適度使用就好。當你和我們剛剛見到的一樣，變更了函式名稱或引數或 func 裝飾器，你需要再一次點選 [Import Functions]，重新匯入你的函式：這會重新啟動 Python 編譯器，然後匯入更新後的函式。由於此時函式有了 volatile 修飾，當你將 Bye 重新修改為 Hello，可以使用鍵盤快捷鍵 Shift+F9 或 F9 來重新計算公式。

修改後要儲存 Python 檔案

在進行改動後忘記儲存 Python 原始檔是一個常見的陷阱。永遠要記得重複檢查 Python 檔案是否已儲存好，然後再在 Excel 中按下 [Import Functions] 按鈕或再重新計算 UDF。

根據預設，xlwings 從 Python 檔案匯入函式的儲存位置和 Excel 檔案位於相同目錄。重新命名和移動 Python 原始檔的方法和第 10 章介紹 RunPython 呼叫時一樣：請將 *first_udf.py* 重新命名為 *hello.py*。為了讓 xlwings 得知這一變動，請新增模組名稱如 hello（記得去掉 *.py* 副檔名！）到 xlwings 增益集的 [UDF Modules] 中，如圖 12-3 所示。

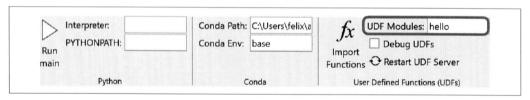

圖 12-3　UDF Modules 設定

請點選 [Import Functions] 按鈕，重新匯入函式。接著，在 Excel 中重新計算公式，確認一切正常執行。

從多個 Python 模組匯入函式

如果你想從多個模組匯入函式，請在 [UDF Modules] 輸入時使用 ; 符號，例如：hello;another_module。

現在，請將 *hello.py* 移動至你的桌面：你需要將桌面路徑新增到 xlwings 增益集的 PYTHONPATH。如第 10 章的相關內容，你可以使用環境變數進行設定，也就是將增益集中的 PYTHONPATH 設定為 *%USERPROFILE%\Desktop*。如果你還保留著第 10 章 *pyscripts* 資料夾的路徑，你可以對其覆寫或以分號（;）分隔不同的路徑。完成修改後，請再次點選 [Import Functions]，並在 Excel 中重新計算函式，驗證一切如常運作。

配置和部署

在本章內容中，我所指的都是對 xlwings 增益集進行變更，不過，出現在第 10 章關於「配置和部署」的內容，也可以套用到本章主題。這意味著，你可以在 xlwings.conf 表，或是和 Excel 檔案所在目錄相同的配置檔（config file）進行設定的變更。除了使用 xlwings 增益集，你還可以使用設定為單一模式的活頁簿。藉由 UDF，你可以打造自訂的增益集──在所有的活頁簿中共用你的 UDF，無須一個一個匯入到個別活頁簿中。關於如何打造自訂增益集的內容，請參考 xlwings docs（*https://oreil.ly/uNo0g*）。

如果你修改了 UDF 的 Python 程式碼，每當你儲存 Python 檔案時，xlwings 會自動取得這些變更。如前所述，在變更了函數名稱、引數或裝飾器之後，你只需重新匯入 UDF。不過，如果你的原始檔案匯入了來自其他模組的程式碼，並且對這些模組進行了修改，讓 Excel 取得這些變更的最簡單方法是，點選 [Restart UDF Server]。

現在，你瞭解了如何用 Python 編寫簡單的 UDF，並將其運用在 Excel 上。下節的案例研究帶你一覽 UDF 更加實際的用途，它使用了 pandas DataFrame。

案例分析：Google Trends

在這份案例研究中，我們會使用來自 Google Trends 的資料，學習如何結合 pandas DataFrame 和「動態陣列」（dynamic array），這是 Microsoft 於 2020 年正式推出的新功能之一。我們要打造一個 UDF，直接連結到 Google Trends，另一個 UDF 使用 DataFrame 的 plot 方法。最後，我們要學習如何對 UDF 進行偵錯。那麼，先從認識 Google Trends 開始吧！

Google Trends 簡介

Google Trends（Google 搜尋趨勢（*https://oreil.ly/G6TpC*））是 Google 開發的一款服務，用於分析使用者在 Google 中搜尋過的條目。分析的結果會在世界地圖上顯示出對於條目的地區關注度差異。圖 12-4 展示了幾個主流程式設計語言的搜尋結果（圖中誤將 Javascript 誤植為 JSON 了），將搜尋範圍設定為 [Worldwide]（全球），時間範圍設定為 1/1/16 - 12/26/20。將每一個搜尋字詞的搜尋範圍限定為 *Programming Language*，如此可以忽略「大蟒蛇」（Python）和「爪哇島」（Java）等同音複意詞。Google 對選定時間和位置範圍中符合關鍵字詞的前 100 筆資料進行索引。在這個例子中表示，在給定的時間範圍與位置內，搜尋熱度最高的字詞是 Java，時間是 2016 年 2 月。更多關於 Google Trends 的介紹，請參考官方部落格文章（*https://oreil.ly/_aw8f*）。

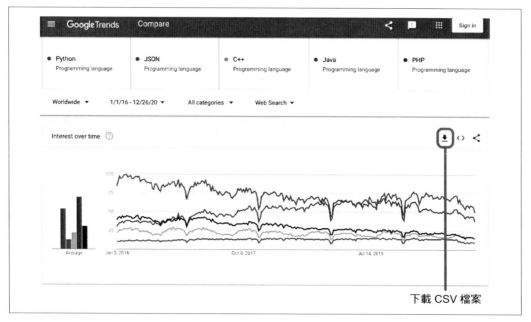

下載 CSV 檔案

圖 12-4　搜尋熱度的趨勢變化（資料來源：Google Trends（*https://oreil.ly/SR8zD*））

 隨機樣本

Google Trends 的搜尋結果是根據隨機樣本取得的，這意味著，即便選定了相同位置、時間範圍和搜尋字詞，你的搜尋結果也可能和圖 12-4 有些微差異。

我按下了圖 12-4 顯示的下載按鈕，取得一份 CSV 檔案，並將資料複製到 quickstart 專案的 Excel 活頁簿中。在下一節，我會說明如何尋找這份活頁簿——在 Excel 中直接用 UDF 進行資料分析！

處理 DataFrame 和 Dynamic Array

讀到這裡，你應該不難想見，pandas DataFrame 也是 UDF 的最佳夥伴。想知道 DataFrame 和 UDF 如何並肩合作，並且認識動態陣列，請到隨附程式庫的 *udfs* 目錄中的 *describe* 資料夾，在 Excel 中開啟 *describe.xlsm*，在 VS Code 中開啟 *describe.py*。Excel 檔包含了從 Google Trends 下載的資料，而 Python 檔案則包含了一個簡單的函式，如範例 12-2 所示。

範例 *12-2　describe.py*

```
import xlwings as xw
import pandas as pd


@xw.func
@xw.arg("df", pd.DataFrame, index=True, header=True)
def describe(df):
    return df.describe()
```

和 quickstart 專案的 hello 函式相比，這裡多了第二個裝飾器：

```
@xw.arg("df", pd.DataFrame, index=True, header=True)
```

arg 表示 *argument*，允許你套用同樣的轉換器和選項，就如我在第 9 章介紹 xlwings 語法時一樣。換句話說，這個裝飾器為 UDF 提供了和 xlwings range 物件相同的 options 方法。更正式一點，這是 arg 裝飾器的語法：

```
@xw.arg("argument_name", convert=None, option1=value1, option2=value2, ...)
```

為了幫助你連結第 9 章的知識，在腳本的形式中，與 describe 函式對應的程式碼如下（預設在 Excel 中開啟了 *describe.xlsm*，且函式被套用到 A3:F263 範圍）：

```
import xlwings as xw
import pandas as pd


data_range = xw.Book("describe.xlsm").sheets[0]["A3:F263"]
df = data_range.options(pd.DataFrame, index=True, header=True).value
df.describe()
```

index 和 header 這兩個選項並非必要，因為他們使用了預設引數，我在此處附上的原因是想展示它們被套用到 UDF 上。當 *describe.xlsm* 是使用中的活頁簿，請按下 [Import Functions] 按鈕，然後在空白儲存格（比如 H3 儲存格）中輸入 **=describe(A3:F263)**。根據你的 Excel 版本，按下 Enter 的回應也有所不同——更明確來說，要看你的 Excel 版本是否足夠新，可以支援**動態陣列**。如果可以，那麼你將看到如圖 12-5 的畫面，H3:M11 儲存格範圍內 describe 函式的輸出結果被一個細細的藍色框線圍了起來。只有游標位於陣列內部時才會顯示藍色邊框，由於它實在蠻不明顯，在本書的紙本版中可能難以看清。我們馬上就會認識動態陣列的運作方式，你也可以在後文的「動態陣列」（第 277 頁）中瞭解更多內容。

H3	▼ : ✕ ✓ *fx*	=describe(A3:F263)										
	A	B	C	D	E	F	G	H	I	J	K	L	M
1	Category: All categories												
2													
3	Week	Python	JavaScript	C++	Java	PHP			Python	JavaScript	C++	Java	PHP
4	1/3/2016	30	47	22	84	39		count	260	260	260	260	260
5	1/10/2016	33	48	23	90	42		mean	54.42692	49.78462	21.58462	69.71923	30.54615
6	1/17/2016	35	51	26	97	43		std	12.07659	5.047243	3.442376	14.51673	7.543042
7	1/24/2016	35	52	25	94	41		min	30	32	13	38	15
8	1/31/2016	37	52	26	95	44		25%	45	48	19	60	25
9	2/7/2016	35	49	27	98	42		50%	55.5	50	21	68	29
10	2/14/2016	37	53	27	99	43		75%	64	53	24	81	37
11	2/21/2016	38	53	27	100	44		max	77	60	29	100	45
12	2/28/2016	38	54	27	96	44							

藍色框線

如果你使用的 Excel 版本不支援動態陣列，那麼畫面上看起來應該什麼變化都沒有：根據預設，此公式只會傳回 H3 儲存格，而這是一個空白的儲存格。為了修正這個問題，請使用 Microsoft 的舊版「CSE 陣列」（CSE arrays）。不能只是按下 Enter 鍵，而是必須按住 Ctrl+Shift+Enter 組合鍵來確認執行 Ctrl + Shift + Enter（CSE）公式——這正是「CSE 陣列」的命名由來。我們來看看它如何運作：

- 選取 H3 並按下 Delete 鍵，確認 H3 是空白儲存格。

- 由 H3 儲存格開始，選取到 M11 之間的所有儲存格。

- 選取 H3:M11 儲存格範圍後，輸入公式 **=describe(A3:F263)**，然後按下 Ctrl+Shift+Enter 進行確認。

這時應該能看見類似圖 12-5，但稍有不同的畫面：

- H3:M11 儲存格範圍的外緣沒有藍色框線。

- 以大括號表示公式為 CSE 陣列：{=describe(A3:F263)}。

- 如欲刪除動態陣列，你只需選取左上角儲存格並按下 Delete 鍵，而 CSE 陣列則必須先選取全部陣列才能刪除。

現在，為函式新增 selection 選用參數，指定我們想在輸出結果中包含哪些欄位。如果你有許多欄位（columns），但只想在 describe 函式中納入一部分子集，那麼 selection 是一個相當實用的功能。請將函式修改如下：

```
@xw.func
@xw.arg("df", pd.DataFrame) ❶
def describe(df, selection=None): ❷
    if selection is not None:
        return df.loc[:, selection].describe() ❸
    else:
        return df.describe()
```

❶ 我拿掉了使用預設值的 index 和 header 引數，你也可以選擇保留。

❷ 新增 selection 參數，將 None 指定為預設值，設定為選用參數。

❸ 如果提供 selection 的值，則根據其值對 DataFrame 的欄位進行篩選。

完成修改函式後，請記得儲存檔案，然後按下 xlwings 增益集的 [Import Functions] 按鈕，這是必要步驟，因為我們新增了一個新的參數。在 A2 儲存格輸入 **Selection**，在 B2:F2 儲存格內輸入 **TRUE**。最後，根據有無動態陣列，調整 H3 儲存格內的公式：

有動態陣列

選取 H3，將公式修改成 **=describe(A3:F263, B2:F2)**，然後按 Enter 鍵。

無動態陣列

從 H3 開始，選取 H3:M11 範圍，然後按下 F2 對 H3 儲存格啟用編輯模式，將公式修改為 **=describe(A3:F263, B2:F2)**。最後，按下 Ctrl+Shift+Enter 確認執行。

我們來測試一下這個強化版函式，將表示 Java 資料的 E2 儲存格的 **TRUE** 改成 **FALSE**，看看會發生什麼：在動態陣列的情況，你會看見這個表格神奇地少了一欄，而舊版的 CSE 陣列則會傳回一欄全是 #N/A 的值，如圖 12-6 所示。

為了處理這個問題，xlwings 可以使用 return 裝飾器，重新調整舊版 CSE 陣列。請將函式修改如下：

```
@xw.func
@xw.arg("df", pd.DataFrame)
@xw.ret(expand="table") ❶
def describe(df, selection=None):
    if selection is not None:
        return df.loc[:, selection].describe()
    else:
        return df.describe()
```

❶ 新增 return 裝飾器和 expand="table" 選項，xlwings 會重新調整 CES 陣列，符合傳回的 DataFrame 的維度。

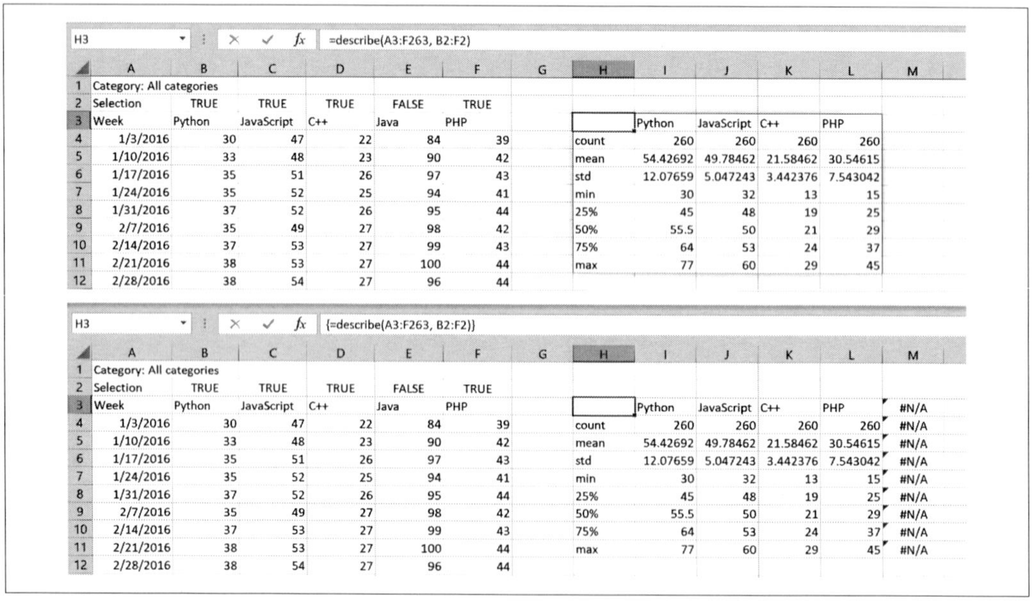

圖 12-6　拿掉一個欄位後的動態陣列（上圖）vs. CSE 陣列（下圖）

新增 return 裝飾器後，請儲存 Python 原始檔，然後切換至 Excel，按下 Ctrl+Alt+F9 來重新計算；這麼做將重新調整 CSE 陣列，移除 #N/A 欄位。不過這種做法實在過於彆扭，我誠心建議你盡力取得能支援動態陣列的 Excel 版本。

函式裝飾器的次序

請務必將 xw.func 裝飾器置於 xw.arg 和 xw.ret 裝飾器之上；xw.arg 和 xw.ret 的先後次序則無影響。

「return 裝飾器」的運作概念和引數裝飾器一樣，唯一差別在於，你不需要指定引數的名稱。正式來講，其語法如下所示：

```
@xw.ret(convert=None, option1=value1, option2=value2, ...)
```

通常不需要提供一個明確的 convert 引數，因為 xlwings 會自動識別傳回值的資料型態——這和第 9 章編寫值到 Excel 所用的 options 方法一樣。

舉個例子，如果不想顯示傳回 DataFrame 的索引，可使用這個裝飾器：

```
@xw.ret(index=False)
```

動態陣列

透過 describe 函式瞭解動態陣列如何運作後，我想你一定同意，動態陣列是繼 Microsoft 推出 Excel 以來，最不可或缺且令人期待的新功能。動態陣列於 2020 年正式推出，開放給使用最新版本 Excel 的 Microsoft 365 服務訂閱用戶。如欲查看你的 Excel 版本，請檢查是否存在 UNIQUE 功能：在一個儲存格中輸入 **=UNIQUE**，如果 Excel 建議了該函式名稱，則表示此版本支援動態陣列。如果你不是 Microsoft 365 訂閱者，而是使用永久授權版本的 Excel，則你應該可以在 Offices 2021 版本中取得動態陣列服務。以下是關於動態陣列的幾個技術細節：

- 如果動態陣列覆寫了某個包含值的儲存格，你會得到 **#SPILL!** 錯誤。清除或移動儲存格，為動態陣列清出空間後，就能寫出陣列。請注意，有 **expand="table"** 的 xlwings return 裝飾器不夠聰明，會在未經提示的情況下就覆寫存在的儲存格值！

- 你可以使用左上角儲存格加上 **#** 符號，來參照一個動態陣列的範圍。舉例來說，如果動態陣列位於 A1:B2 範圍，而你想要加總所有儲存格，請編寫：**=SUM(A1#)**。

- 如果想讓動態陣列變得像舊版 CSE 陣列，請在公式前加上一個 **@** 符號，比如你想要某個矩陣乘法傳回一個舊版 CSE 陣列，請使用 **=@MMULT()**。

下載 CSV 檔案，將資料複製貼上到 Excel 檔案，對這個簡單的 DataFrame 例子來說無傷大雅，但「複製／貼上」的動作相當容易在不經意間引入錯誤，是我們應該盡可能避免的流程。下一節教你怎麼做！

從 Goolge Trends 擷取資料

前面我們見到的所有範例都相當簡單，大多是包裝單個 pandas 函式。為了做好準備，處理更加實際的用例，我們來建立一個 UDF，直接從 Google Trends 下載資料，讓你從此再也不需要自行上網，手動下載 CSV 檔案。Google Trends 並未提供官方 API（應用程式介面），但我們可以改為使用 pytrends 這個套件（*https://oreil.ly/SvnLl*）。不提供官方 API，意味著 Google 可以隨時對服務進行變更，所以存在本範例內容可能停止運作的風險。不過，由於 pytrends 在本書撰寫之時已經存在五年以上，所以 pytrends 也有機會進行更新，納入新的變更並使一切再次運作。無論如何，這是一個很好的例子，證實了我在第 1 章說過的「Python 套件應有盡有」的論點。如果你受限只能使用 Power Query，你大概需要投入更多時間取得可用的東西——至少我尚未找到一個能夠隨插隨用的免費解決方案。由於 pytrends 並未隨附於 Anaconda 發行版，也沒有一個官方的 Conda 套件，如果你尚未取得它，可以使用 pip 進行安裝：

```
(base)> pip install pytrends
```

為了在 Google Trends 上完整重現如圖 12-4 的搜尋結果，我們需要指定在 Programming language 範圍搜尋相關字詞，並使用正確的辨識符。為此，pytrends 可以印出 Google 於下拉式選單中所建議的不同脈絡（context）或「類型」。在以下範例程式碼中，mid 表示 *Machine ID*，這是我們要查找的 ID：

```
In [4]: from pytrends.request import TrendReq

In [5]: # First, let's instantiate a TrendRequest object
        trend = TrendReq()

In [6]: # Now we can print the suggestions as they would appear
        # online in the dropdown of Google Trends after typing in "Python"
        trend.suggestions("Python")

Out[6]: [{'mid': '/m/05z1_', 'title': 'Python', 'type': 'Programming language'},
         {'mid': '/m/05tb5', 'title': 'Python family', 'type': 'Snake'},
         {'mid': '/m/0cv6_m', 'title': 'Pythons', 'type': 'Snake'},
         {'mid': '/m/06bxxb', 'title': 'CPython', 'type': 'Topic'},
         {'mid': '/g/1q6j3gsvm', 'title': 'python', 'type': 'Topic'}]
```

參考上面程式碼，一一搜尋其他程式語言，取得正確的 mid，然後寫出如範例 12-3 的 UDF。你可以在隨附程式庫的 *udfs* 資料夾中的 *google_trends* 目錄找到原始碼。

範例 *12-3* *google_trends.py* 中的 get_interest_over_time 函式

　　　　　　（摘錄相關匯入項）

```python
import pandas as pd
from pytrends.request import TrendReq
import xlwings as xw


@xw.func(call_in_wizard=False) ❶
@xw.arg("mids", doc="Machine IDs: A range of max 5 cells") ❷
@xw.arg("start_date", doc="A date-formatted cell")
@xw.arg("end_date", doc="A date-formatted cell")
def get_interest_over_time(mids, start_date, end_date):
    """Query Google Trends - replaces the Machine ID (mid) of
    common programming languages with their human-readable
    equivalent in the return value, e.g., instead of "/m/05z1_"
    it returns "Python".
    """ ❸
    # Check and transform parameters
    assert len(mids) <= 5, "Too many mids (max: 5)" ❹
    start_date = start_date.date().isoformat() ❺
    end_date = end_date.date().isoformat()

    # Make the Google Trends request and return the DataFrame
    trend = TrendReq(timeout=10) ❻
    trend.build_payload(kw_list=mids,
                        timeframe=f"{start_date} {end_date}") ❼
    df = trend.interest_over_time() ❽

    # Replace Google's "mid" with a human-readable word
    mids = {"/m/05z1_": "Python", "/m/02p97": "JavaScript",
            "/m/0jgqg": "C++", "/m/07sbkfb": "Java", "/m/060kv": "PHP"}
    df = df.rename(columns=mids) ❾

    # Drop the isPartial column
    return df.drop(columns="isPartial") ❿
```

❶ 根據預設，Excel 在你開啟 Function Wizard 時呼叫函式。由於這會導致速度變慢，特別是涉及 API 呼叫的時候，我們在此關閉它。

❷ （選填）新增文件字串到函式引數，當你對其進行編輯時，會顯示於 Function Wizard，如圖 12-8 所示。

❸ 函式的文件字串顯示於 Function Wizard，如圖 12-8 所示。

❹ assert 陳述式容易在使用者提供太多 mids 時誘發錯誤。Google Trends 每一次查詢最多允許五個 mids。

❺ 我們需要將開始日期與結束日期以單一字串提供給 pytrends，其格式為 YYYY-MM-DD。而我們提供的開始日期和結束日期是 datetime 物件，因此呼叫 date 和 isoformat 方法來正確調整格式。

❻ 實例化一個 pytrends request 物件。將 timeout 設定為 10 秒，減少出現 requests.exceptions.ReadTimeout 錯誤的風險，這有時會出現在 Google Trends 回應速度較慢的時候。如果你仍見到這類錯誤，請重新執行函式，或者增加逾時秒數。

❼ 提供 kw_list 和 timeframe 引數給 request 物件。

❽ 呼叫 interest_over_time，實際執行請求，這會傳回一個 pandas DataFrame。

❾ 將 mids 重新命名為人類可讀的相應名稱。

❿ 最後一個欄位叫做 isPartial。True 表示目前區間（如一週）尚未結束，因此不包含全部資料。為了簡潔並與線上版本維持一致，在傳回 DataFrame 時我們會捨棄這個欄位。

現在，請從隨附程式庫開啟 *google_trends.xlsm*，點選 xlwings 增益集的 [Import Functions]，然後從 A4 儲存格呼叫 get_interest_over_time 函式，如圖 12-7 所示。

插入函式

A4   ▼   ⋮   ×   ✓   *fx*   =get_interest_over_time(B3:F3, B1, D1)

	A	B	C	D	E	F
1	start date	1/1/2016	end date	12/26/2020		
2						
3	mid	/m/05z1_	/m/02p97	/m/0jgqg	/m/07sbkfb	/m/060kv
4	date	Python	JavaScript	C++	Java	PHP
5	1/3/2016	30	47	22	84	39
6	1/10/2016	33	48	23	90	42
7	1/17/2016	35	51	26	97	43
8	1/24/2016	35	52	25	94	41
9	1/31/2016	37	52	26	95	44

圖 12-7　google_trends.xlsm

為了取得這些函式引數的幫助，請在選取 A4 儲存格的時候，按下公式列左側的 [Insert Function]（插入函式）按鈕：這會開啟 Function Wizard，此時你可以在 xlwings 類別中找到 UDF。在選取 get_interest_over_time 後，你可以同時看到函式引數以及作為函式描述的文件字串（前 256 個字元），請見圖 12-8。或者，對 A4 儲存格輸入 **=get_interest_over_time(**（包括 ( )，然後按下 [Insert Function] 按鈕──直接顯示如圖 12-8 的畫面。注意，UDF 會傳回未經格式調整的日期。如欲進行修改，請對有日期的欄位按右鍵，選取 [格式化儲存格]，然後在 [日期] 類別中選取你需要的格式。

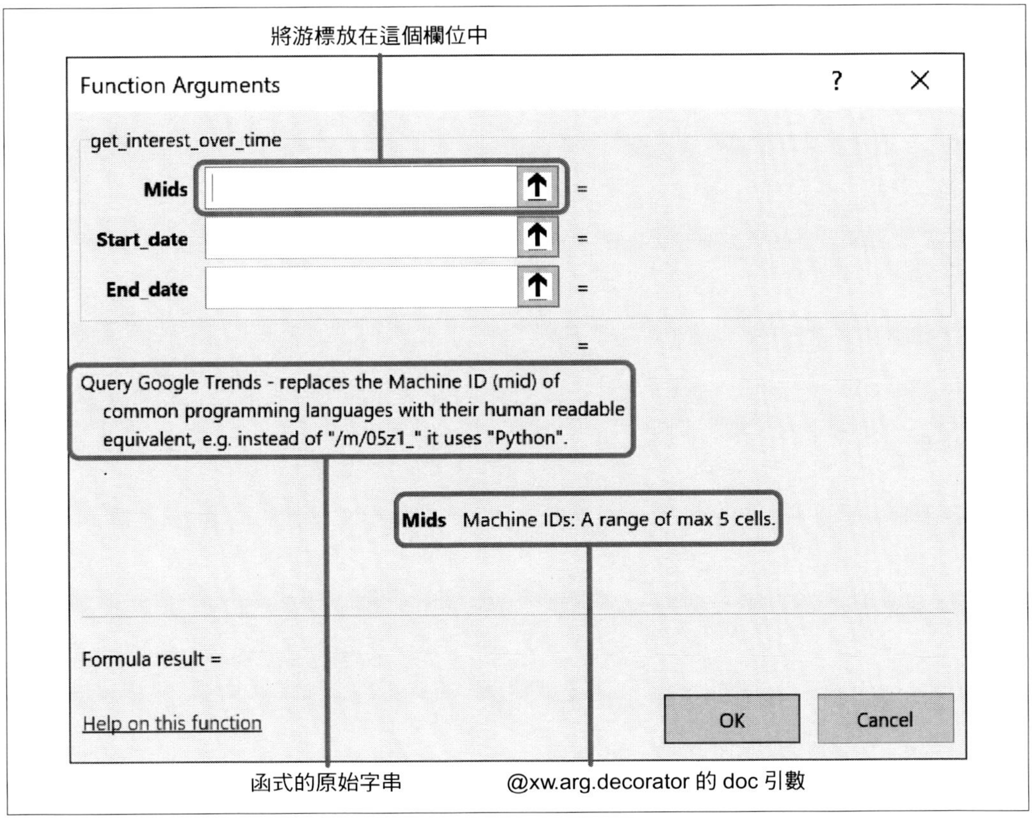

圖 12-8　Function Wizard

如果非常仔細觀察圖 12-7，你會發現這是一個有著藍色框線的動態陣列。因為這並非完整截圖，你大概只會看見從 A4 儲存格上方和右側開始的框線，而且也不見得能清楚辨識。如果你的 Excel 版本並不支援動態陣列，請使用替代方案，將以下的 return 裝飾器新增到 get_interest_over_time 函式（既有裝飾器的下方）：

```
@xw.ret(expand="table")
```

現在，懂得如何處理更為複雜的 UDF 之後，我們來看看如何利用 UDF 繪圖吧！

以 UDF 繪圖

也許你還記得第 5 章的內容，我們呼叫 DataFrame 的 plot 方法後，會傳回預設的 Matplotlib plot。在第 9 章和第 11 章，我們也學習了如何將 plot 以圖片形式加入 Excel 中。在 UDF 的情況，有一種產生 plot 的簡單方法：請看 *google_trends.py* 的第二個函式，如範例 12-4 所示。

範例 *12-4 google_trends.py* 中的 plot 函式（摘錄相關匯入項）

```
import xlwings as xw
import pandas as pd
import matplotlib.pyplot as plt


@xw.func
@xw.arg("df", pd.DataFrame)
def plot(df, name, caller):  ❶
    plt.style.use("seaborn")  ❷
    if not df.empty:  ❸
        caller.sheet.pictures.add(df.plot().get_figure(),  ❹
                                  top=caller.offset(row_offset=1).top,  ❺
                                  left=caller.left,
                                  name=name, update=True)  ❻
    return f"<Plot: {name}>"  ❼
```

❶ caller 是一個特別保留給 xlwings 的引數：當你從 Excel 儲存格呼叫函式時不會觸發此函式。Xlwings 會在背景提供 caller 引數，以 xlwings range 物件的形式對應與你所呼叫函式的儲存格。作為 range 物件，方便你利用 pictures.add 函式的 top 和 left 引數來放置圖表。以 name 引數定義 Excel 中圖表的名稱。

❷ 設定 seaborn 樣式，讓圖表更吸引人。

❸ 只在 DataFrame 不是空白的時候呼叫 plot 方法，否則將產生錯誤。

❹ get_figure() 從 DataFrame 圖表傳回一個 Matplotlib 圖形物件，這是 pictures.add 函式預期得到的結果。

❺ top 和 left 引數只在第一次插入圖表時使用。你所提供的引數會將圖表放置你用來呼叫函式的儲存格下方。

❻ update=True 引數確保重複的函式呼叫去更新 Excel 中以你所提供名稱命名的現有圖表，不更改其位置或大小。如果沒有這個引數，xlwings 會反應 Excel 中已存在該圖表。

❼ 嚴格來說，雖然你不需要傳回任何東西，但不妨要求傳回一個字串，讓你的工作更輕鬆，這有助於你辨識 plot 函式顯示於工作表的位置。

在 *google_trends.xlsm* 的 H3 儲存格，請按以下程式碼呼叫 plot 函式：

```
=plot(A4:F263, "History")
```

如果你的 Excel 版本支援動態陣列，請以 A4# 替代 A4:F263，顯示如圖 12-9 的動態陣列。

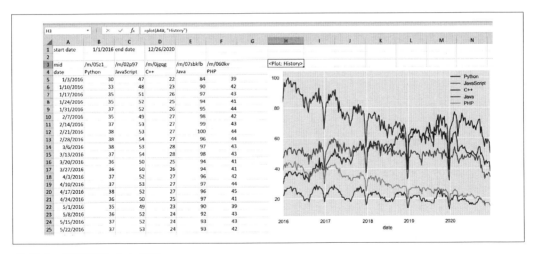

圖 12-9　使用中的 plot 函式

假設你還不太清楚 get_interest_over_time 究竟是如何運作的，其中一個方法是對程式碼進行偵錯，下一節告訴你如何偵錯 UDF！

偵錯 UDF

對 UDF 進行偵錯的一個簡單方式是使用 print 函式。如果 xlwings 增益集啟用了 [Show Console]（顯示控制台），那麼當你呼叫 UDF 時，可以在跳出的命令提示字元中印出變數的值。另一個更好的方式是使用 VS Code 的偵錯程式，讓程式碼在中斷點停止執行，幫助你一行一行檢視程式碼。如果想使用 VS Code 的偵錯程式（或是任何 IDE 的偵錯程式），你需要完成兩件事：

1. 在 Excel 增益集啟用 [Debug UDFs] 核取方塊，避免 Excel 自動執行 Python 程式碼，由你手動執行。

2. 執行 Python UDF 伺服器的最簡單方法是在你想要偵錯的檔案底部加入下列程式碼。我已將這幾行程式碼加入隨附程式庫的 *google_trends.py* 檔案：

```
if __name__ == "__main__":
    xw.serve()
```

第 11 章曾經提過，if 陳述式可以確保這行程式碼只在你將檔案以腳本執行時發揮作用——如果你將程式碼以模組匯入，則不會執行。加入 serve 指令後，請按 F5 並選取 "Python File"，在 VS Code 中對 *google_trends.py* 偵錯。請記得，不要使用 [Run File]（執行檔案）按鈕，因為這會讓偵錯程式忽略中斷點。

請按一下第 29 行左側，設定中斷點。如果你不太熟悉 VS Code 偵錯程式的用法，請參考附錄 B 的詳細介紹。現在，請重新計算 A4 儲存格，此時函式呼叫會在中斷點停止，讓你檢視變數。在偵錯時，執行 df.info() 很有幫助。請啟用 [Debug Console]（偵錯控制台）功能區，在介面底部寫入 **df.info()**，按 Enter 鍵確認，如圖 12-10 所示。

> ### 用 *VS Code* 和 *Anaconda* 偵錯
>
> 這和第 11 章的警告一樣：在 Windows 系統上，當你對使用了 pandas 的程式碼頭一次使用 VS Code 偵錯程式時，可能會出現這個錯誤："Exception has occurred: ImportError, Unable to import required dependencies: numpy."（「發生例外情況：ImportError，無法匯入指定依賴項：numpy」）。這是因為在妥善啟動 Conda 環境前，已經開啟了偵錯程式。應急辦法是停止偵錯程式，請點選 [停止] 圖示，然後按 F5——第二次就能正常運作了。

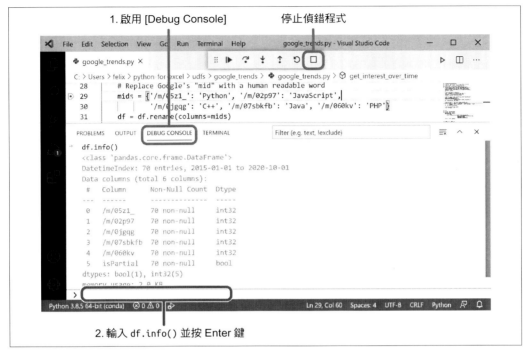

圖 12-10　在程式碼於中斷點停止時使用 [Debug Console]

如果程式在中斷點暫停超過 90 秒，會跳出「Microsoft Excel 正在等待另一個應用程式來完成 OLE 操作」的提示視窗。請在完成偵錯後，對提示視窗按確認即可，這不會對你的偵錯工作造成影響。如欲完成偵錯作業，請在 VS Code 中點選 [Stop]（停止）按鈕（見圖 12-10），確認你在 xlwings 增益集的功能區取消勾選了 [Debug UDFs] 設定。如果你忘記取消，則函式會在下一次計算時傳回錯誤。

本節內容透過 Google Trends 案例研究，介紹最常見的 UDF 功能。下一節將介紹幾個進階主題，包括提升效能和 `xw.sub` 裝飾器。

進階 UDF 主題

如果活頁簿裡使用了許多 UDF，那麼處理效能將會是你在意的問題。本節內容會展示第 9 章曾出現過的效能最佳化方法，將這些方法套用在 UDF 上。第二部分的主題是快取（caching），這是另一個提升 UDF 效能的技法。我們同時也會學習如何讓函式引數作為 xlwings range 物件，而不是單純的值。在本節最後，我會介紹 xw.sub 裝飾器，如果你只在 Windows 系統上工作，可以將其作為 RunPython 呼叫的替代。

基本的效能最佳化

我們要關注兩個效能最佳化技法：學習如何最小化跨應用呼叫，以及使用原始值轉換器。

最小化跨應用呼叫

你應該還記得第 9 章提過「跨應用呼叫」（在 Excel 和 Python 之間的呼叫）速度相對緩慢，因此，UDF 越少，處理效能越快。請盡可能使用陣列——使用支援動態陣列的 Excel 版本更能優化效能。在使用 pandas DataFrame 時，基本上不會出錯，但有些公式可能不會自動使用陣列。請參考圖 12-11 的公式，將基本費用（Base Fee）加上由用戶數量（Users）乘以價格（Price）的可變費用，計算出總收入。

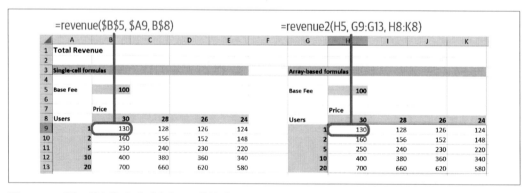

圖 12-11　單一儲存格公式（左）vs. 基於陣列的公式（右）

單一儲存格公式

圖 12-11 的左側表格在 B9 儲存格使用 =revenue($B$5, $A9, B$8)，然後對 B9:E13 全部範圍套用公式。這表示有 20 個儲存格公式呼叫了 revenue 函式。

基於陣列的公式

圖 12-11 的右側表格使用了 =revenue2(H5, G9:G13, H8:K8) 公式。如果你的 Excel 版本不支援動態陣列，則需要新增 xw.ret(expand="table") 裝飾器給 revenue2 函式，或是選取 H9:K13 範圍，按 F2 編輯公式，然後按 Ctrl+Shift+Enter 進行確認，將陣列改成舊版 CSE 陣列。不同於單一儲存格公式，這個版本只會呼叫 revenue2 函式一次。

你可以在範例 12-5 看到兩個 UDF 的 Python 程式碼，並在隨附程式庫中 *udfs* 目錄內的 *revenues* 資料夾查看原始檔。

範例 12-5　revenues.py

```python
import numpy as np
import xlwings as xw


@xw.func
def revenue(base_fee, users, price):
    return base_fee + users * price


@xw.func
@xw.arg("users", np.array, ndim=2)
@xw.arg("price", np.array)
def revenue2(base_fee, users, price):
    return base_fee + users * price
```

如果分別變更 B5 或 H5 儲存格的基本費用，你會發現，右側範例執行速度將大大優於左側範例。兩者在 Python 函式並無太大區別，唯一差異是引數裝飾器的內容：基於陣列的版本將 users 和 prices 讀取為 NumPy 陣列──要注意的一點是，在引數裝飾器中設定 ndim=2 將 users 讀取為二維欄位向量。你大概還記得，NumPy 陣列和 DataFrames 很像，但沒有索引或標頭，而且也只有一種資料型態，如果你想複習一下，請翻回第 4 章。

使用原始值

使用原始值表示你將捨棄資料準備和清理步驟，這是 xlwings 借助 Windows 依賴項 pywin 處理的工作。這表示，你再也不能直接處理 DataFrame，因為 pywin32 無法讀取它們，但如果你要處理的是串列或 NumPy 陣列則無影響。如果想對 UDF 使用原始值，請在引數或 return 裝飾器中將 raw 字串作為 convert 的引數。這等同於我們在第 9 章透過 xlwings range 物件的 options 方法使用 raw 轉換器。和之前見到的結果一樣，在寫入作業時你將取得極大加速。舉例來說，在我的電腦上如不使用 return 裝飾器呼叫函式，處理效能大約慢了三倍：

```python
import numpy as np
import xlwings as xw


@xw.func
@xw.ret("raw")
def randn(i=1000, j=1000):
    """Returns an array with dimensions (i, j) with normally distributed
    pseudorandom numbers provided by NumPy's random.randn
    """
    return np.random.randn(i, j)
```

你可以在隨附程式庫的 *udfs* 目錄內 *raw_values* 資料夾查看上面範例。還有另一種提升 UDF 效能的方法：透過快取結果，避免緩慢函式的重複計算。

快取

在任何時候以特定的輸入值來呼叫「決定性函數」（deterministic function）時，一律會傳回相同的結果，你可以將結果儲存在快取中：對函式的重複呼叫不再需要等待漫長的計算時間，可以直接從快取中取得預先計算好的結果。我們用簡單的例子來加以說明，以字典設計出一個簡單的快取機制：

```python
In [7]: import time

In [8]: cache = {}

        def slow_sum(a, b):
            key = (a, b)
            if key in cache:
                return cache[key]
            else:
                time.sleep(2)  # sleep for 2 seconds
```

```
        result = a + b
        cache[key] = result
        return result
```

在首次呼叫這個函式時，cache 是空的。因此會執行 else 子句，暫停 2 秒鐘（模擬緩慢計算）。在執行計算後，這個程式會在傳回結果之前，將結果加入 cache 字典。在同一個 Python 互動式視窗以相同引數第二次呼叫函式，程式將會在快取中查找結果並立刻傳回，不需要再一次經歷緩慢的計算過程。根據引數快取結果也被稱為「記憶化」（memoization）。由此可以看出，第一次和第二次呼叫函式的差別：

```
In [9]: %%time
        slow_sum(1, 2)

Wall time: 2.01 s

Out[9]: 3

In [10]: %%time
         slow_sum(1, 2)

Wall time: 0 ns

Out[10]: 3
```

Python 有一個非常好用的 lru_cache 內建裝飾器，可以從標準函式庫的 functools 模組匯入。lru 是 *least recently used*（最近使用）的縮寫，在預設情形下最多可儲存最近的 128 則傳回結果。在上一節的 Google Trends 範例中使用 lru_cache 裝飾器，只要我們是查詢歷史資料值，都可以安全地快取結果。這麼做不僅能讓多次呼叫變得更快，也能減少傳送到 Google 的查詢量，由此降低被 Google 阻擋的機率——假如在短時間內傳送過多請求，很可能被系統阻擋。

以下是為 get_interest_over_time 函式加上裝飾器後的程式碼：

```
from functools import lru_cache ❶

import pandas as pd
from pytrends.request import TrendReq
import matplotlib.pyplot as plt
import xlwings as xw

@lru_cache ❷
@xw.func(call_in_wizard=False)
@xw.arg("mids", xw.Range, doc="Machine IDs: A range of max 5 cells") ❸
@xw.arg("start_date", doc="A date-formatted cell")
@xw.arg("end_date", doc="A date-formatted cell")
```

```
def get_interest_over_time(mids, start_date, end_date):
    """Query Google Trends - replaces the Machine ID (mid) of
    common programming languages with their human-readable
    equivalent in the return value, e.g., instead of "/m/05z1_"
    it returns "Python".
    """
    mids = mids.value ❹
```

❶ 匯入 lru_cache 裝飾器。

❷ 使用 lru_cache 裝飾器，它必須放在 xw.func 之前。

❸ 根據預設，mids 是串列。這會產生以串列為引數的函式無法被快取的問題。因為串列是可變物件，無法當做字典的鍵（key）值；請參見附錄 C，瞭解更多關於可變 / 不可變物件的內容。為了解決這個問題，在此使用 xw.Range 轉換器，將 mids 檢索為 xlwings range 物件，而不是原本的串列。

❹ 為了讓其餘的程式碼再次運作，現在我們需要透過 xlwings range 物件的 value 屬性取得值。

不同 *Python* 版本的快取

如果你使用低於 Python 3.8 的版本，你需要在裝飾器後加入小括號：@lru_cache()。如果是使用 Python 3.9 或更新版本，請將 @lru_cache 替換為 @cache，也等同於 @lru_cache(maxsize=None)，不捨棄任何舊的快取結果。你還需要從 functools 匯入 cache 裝飾器。

xw.Range 轉換器在其他情況下也很有用，舉例來說，當你需要存取儲存格公式而不是 UDF 的值時。在之前的例子中，我們可以編寫 mids.formula 來存取儲存格的公式。你可以在隨附程式庫的 *udfs* 目錄內的 *google_trends_cache* 資料夾查看完整範例。

瞭解如何校準 UDF 效能表現後，我們接著來看看 xw.sub 裝飾器。

Sub 裝飾器

在第 10 章，我示範過啟用 [Use UDF Server] 設定，加快 RunPython 呼叫。如果你的工作環境只有 Windows 系統，還有另一種替代方式，那就是 xw.sub 裝飾器。你可以將 Python 函式以 Sub 程序的形式匯入到 Excel 中，不需要手動編寫任何 RunPython 呼叫。在 Excel 中，你需要將一個 Sub 程序添加到一個按鈕上——透過 xw.func 裝飾器得到的 Excel 函式無法使用。為了驗證這一點，請建立一個 quickstart 專案，並命名為 importsub。按照慣例，請確認你使用 cd 切換目錄，在想要的位置建立專案：

```
(base)> xlwings quickstart importsub
```

在檔案總管中找到 *importsub* 資料夾，在 Excel 中開啟 *importsub.xlsm*，在 VS Code 中開啟 *importsub.py*，接著以 @xw.sub 裝飾 main 函式，如範例 12-6 所示。

範例 12-6　importsub.py（摘錄）

```python
import xlwings as xw


@xw.sub
def main():
    wb = xw.Book.caller()
    sheet = wb.sheets[0]
    if sheet["A1"].value == "Hello xlwings!":
        sheet["A1"].value = "Bye xlwings!"
    else:
        sheet["A1"].value = "Hello xlwings!"
```

在 xlwings 增益集中，請點選 [Import Functions]（匯入函式），按下 Alt+F8，查看可用巨集：除了使用 RunPython 的 SampleCall 之外，你還會看見一個 main 巨集。選擇 main 並點選 [Run]（執行）按鈕，你將會在 A1 儲存格看到熟悉的招呼語。現在，你可以將 main 巨集指派給一個按鈕，就如我們在第 10 章所做的一樣。雖然 xw.sub 裝飾器可以讓你的工作更輕鬆，但因為它只存在於 Windows 系統，因此你相對地損失了跨平台相容性。認識了 xw.sub 之後，我們已經和所有 xlwings 裝飾器打過交道，我將它們整理在表 12-1 中。

表 12-1　xlwings 裝飾器

裝飾器	描述
xw.func	請將這個裝飾器放在所有你想作為 Excel 函式匯入的函式之前。
xw.sub	請將這個裝飾器放在所有你想作為 Excel Sub 程序匯入的函式之前。
xw.arg	將轉換器和選項套用到引數，比如透過 doc 引數新增文件字串，或者是以 pd.DataFrame 作為第一個引數，將儲存格範圍轉換成 DataFrame（假設你已經匯入 pandas as pd）。
xw.ret	套用轉換器和選項來傳回值，例如，用 index=False，捨棄某個 DataFrame 的索引。

更多關於這些裝飾器的資訊，請參考 xlwings documentation（*https://oreil.ly/h-sT_*）。

結語

本章聚焦於編寫 Python 函式，並將它們作為 UDF 匯入到 Excel 中，讓使用者可以透過儲存格公式呼叫。藉由 Google Trends 案例，我們學習了如何影響函式引數的行為，並使用 arg 和 ret 裝飾器來傳回值。本章最後一部分示範了提升效能的方法，並介紹了 xw.sub 裝飾器，可以在 Windows 系統上替代 RunPython 的功能。以 Python 編寫 UDF 的好處是，你可以用簡潔易懂、容易維護的 Python 程式碼，取代長而複雜的儲存格公式。我個人偏好使用 pandas DataFrame 和 Excel 的動態陣列來，這個組合很適合用來處理類似從 Goolge Trends 取得的資料，也就是包含動態資料的 DataFrame。

恭喜！我們已經抵達終點！感謝你花時間閱讀本書，有興趣瞭解如何為 Excel 創造自動化與資料分析的現代化環境。我的寫作動機是想引領諸位進入 Python 的世界，認識豐富的開源套件，為下一份專案選擇 Python 程式碼，為你提供 VBA 或 Power Query 之外的選項。我希望透過實際範例，讓讀者更容易上手。在閱讀完本書之後，你現在懂得如何：

- 以 Jupyter Notebook 和 pandas 程式碼替代 Excel 活頁簿

- 批次處理 Excel 活頁簿，以 OpenPyXL、xlrd、pyxlsb 或 xlwings 進行讀取，並以 pandas 整合

- 以 OpenPyXL、XlsxWriter、xlwt 或 xlwings 產出 Excel 報表

- 將 Excel 作為前端，透過點選按鈕或編寫 UDF，利用 xlwings 連結到任何你所想要的東西

很快地，你所接觸的內容將不僅止於本書討論範圍。我誠摯建議你關注本書的官方網站（*https://xlwings.org/book*），查看近期更新和額外參考資料。秉持這種持續學習的精神，以下是幾個你可以自行探索的方向：

- 使 用 Windows 的 Task Scheduler、macOS 或 Linux 的 cron job，制 定 一 個 執 行 Python 腳本的時程工作。舉例來說，你可以規劃在每個星期五，根據你從 REST API 或資料庫取用的資料，建立一份 Excel 報表。

- 編寫一個 Python 腳本，在你的 Excel 檔案滿足特定條件時傳送 email 提示。打個比方，觸發條件可能是，整合自多個活頁簿的餘額低於某個數值，或是餘額不符合內部資料庫所顯示的值的時候。

- 編寫程式碼，查找 Excel 活頁簿的錯誤：檢查如 #REF! 或 #VALUE! 等儲存格錯誤，或是確認某個公式是否確實包含了應有的儲存格。如果你開始使用如 Git 這類專業版本控制系統，你甚至可以在提交新版本時自動執行這類測試。

我衷心希望本書能對你有所啟發，將每一天的資料下載、複製 / 貼上到 Excel 的例行公事自動化，讓工作更加輕鬆。不僅為你解放更多時間，自動化還能大幅降低發生錯誤的機率。如果對本書內容有任何建議指教，請不吝與我分享！歡迎在隨附程式庫提交 issue（*https://oreil.ly/vVHmR*），或是在 Twitter 上與我聯絡（@felixzumstein），謝謝！

Conda 環境

在第 2 章介紹了 Conda 環境時，提到 Anaconda Prompt 介面出現的 (base)，表示目前工作中的 base Conda 環境。Anaconda 要求你在已啟用的環境中工作，當你在 Windows 開啟 Anaconda Prompt 或在 macOS 開啟終端機時，會自動執行 base 環境的啟動程序。在 Conda 環境中工作，可以幫助你妥善區分專案的依賴項：如果你想嘗試某個套件的更新版本，比如 pandas，但不想改動 base 環境，那麼你可以在另一個 Conda 環境進行測試。在本附錄的前半部分，我將說明如何建立一個名叫 xl38 的 Conda 環境，我們會在此安裝本書所用的所有套件。你可以在這個環境中原原本本地執行程式碼範例（即便有些更新過的套件在執行時間可能發生中斷）。我會在後半部分展示如何停用 base 環境的自動啟用。

建立新的 Conda 環境

在 Anaconda Prompt 中執行以下指令，建立使用 Python 3.8，命名為 xl38 的新環境：

```
(base)> conda create --name xl38 python=3.8
```

按下 Enter 鍵後，Conda 會印出它準備安裝到新環境的內容，並要求你確認：

```
Proceed ([y]/n)?
```

請按 Enter 鍵進行確認，或是輸入 n 取消。完成安裝程序後，請按照以下指令啟用新的環境：

```
(base)> conda activate xl38
(xl38)>
```

環境名稱從 base 更改為 xl38 後，你可以使用 Conda 或 pip 來安裝套件，不會影響到其他的環境（提醒：只在套件不能以 Conda 安裝時再使用 pip 安裝）。現在，我們來安裝本書所用到的所有套件。首先，在 xl38 環境（顯示 (xl38) 的 Anaconda Prompt）按兩下，按照下列程式安裝套件（請將下列程式碼輸入為同一個指令，換行僅是排版需求）：

```
(xl38)> conda install lxml=4.6.1 matplotlib=3.3.2 notebook=6.1.4 openpyxl=3.0.5
                      pandas=1.1.3 pillow=8.0.1 plotly=4.14.1 flake8=3.8.4
                      python-dateutil=2.8.1 requests=2.24.0 sqlalchemy=1.3.20
                      xlrd=1.2.0 xlsxwriter=1.3.7 xlutils=2.0.0 xlwings=0.20.8
                      xlwt=1.3.0
```

請確認欲安裝的內容，最後，以 pip 安裝另外兩個依賴項：

```
(xl38)> pip install pyxlsb==1.0.7 pytrends==4.7.3
(xl38)>
```

 如何使用 xl38 環境

如果你想使用 xl38 環境而不是 base 環境來練習本書出現的範例，請執行以下程式碼，確保 xl38 環境保持啟用狀態。

```
(base)> conda activate xl38
```

如此一來，在書中 Anaconda Prompt 中顯示為 (base)> 的地方，你的畫面應顯示為 (xl38)>。

如欲停用環境並回到 base，請輸入：

```
(xl38)> conda deactivate
(base)>
```

如果想完整刪除環境，請執行以下指令：

```
(base)> conda env remove --name xl38
```

你也可以利用 *xl38.yml* 環境檔，免除手動建立 xl38 環境的步驟，我將環境檔放在隨附程式庫的 *conda* 資料夾。請執行以下指令：

```
(base)> cd C:\Users\username\python-for-excel\conda
(base)> conda env create -f xl38.yml
(base)> conda activate xl38
(xl38)>
```

根據預設，當你在 Windows 開啟 Anaconda Prompt 或在 macOS 開啟終端機時，會自動啟動 base 環境。如欲停用，請見下節內容。

停用自動啟動功能

如果不想自動啟動 base 環境，可以選擇停用：請在使用 Python 編寫程式之前，在命令提示字元（Windows）或終端機（macOS）中手動輸入 **conda activate base**。

Windows

在 Windows 系統上，此時你需要使用命令提示字元（Command Prompt）而不是 Anaconda Prompt。以下步驟將在命令提示字元中啟用 conda 指令。請確保你將第一行的路徑替換為你所有的系統上安裝 Anaconda 的位置：

```
> cd C:\Users\username\Anaconda3\condabin
> conda init cmd.exe
```

現在，命令提示字元已經設定好 Conda 了，你可以像這樣啟用 base 環境：

```
> conda activate base
(base)>
```

macOS

在 macOS 系統中，請在終端機執行以下指令，停用自動啟用：

```
(base)> conda config --set auto_activate_base false
```

如果想重新啟用該功能，請再一次執行指令，將 false 改成 true。重新啟動終端機以套用新的變更。接著，你需要啟用 base 環境，才能使用 python 指令：

```
> conda activate base
(base)>
```

VS Code 進階功能

本附錄展示 VS Code 偵錯程式的用途，以及如何直接在 VS Code 中執行 Jupyter Notebook。這是兩個獨立的主題，因此無須按照編排順序閱讀。

偵錯程式

如果你曾在 Excel 中使用過 VBA 偵錯程式，那麼好消息是，在 VS Code 進行偵錯的方法和 VBA 非常相似。我們先在 VS Code 中開啟隨附程式庫的 *debugging.py* 檔案。請點選第 4 行左側的邊緣，這時會跳出一個紅點——這是中斷點，當程式碼執行時會在此暫停。現在，請按 F5，開始偵錯：命令選擇區會跳出一個偵錯配置選取區。請選擇 [Python File] 對使用中的檔案進行偵錯，執行程式碼，在中斷點停止執行。該行會被醒目提示，而程式碼執行將在此暫停，請見圖 B-1。當你進行偵錯時，狀態列會變成橘色。

如果 [Variables] 功能區沒有自動顯示在左側，請點選 [Run] 選單查看變數的值。或者，你可以拖曳到原始碼的變數，查看變數值的提示視窗。在視窗頂部，你會看到 [偵錯工具列]，從左到右的按鈕分別是：[Continue]（繼續）、[Step Over]（下一行）、[Step Into]（進入）、[Step Out]（跳出）、[Restart]（重新開始）和 [Stop]（停止）。將游標拖曳到這些按鈕上，可以查看它們的鍵盤快捷鍵。

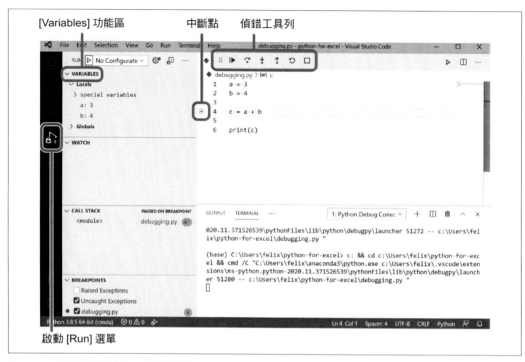

圖 B-1　偵錯程式停止執行於中斷點的 VS Code 畫面

分別看看這些按鈕：

Continue（繼續）

繼續執行程式，直到抵達另一個中斷點或是程式碼最後一行。偵錯程式會在抵達程式碼最後一行時停止。

Step Over（下一行）

偵錯程式跳至下一行。*Step Over* 表示偵錯程式不會對目前範圍之外的程式碼進行偵錯。比方說，它不會一行一行對某個函數的程式碼進行偵錯，不過，這個函式依然會被呼叫。

Step Into（進入）

如果程式碼呼叫了某個函式或類別等，*Step Into* 會讓偵錯程式「進入」該函數或類別。如果函式或類別位於不同的檔案，則偵錯程式會為你開啟這個檔案。

Step Out（跳出）

用 *Step Into* 進入某個函式後，可以用 *Step Out* 讓偵錯程式回到上一層，直到你回到最高層級。

Restart（重新開始）

停止目前的偵錯程式，從頭開始執行。

Stop（停止）

停止目前的偵錯程式。

認識每個按鈕的用途後，請點選 [Step Over]，跳至下一行，看看 c 變數是否出現在 [Variables] 功能區，然後按 [Continue] 結束偵錯。

只要儲存偵錯配置，當你按下 F5，命令選擇區將不會跳出詢問視窗。請點選活動列的 [Run] 圖示，然後點選 [create a launch.jason file]。這再次叫出命令選擇區，請選取 [Python File]，在 *.vscode* 目錄下建立 *launch.json* 檔案。現在，再按一次 F5，偵錯程式會立刻執行。如果想變更配置，或是再次顯示命令選擇區，請編輯或刪除 *.vscode* 目錄的 *launch.json* 檔案。

VS Code 裡的 Jupyter Notebook

除了在網頁瀏覽器執行 Jupyter Notebook 之外，你也可以直接在 VS Code 中執行。VS Code 還提供了便利的 [Variable explorer]（變數總管），以及在保留儲存格功能的前提下將 Notebook 轉換成標準 Python 檔案的選項。讓使用者得以使用偵錯程式或切換不同的 Notebook 之間，將儲存格複製／貼上。來看看如何在 VS Code 中執行 Notebook 吧。

執行 Jupyter Notebook

點選活動列的 [Explorer] 圖示，從隨附程式庫開啟 *ch05.ipynb*。你需要確認這個 Notebook 是受信任的檔案，請在跳出的視窗中按下 [Trust]（信任）。除了為了符合 VS Code 的排版樣式，這個 Notebook 看起來會和瀏覽器的版本稍有不同，除此之外，在 VS Code 中的使用體驗起來應該和網頁瀏覽器版本一樣，包含所有鍵盤快捷鍵。我們先用 Shift+Enter 執行前三個儲存格。這將會啟動 Jupyter Notebook 伺服器（可以在 Notebook 的右上角看到啟動狀態）。執行這些儲存格之後，請點選 Notebook 上方選單的計算機圖示，開啟「變數總管」，查看目前存在的所有變數值，如圖 B-2 所示。換句話說，你只會看到那些已被執行的儲存格所出現的變數。

在 VS Code 中儲存 Jupyter Notebook

想在 VS Code 中儲存 Notebook，你需要使用 Notebook 上方的 [Save] 按鈕，或者按 Ctrl+S（Windows）或 Command-S（macOS）。「檔案」＞「儲存」的方式不能儲存 Notebook。

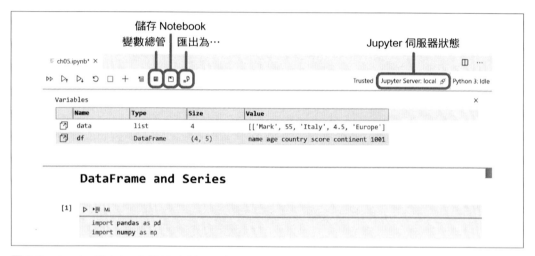

圖 B-2　Jupyter Notebook 的 Variable explorer

如果使用諸如巢狀串列、NumPy 陣列或 DataFrame 等資料結構，可以對變數按兩下，開啟 [Data Viewer]，跳出一個類似試算表的檢視表。圖 B-3 展示了按兩下 df 變數後跳出的 [Data Viewer]。

index ▲	name	age	country	score	contin...
1001	Mark	55	Italy	4.5	Europe
1000	John	33	USA	6.7	America
1002	Tim	41	USA	3.9	America
1003	Jenny	12	Germany	9	Europe

圖 B-3　Jupyter Notebook Data Viewer

VS Code 可以執行標準的 Jupyter Notebook 檔案外，你也可以將其轉換成普通的 Python 檔案──保留所有儲存格。來看看轉換方法吧！

有程式碼儲存格的 Python 腳本

想在標準 Python 檔案使用 Jupyter Notebook 儲存格，VS Code 會使用 # %% 這個特殊註解來標註儲存格。如果你想轉換某個現有的 Jupyter Notebook，請開啟它，在 Notebook 上方選單中按 [Export As]（匯出為…）按鈕，從命令選擇區選擇 [Python File]，請參見圖 B-2。現在，我們來建立一個包含以下內容的 *cells.py* 的新檔案：

```
# %%
3 + 4
# %% [markdown]
# # This is a Title
#
# Some markdown content
```

Markdown 儲存格必須以 # %% [markdown] 開頭，整個儲存格必須被標示為註解。如果想將該檔案執行為 Notebook，拖曳至第一個儲存格時會跳出一個 [Run Below]（執行以下）連結，請點選該連結。這將在右側開啟 [Python Interactive Window]，如圖 B-4 所示。

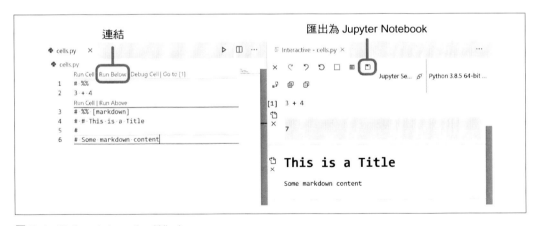

圖 B-4　Python Interactive Window

Python Interactive Window 會顯示為 Notebook。如果想將檔案轉換成 *ipynb* 格式，請點選頂部的 [Save] 圖示（匯出為 Jupyter Notebook）。Python Interactive Window 也在底部提供了一個儲存格，讓你互動式執行程式碼。使用標準的 Python 檔案，就能使用 VS Code 的偵錯程式，也可以更輕鬆進行版本控制，因為此時就能忽略那些經常產生雜訊的輸出儲存格（output cell）。

Python 進階概念

本附錄聚焦在三個主題：類別與物件、處理包含時區的 datetime 物件，以及可變 / 不可變物件。這是三個獨立的主題，讀者可以依照需求閱讀各個主題，不必依序閱讀。

類別和物件

本節內容學習如何編寫屬於我們的類別，更清楚地認識類別和物件之間的關係。類別（class）用來定義新的物件（object）類型：打個比方，類別就像是用來烤蛋糕的模具。不同的材料成份，可以烤出不同口味的蛋糕，例如巧克力蛋糕或起司蛋糕。從模具（類別）中取出蛋糕（物件）的過程叫做「實例化」（instantiation），因此物件又被稱為「類別實例」（class instance）。不論是巧克力蛋糕或起司蛋糕，這些都是蛋糕的一種：類別用來定義新的資料型態，將相關的資料（屬性）和函式（方法）放在一起，幫助你更有架構地編排程式碼。現在，我要使用第 3 章出現過的賽車比賽範例，定義一個類別：

```
In [1]: class Car:
            def __init__(self, color, speed=0):
                self.color = color
                self.speed = speed

            def accelerate(self, mph):
                self.speed += mph
```

這是一個簡單的類別，包含了兩個方法。方法（method）是出現在某個類別定義裡的函數。這個類別有一個 accelerate 方法，它會改變此類別中實例的資料（speed）。另外，這個類別中還有一個特殊方法 __init__，前後有兩個底線。在某個物件被「實例化」時，這個方法會自動被 Python 呼叫，將某些資料添加到物件中。每一個方法的第一個引數，代表類別的實例，按照慣例會以 self 呼叫。當你實際使用 Car 類別進行演練時，將更能掌握其中關係。首先，我們來實例化兩輛車。方法和呼叫函數一樣：在類別後面加上中括號，並為 __init__ 方法提供引數。你無須為 self 提供任何值，因為 Python 會自動為你搞定。在這個範例中，self 分別是 car1 或 car2：

```
In [2]: # Let's instantiate two car objects
        car1 = Car("red")
        car2 = Car(color="blue")
```

當你實例化一個類別時，你其實是在呼叫這個類別的 __init__ 函數，此時和函數引數相關的所有內容被套用在 __init__ 函數之中：對於 car1，我們提供了位置引數，對 car2，我們則使用關鍵字引數。從 Car 類別實例化兩個 car 物件後，我們來看看它們的屬性並呼叫其方法。對 car1 加速之後（使用 accelerate 方法），car1 的速度改變了，但 car2 的速度不變，因為這兩個物件是彼此獨立的：

```
In [3]: # By default, an object prints its memory location
        car1
```

```
Out[3]: <__main__.Car at 0x7fea812e3890>
```

```
In [4]: # Attributes give you access to the data of an object
        car1.color
```

```
Out[4]: 'red'
```

```
In [5]: car1.speed
```

```
Out[5]: 0
```

```
In [6]: # Calling the accelerate method on car1
        car1.accelerate(20)
```

```
In [7]: # The speed attribute of car1 changed
        car1.speed
```

```
Out[7]: 20
```

```
In [8]: # The speed attribute of car2 remained the same
        car2.speed
```

```
Out[8]: 0
```

Python 允許你直接變更屬性，不需要使用方法：

```
In [9]: car1.color = "green"

In [10]: car1.color

Out[10]: 'green'

In [11]: car2.color  # unchanged

Out[11]: 'blue'
```

做個整理：類別定義了物件的屬性和方法。類別允許你將相關的函數（「方法」）和資料（「屬性」）放在一起，透過點記法（dot notation）存取：`myobject.attribute` 或 `myobject.method()`。

處理包含時區的 datetime 物件

第 3 章曾簡略介紹了包含時區的 datetime 物件。如果時區差異對於你的資料來說有關鍵影響，則通常會使用 *UTC* 時區，只在簡報展示時轉換成當地時間。UTC 是「世界協調時間」的簡稱，取代了過去的「格林威治標準時間」（GMT）。在用 Python 處理 Excel 時，你應該會想將（Excel 傳遞的）原生時間戳記轉換成包含時區的 datetime 物件。你可以使用 Python 的 dateutil 套件處理時區資料，這個套件不包含在標準函式庫裡，但可以在 Anaconda 發行版中取得。以下範例展示了幾個處理 datetime 物件和時區的常見操作：

```
In [12]: import datetime as dt
         from dateutil import tz

In [13]: # Time-zone-naive datetime object
         timestamp = dt.datetime(2020, 1, 31, 14, 30)
         timestamp.isoformat()

Out[13]: '2020-01-31T14:30:00'

In [14]: # Time-zone-aware datetime object
         timestamp_eastern = dt.datetime(2020, 1, 31, 14, 30,
                                         tzinfo=tz.gettz("US/Eastern"))
         # Printing in isoformat makes it easy to
         # see the offset from UTC
         timestamp_eastern.isoformat()

Out[14]: '2020-01-31T14:30:00-05:00'

In [15]: # Assign a time zone to a naive datetime object
```

```
         timestamp_eastern = timestamp.replace(tzinfo=tz.gettz("US/Eastern"))
         timestamp_eastern.isoformat()

Out[15]: '2020-01-31T14:30:00-05:00'

In [16]: # Convert from one time zone to another.
         # Since the UTC time zone is so common,
         # there is a shortcut: tz.UTC
         timestamp_utc = timestamp_eastern.astimezone(tz.UTC)
         timestamp_utc.isoformat()

Out[16]: '2020-01-31T19:30:00+00:00'

In [17]: # From time-zone-aware to naive
         timestamp_eastern.replace(tzinfo=None)

Out[17]: datetime.datetime(2020, 1, 31, 14, 30)

In [18]: # Current time without time zone
         dt.datetime.now()

Out[18]: datetime.datetime(2021, 1, 3, 11, 18, 37, 172170)

In [19]: # Current time in UTC time zone
         dt.datetime.now(tz.UTC)

Out[19]: datetime.datetime(2021, 1, 3, 10, 18, 37, 176299, tzinfo=tzutc())
```

說明 Python 3.9 的時區

Python 3.9 在標準函式庫中加入了 `timezone` 模組，支援時區資料的處理工作。
請利用這個模組，取代 `dateutil` 的 `tz.gettz` 呼叫：

```
from zoneinfo import ZoneInfo
timestamp_eastern = dt.datetime(2020, 1, 31, 14, 30,
                                tzinfo=ZoneInfo("US/Eastern"))
```

可變 vs. 不可變的 Python 物件

在 Python 中，可以改變值的物件被稱為「可變的」（mutable），無法改變值的物件則是
「不可變的」（immutable）。表 C-1 整理了可變與不可變的資料型態。

表 C-1　可變與不可變的資料型態

可變性	資料型態
可變的	串列、字典、集合
不可變的	整數、浮點數、布林值、字串、datetime 物件、元組

掌握物件的可變性非常重要，因為可變物件可能會和其他程式語言（包括 VBA）中的行為有所出入。請閱讀以下 VBA 程式碼片段：

```
Dim a As Variant, b As Variant
a = Array(1, 2, 3)
b = a
a(1) = 22
Debug.Print a(0) & ", " & a(1) & ", " & a(2)
Debug.Print b(0) & ", " & b(1) & ", " & b(2)
```

這會印出以下內容：

```
1, 22, 3
1, 2, 3
```

現在，我們在 Python 中以串列執行同一個範例：

```
In [20]: a = [1, 2, 3]
         b = a
         a[1] = 22
         print(a)
         print(b)

[1, 22, 3]
[1, 22, 3]
```

發生了什麼事？在 Python 中，變數是你「添加」到物件的名稱。b = a 表示你將兩個名稱都添加到了同一個物件（[1, 2, 3] 串列）上。所有的變數都被添加到這個物件，因此對串列產生了變更。這種情況只會發生在可變物件上：如果你將串列替換成不可變的物件，例如一個元組，則改變 a 時，不會改變 b。如果你想讓可變物件如 b 不受 a 變動的影響，則你必須明確地複製這個串列：

```
In [21]: a = [1, 2, 3]
         b = a.copy()

In [22]: a

Out[22]: [1, 2, 3]

In [23]: b
```

```
Out[23]: [1, 2, 3]

In [24]: a[1] = 22  # Changing "a"...

In [25]: a

Out[25]: [1, 22, 3]

In [26]: b  # ...doesn't affect "b"

Out[26]: [1, 2, 3]
```

使用串列的 copy 方法，建立一個「淺拷貝」（shallow copy）：你得到了這個串列的副本，但如果串列包含了可變要素，則這些內容也會被共享。如果你想要遞迴地複製所有要素，則必須建立深度拷貝（deep copy），請利用標準函式庫的 copy 模組：

```
In [27]: import copy
         b = copy.deepcopy(a)
```

我們來看看將可變物件作為函數引數時會發生些什麼。

將包含可變物件的函式作為引數呼叫

如果你是 VBA 使用者，你大概習慣將函數引數標誌為 pass-by-reference（ByRef）或 pass-by-value（ByVal）：當你傳遞一個變數到函數中，將其作為引數時，此函數可以對變數進行變更（ByRef），或者此函數可以對變數值的副本進行處理（ByVal），不對原始變數產生變動。ByRef 是 VBA 的預設做法。請閱讀以下 VBA 函數：

```
Function increment(ByRef x As Integer) As Integer
    x = x + 1
    increment = x
End Function
```

然後，像這樣呼叫函數：

```
Sub call_increment()
    Dim a As Integer
    a = 1
    Debug.Print increment(a)
    Debug.Print a
End Sub
```

這會印出以下內容：

```
2
2
```

如果將 increment 函數的 ByRef 變更為 ByVal，則會印出：

```
2
1
```

在 Python 中又是什麼樣子呢？在傳遞變數時，你傳遞的是指向物件的名稱。這意味著行為會根據物件的可變性而有所不同。首先，我們使用一個不可變物件：

```
In [28]: def increment(x):
             x = x + 1
             return x

In [29]: a = 1
         print(increment(a))
         print(a)

2
1
```

接下來，在同一個範例中改用可變物件：

```
In [30]: def increment(x):
             x[0] = x[0] + 1
             return x

In [31]: a = [1]
         print(increment(a))
         print(a)

[2]
[2]
```

如果物件是可變的，而且你不想改變原始物件，則你需要在物件副本中傳遞：

```
In [32]: a = [1]
         print(increment(a.copy()))
         print(a)

[2]
[1]
```

另一件值得關注的事情是，在函數定義中將可變物件作為預設引數。

將包含可變物件的函數作為預設引數

在編寫函數時，通常不應該將可變物件作為預設引數。原因在於，預設引數的值只會作為函數定義時被評估一次，而不是在每次呼叫函數時都被評估。因此，使用可變物件作為預設引數，很可能導致超乎預期的行為：

```
In [33]: # Don't do this:
         def add_one(x=[]):
             x.append(1)
             return x

In [34]: add_one()

Out[34]: [1]

In [35]: add_one()

Out[35]: [1, 1]
```

如果想使用空白字串作為預設引數，請將程式碼改成：

```
In [36]: def add_one(x=None):
             if x is None:
                 x = []
             x.append(1)
             return x

In [37]: add_one()

Out[37]: [1]

In [38]: add_one()

Out[38]: [1]
```

索引

※ 提醒您：由於翻譯書排版的關係，部分索引名詞的對應頁碼會和實際頁碼有一頁之差。

Z

關於作者

Felix Zumstein 是 xlwings 發明者與維護者，xlwings 是一個廣受開發者青睞的開源套件，可在 Windows 和 macOS 系統上以 Python 自動化處理 Excel 任務。他在倫敦與紐約兩地舉辦 xlwings 使用者小聚，提倡針對 Excel 的創新解決方案。

Felix Zumstein 同時也是 Excel 檔案的版本控制系統 xltrails 的執行長，他對於各行各界在使用 Excel 時可能遇到的情境與問題有深刻的瞭解，並藉此積累了許多洞察。

出版記事

本書封面的動物是筒蛇（學名：*Anilius scytale*）。筒蛇外型呈鮮豔的珊瑚紅色，主要分佈於南美洲亞馬遜雨林、圭亞那及千里達及托巴哥一帶。

筒蛇體型普通，平均身長為 70 公分，體紋呈紅色及黑色，和珊瑚蛇非常相似，因此經常被稱為「假的」珊瑚蛇（false coral snake），不過牠們缺少了「真正的」珊瑚蛇最為標誌醒目的黃色斑紋。筒蛇身型筆直，身體各部位直徑相若，尾部短小，因此外型看起來像一條管子。筒蛇細小的眼睛藏於頭部的巨鱗之下。

牠們是卵胎生的蛇類，主要進食甲蟲、蚓蜴、小型洞棲蛇、魚類及蛙類等動物。筒蛇身上有蛇類退化了的盆骨痕跡，也可以觀察到其突出的泄殖腔。

筒蛇的保護狀態處於「資料缺乏」狀態，表示關於此物種的已知資訊不足以對其保護狀況進行正確評估。歐萊禮叢書封面出現的動物很多都瀕臨絕種，而這些動物對於整個世界的生態多樣性非常重要。

本書封面是由 Karen Montgomery 根據 *English Cyclopedia Natural History* 中的黑白雕刻所繪。

Python for Excel｜自動化與資料分析的現代開發環境

作　　　者：Felix Zumstein
譯　　　者：沈佩誼
企劃編輯：莊吳行世
文字編輯：江雅鈴
設計裝幀：陶相騰
發　行　人：廖文良

發　行　所：碁峰資訊股份有限公司
地　　　址：台北市南港區三重路 66 號 7 樓之 6
電　　　話：(02)2788-2408
傳　　　真：(02)8192-4433
網　　　站：www.gotop.com.tw
書　　　號：A678
版　　　次：2021 年 11 月初版
　　　　　　2024 年 05 月初版四刷
建議售價：NT$580

國家圖書館出版品預行編目資料

Python for Excel：自動化與資料分析的現代開發環境 / Felix
　　Zumstein 原著；沈佩誼譯. -- 初版. -- 臺北市：碁峰資訊，
　　2021.11
　　　　面；　　公分
　　譯自：Python for excel : a modern environment for automation
　　and data analysis
　　　ISBN 978-986-502-934-0(平裝)
　　　1.EXCEL(電腦程式)　2. Python(電腦程式語言)
312.49E9　　　　　　　　　　　　　　　　110013297